# 누구나 따라올 수 있도록
# 해커스가 제안하는
# 합격 플랜

## 기본

자격증 정보 확인 및
필기 이론 학습

## 필기

핵심 이론 정리 및
적중&기출 문제 풀이

CBT모의고사로
시험 전 취약 파트 보완

## 실기

필기 이론 복습 및
실기 이론 학습

필답형&실기 프로그램
적응 및 풀이 연습

## 마무리

적중 문제 풀이로
시험 전 최종 마무리

# 일반기계기사의 모든 것,
# **해커스자격증**이 알려드립니다.

## Q1. 일반기계기사, 왜 취득해야 할까?

기계설비법 강화에 따라 기계 자격증 수요가 증가하고 있습니다.

일반기계기사는 법적 선임 자격으로 실무까지 활용도가 높은 자격증입니다.

기계 설비 유지관리자 채용이 확대되고 있으며,

취업, 승진, 이직 시 우대하는 사업장 및 공공기관이 늘어나고 있습니다.

산업 전반에 걸쳐 다양한 분야에서 활용되기 때문에 반드시 필요한 자격증입니다.

취업, 스펙 완성을 위해 일반기계기사 취득은 필수입니다.

## Q2. 개정 이후 어떻게 준비해야 할까?

개정에 따라 정답이 달라질 수 있기 때문에 변화된 시험에 맞춘 전략적인 학습이 필요합니다.

특히 필기와 실기 과목의 연계가 높아졌기 때문에 기초부터 꼼꼼한 학습이 필요합니다.

기계기술사, 현직 엔지니어 경력의 기계 분야 전문가의

노하우가 담긴 교재와 강의를 통해 학습하시는 것이 중요합니다.

## Q3. 취득 후, 진로가 궁금합니다.

기계 제조업체의 설계 및 제조부서, 기술 관리 및 용역 부서, 부품설계 및 공정설계 등

다양한 분야로 취업이 가능합니다.

서울에너지공사, 한국수자원자력, 한국전력공사 등 관련 공공기관 및 공무원 임용도 가능합니다.

소방공무원의 경우, 소방검사자로서의 자격이 부여됩니다.

# 해커스 일반기계기사
# 동영상 강의
# 100% 무료!

**지금 바로 시청**하고
**단기 합격**하기 ▶

▲ 무료강의 바로가기

고득점 전문가
**이재형 선생님**

디테일의 신
**최유진 선생님**

前 플랜트
리드 엔지니어

前 환경기계설비
개발 엔지니어

---

## 전 강좌 10% 할인쿠폰

`6FC6 A09E K5D3 9000`

*등록 후 3일 사용 가능

쿠폰 바로 등록하기
(로그인 필요) ▲

**이용방법**

해커스자격증 접속 후 로그인 ▶ 우측 퀵메뉴의 [쿠폰/수강권 등록] 클릭 ▶
[나의 쿠폰] 화면에서 [쿠폰/수강권 등록] 클릭 ▶
쿠폰 번호 입력 후 등록 및 즉시 사용 가능

## 실기 작업형 전 강좌 3일 무료 수강권

`BCK3 A0A0 KK3K K000`

쿠폰 바로 등록하기
(로그인 필요) ▲

**이용방법**

해커스자격증 접속 후 로그인 ▶ 우측 퀵메뉴의 [쿠폰/수강권 등록] 클릭 ▶
[나의 쿠폰] 화면에서 [쿠폰/수강권 등록] 클릭 ▶
쿠폰 번호 입력 후 등록 및 [나의 강의실 - 일반 강좌] 탭에서 즉시 수강 가능

# 해커스 자격증

## 합격이 시작되는 다이어리, 시험 플래너 받고 합격!

무료로 다운받기 ▶

| 다이어리 속지<br>무료 다운로드 | ❯ | 합격생&선생님의<br>합격 노하우 및<br>과목별 공부법 확인 | ❯ | 직접 필기하며<br>공부시간/성적관리 등<br>학습 계획 수립하고<br>최종 합격하기 |

## 자격증 재도전&환승으로, 할인받고 합격!

이벤트 바로가기 ▶

| 시험 응시/<br>타사 강의 수강/<br>해커스자격증<br>수강 이력이 있다면? | ❯ | 재도전&환승<br>이벤트 참여 | ❯ | 50% 할인받고<br>자격증 합격하기 |

2025 최신개정판

해커스
# 일반기계기사
## 실기 작업형
# 출제 도면집

해커스

기계품질관리

전 | PLANT LEAD ENGINEER

해커스 일반기계기사 실기 작업형 출제 도면집

해커스 전산응용기계제도기능사 필기 2주 합격

핵심이론+기출문제+실전모의고사

## 이재형

약력

현 | 기계설계 직업훈련교수

현 | 기계설계기사, 기계설계산업기사
    고용노동부 NCS 확인강사, 기계설계, 기계가공, 기계조립,
    기계품질관리

전 | PLANT LEAD ENGINEER

저서

해커스 일반기계기사 실기 작업형 출제 도면집

해커스 전산응용기계제도기능사 필기 2주 합격

핵심이론+기출문제+실전모의고사

## 최유진

약력

현 | 환경기계설비 개발 엔지니어

현 | 기계설계기사, 기계설계산업기사, 전산응용기계제도기능사

저서

해커스 일반기계기사 실기 작업형 출제 도면집

# 서문

## '일반기계기사 실기 작업형' 어떻게 공부해야 할까?

일반기계기사는 기계분야를 대표하는 기술자격증으로 많은 학생과 기계분야 종사자들이 원하는 기술자격증입니다.

일반기계기사 필기 시험을 대비하며 기계공학에 대한 전반적인 이론을 공부했다면 2차 시험인 실기 작업형 시험은 2D와 3D 도면을 제작하는 과정을 평가하게 됩니다. 따라서 자격증을 취득한 분들은 2D와 3D CAD 프로그램을 활용하여 기계도면을 설계하는 일을 하는 데에 필요한 지식과 자격을 습득했다고 할 수 있습니다. 이러한 지식과 자격의 빠른 습득을 돕기 위해 「해커스 일반기계기사 실기 작업형 출제 도면집」을 집필하게 되었습니다.

「해커스 일반기계기사 실기 작업형 출제 도면집」의 특징은 다음과 같습니다.

첫째, 시험 출제가 예상되는 도면을 엄선해 구성하였습니다.

본 교재는 실기 작업형 시험에서 출제가 예상되는 도면만을 신중히 선별하여 제작하였습니다.
무조건 많은 도면을 그리기보다는 본 교재에 수록된 도면을 활용하여 시험을 준비하는 것만으로도 충분한 대비가 가능합니다.

둘째, 효율적인 학습이 가능하도록 구성하였습니다.

교재 내 불필요한 내용은 최대한 배제하였고 시험 대비를 위해 반드시 필요한 내용으로 구성하였습니다.
이를 통해 보다 효율적인 학습이 가능합니다.

셋째, 일반기계기사 외 다른 시험도 대비할 수 있도록 구성하였습니다.

일반기계기사 실기 작업형 시험 외에 기계설계산업기사, 전산응용기계제도기능사 시험의 출제 도면을 함께 수록하여 다양한 시험에 맞춰 실전에 대비할 수 있습니다.

더불어 자격증 시험 전문 사이트 **해커스자격증(pass.Hackers.com)**에서 교재 학습 중 궁금한 점을 나누고 다양한 무료 학습자료를 함께 활용하여 학습 효과를 극대화할 수 있습니다.

일반기계기사 및 기계 관련 시험에 도전하시는 여러분 모두의 합격을 진심으로 기원합니다.

**이재형, 최유진**

# CONTENTS

무료 동영상강의 · 학습 콘텐츠 제공
**pass.Hackers.com**

# 시험 접수부터 자격증 취득까지

원서접수부터 자격증 취득까지는 다음 과정에 따라 진행되며, 필기 합격부터 실기 시험까지는 4~8주 정도의 기간이 있습니다.

**필기원서 접수 및 필기시험**
- Q-net(www.Q-net.or.kr)을 통해 인터넷으로 원서접수를 합니다.
- 필기접수 기간 내 수험원서를 제출해야 합니다.
- 접수 시 사진(6개월 이내에 촬영한 사진)을 첨부하고, 수수료를 결제합니다(전자결제).
- 시험장소는 본인이 직접 선택합니다(선착순).
- 시험 시 수험표, 신분증, 필기구, 공학용계산기를 지참하도록 합니다.

**필기 합격자 발표**
- Q-net을 통해 합격을 확인합니다(마이페이지 등).
- 응시자격 제한종목은 공지된 시행계획의 서류제출 기간 내에 반드시 졸업증명서, 경력증명서 등 응시자격 서류를 제출해야 합니다.

**실기원서 접수 및 실기시험**
- 실기접수 기간 내 수험원서를 인터넷을 통해 제출합니다.
- 접수 시 사진(6개월 이내에 촬영한 사진)을 첨부하고 수수료를 결제합니다(전자결제).
- 시험 일시와 장소는 본인이 직접 선택합니다(선착순).
- 시험 시 수험표, 신분증, 흑색 볼펜류 필기구, 공학용계산기 등을 지참하도록 합니다.

**최종 합격자 발표**
- Q-net을 통해 합격을 확인합니다(마이페이지 등).

**자격증 발급**

- 인터넷 발급: 공인인증 등을 통한 발급 또는 택배 발급이 가능합니다.

- 방문수령: 사진(6개월 이내에 촬영한 사진) 및 신분확인 서류를 지참하여 방문합니다.

# 이 책의 구성과 특징

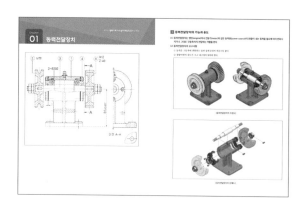

## 도면 제작 가이드

- 일반기계기사 시험 및 각종 시험에서 시행되는 도면 제작 시 활용할 수 있는 도면 제작 가이드를 수록하였습니다.

- 이를 통해 도면 제작의 기본적인 방법과 주의사항을 학습하고, 이를 실제 시험에 활용할 수 있습니다.

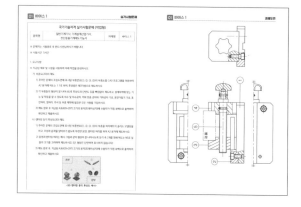

## 과제 도면

- 일반기계기사 실기 시험 및 기계설계산업기사, 전산응용기계제도기능사 시험에서 자주 출제되는 과제 도면을 엄선해 수록하였습니다.

- 척도 1:1로 수록된 과제 도면을 통해 실제 시험과 동일한 환경에서 형상을 측정하는 등의 학습을 통해 실전에 대비한 학습을 할 수 있습니다.

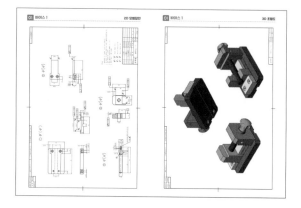

## 모범답안 및 조립도

- 실제 시험 시 제출해야 할 2D 및 3D 도면의 모범답안과 학습의 이해를 돕는 3D 조립도를 함께 수록하였습니다.

- 모범답안을 통해 과제 도면으로 학습 및 제도한 도면이 올바른지 검토하고, 옳지 않게 작성된 내용을 쉽게 확인할 수 있습니다.

- 부품 색상을 구분하여 표시한 조립도 예제를 통해 도면의 이해를 보다 쉽게 함으로써 효과적인 학습을 할 수 있습니다.

# 일반기계기사 시험 소개

## 시험과목에는 무엇이 있나요?

시험은 필기 시험과 실기 시험으로 구분하여 치루어지며, 시험과목은 2024년부터 아래와 같이 변경되었습니다.

| 구분 | | 변경 후(24.1.1. ~) | 변경 전(~ 23.12.31.) |
|---|---|---|---|
| 종목 | | 일반기계기사 | 일반기계기사 |
| 시험과목 | 필기 시험 | 1. 기계 제도 및 설계<br>2. 기계 재료 및 제작<br>3. 구조 해석<br>4. 열 · 유체 해석 | 1. 재료역학<br>2. 기계열역학<br>3. 기계유체역학<br>4. 기계재료 및 유압기기<br>5. 기계제작법 및 기계동력학 |
| | 실기 시험 | 기계설계 실무 | 일반기계설계 실무 |

## 실기 시험은 어떻게 진행되며, 합격기준은 어떻게 되나요

일반기계기사 실기 시험은 기계기사가 되기 위한 기술이론 지식과 업무수행능력을 종합적으로 검정하며, 다음의 방법 및 기준에 따라 합격 여부를 결정합니다.

| | 실기 | |
|---|---|---|
| 시험방법 | 필답형 + 작업형 | |
| 시험시간 | • 필답형: 2시간 | • 작업형: 약 5시간 |
| 문제 유형 및 문항 수 | • 필답형: 10~12문항 | • 작업형: 2D, 3D, CAD작업 |
| 합격기준 | 100점 만점에 60점 이상 | |

## 일반기계기사 실기 최근 5년간 검정현황

| 구분 | | 2020년 | 2021년 | 2022년 | 2023년 | 2024년 |
|---|---|---|---|---|---|---|
| 실기 | 응시자(명) | 10,883 | 10,935 | 8,059 | 7,234 | 4,371 |
| | 합격자(명) | 5,495 | 4,902 | 3,634 | 2,977 | 2,117 |
| | 합격률(%) | 50.5 | 44.8 | 45.1 | 41.2 | 48.4 |

### 더 많은 내용이 알고 싶다면?

• 시험일정 및 자격증에 대한 더 자세한 사항은 해커스자격증(pass.Hackers.com)
  또는 Q - net(www.Q - net.or.kr)에서 확인할 수 있습니다.

• 모바일의 경우 QR 코드로 접속이 가능합니다.

모바일 해커스자격증
(pass.Hackers.com) ▶
바로가기

# 일반기계기사 실기 출제기준

| 실기 과목명 | 주요 항목 | 세부 항목 |
|---|---|---|
| 기계설계 실무 | 1. 요소부품 재질 선정 | (1) 요소부품 재료 파악하기 |
| | | (2) 최적요소부품 재질 선정하기 |
| | | (3) 요소부품 공정검토하기 |
| | | (4) 열처리 방법 결정하기 |
| | 2. 요소부품 재질 검토 | (1) 열처리 방안 선정하기 |
| | | (2) 소재 선정하기 |
| | | (3) 요소부품별 공정 설계하기 |
| | 3. 요소공차 검토 | (1) 요구기능 파악하기 |
| | | (2) 치수공차 검토하기 |
| | | (3) 표면거칠기 검토하기 |
| | | (4) 기하공차 검토하기 |
| | 4. 요소부품 설계 검토 | (1) 요소부품 설계 구성하기 |
| | | (2) 요소부품 형상 설계하기 |
| | | (3) 시제품 제작하기 |
| | 5. 체결요소 설계 | (1) 요구기능 파악하기 |
| | | (2) 체결요소 선정하기 |
| | | (3) 체결요소 설계하기 |
| | 6. 동력전달요소 설계 | (1) 설계조건 파악하기 |
| | | (2) 동력전달요소 설계하기 |
| | | (3) 동력전달요소 검토하기 |
| | 7. 동력전달장치 설계 | (1) 요구사항 분석하기 |
| | | (2) 동력전달장치 특성 파악하기 |
| | | (3) 동력전달장치 설계하기 |
| | | (4) 동력전달장치 검증하기 |

| 실기 과목명 | 주요 항목 | 세부 항목 |
|---|---|---|
| 기계설계 실무 | 8. 유공압시스템 설계 | (1) 요구사항 파악하기<br>(2) 유공압시스템 구상하기<br>(3) 유공압시스템 설계하기 |
| | 9. 2D 도면 작업 | (1) 작업환경 준비하기<br>(2) 도면 작성하기 |
| | 10. 도면 검토 | (1) 공차 검토하기<br>(2) 도면해독 검토하기 |
| | 11. 형상모델링 작업 | (1) 모델링 작업 준비하기<br>(2) 모델링 작업하기 |
| | 12. 형상모델링 검토 | (1) 모델링 분석하기<br>(2) 모델링 데이터 출력하기 |

# 근로 재해 가이드

## Part 01

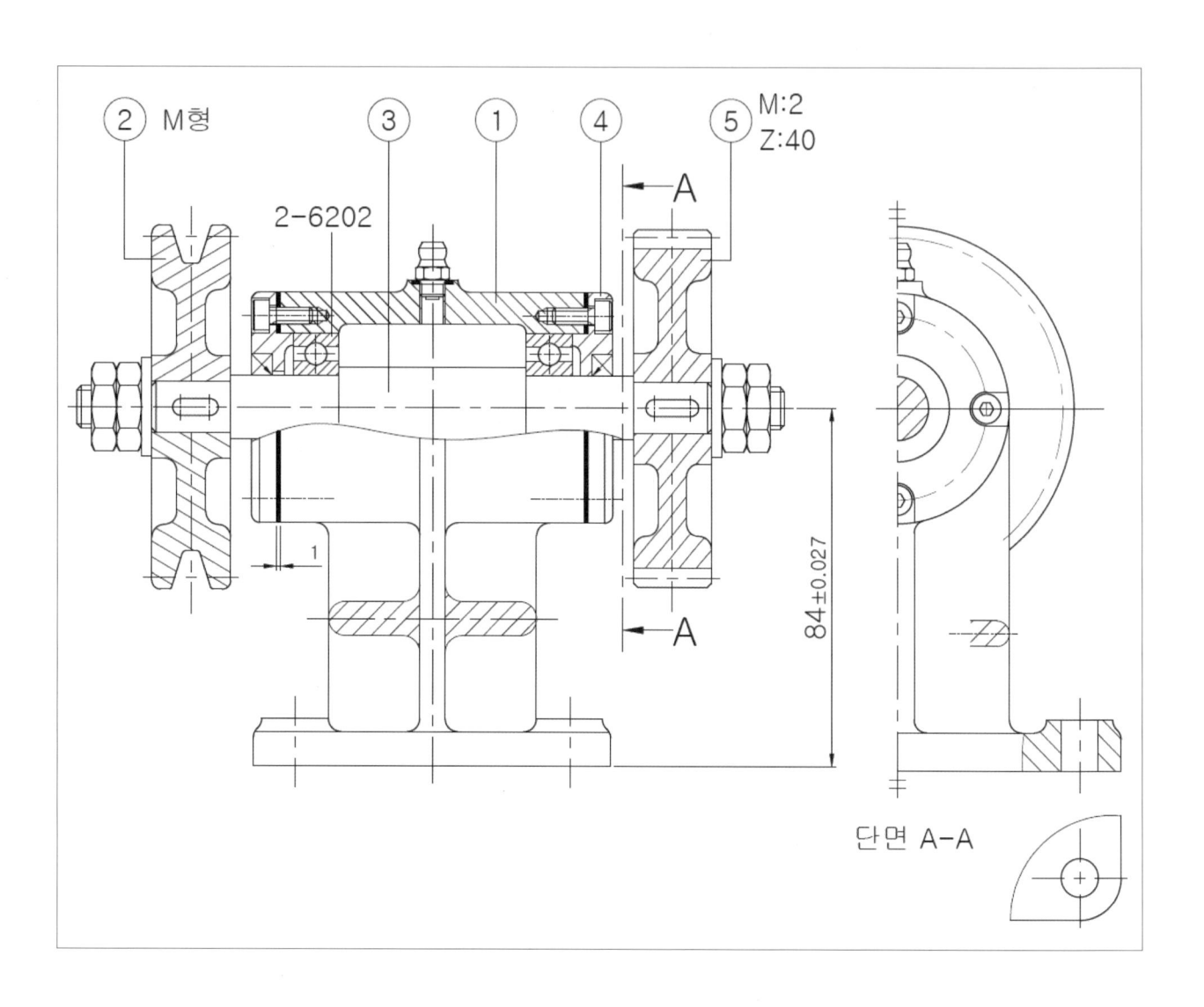

단면 A-A

## 1 동력전달장치의 기능과 용도

(1) 동력전달장치는 엔진(engine)이나 전동기(motor)와 같은 동력원(power source)이 만들어 내는 동력을 필요에 따라 변화시키거나 그대로 구동축까지 전달하는 역할을 한다.

(2) 동력전달장치의 요구사항

　① 동력을 구동축에 전달하는 동안 동력 손실이 작을수록 좋다.

　② 경량이면서 강도가 크고 내구성이 있어야 한다.

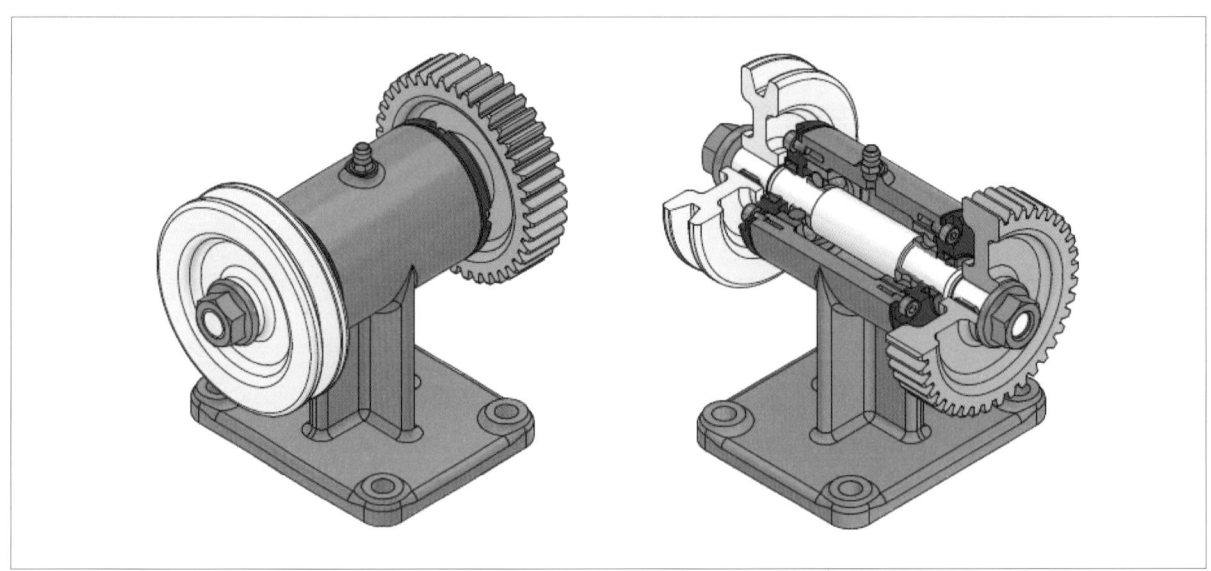

[동력전달장치의 조립도]

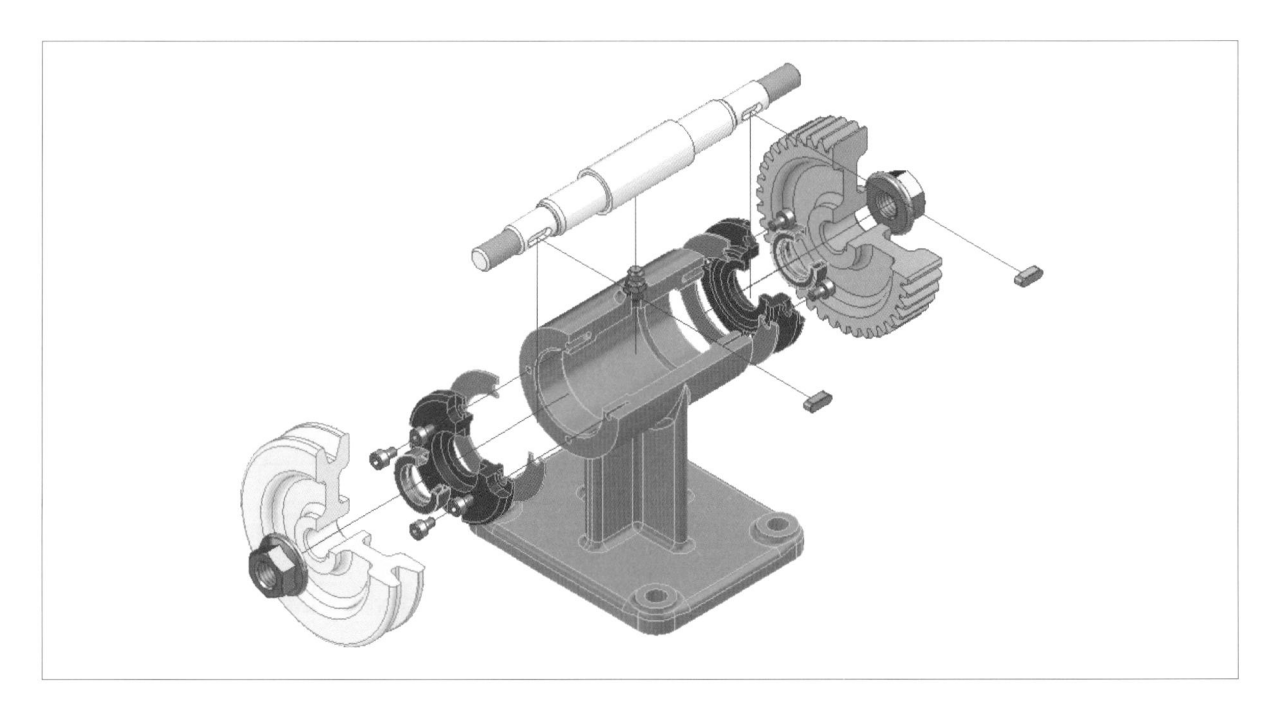

[동력전달장치의 분해도]

## 2 동력전달 요소(elements)

(1) 동력전달장치에서는 전동기에서 발생한 동력이 V-벨트를 통해 축에 고정된 벨트 풀리로 전달이 되며 벨트 풀리에 전달된 동력은 2개의 베어링으로 지지된 축을 통해 스퍼기어로 전달된다.

(2) 전달된 동력은 스퍼기어에 연결된 다른 기계 장치로 전달되어 장치가 구동된다.


## 3 본체(body) 그리기

### 1. 재질

(1) 외면은 명녹색 도장 처리를 하고 내면은 광명단 도장을 하여 산화를 방지한다.

(2) 주조성이 좋으며 압축 강도가 커서 회주철(GC250)을 사용한다. (250은 인장강도를 의미함)

### 2. 투상 및 제도

본체의 치수는 베어링 치수를 결정한 후에 결정되고 본체의 표면 거칠기는 제거가공이 불필요한 부위는 주물 기호(√)를 사용하고 가공이 필요한 부위는 표면 거칠기 (√, √, √)를 사용한다.

[본체]

### 3. 베어링의 선정

본체에 조립될 베어링의 바깥지름을 측정하여 본체에 그 치수를 적용하고, 베어링의 안지름을 측정하여 축의 치수를 결정한다

[베어링]

## 4. 데이텀

(1) 영어 알파벳 대문자를 사용하고, 영어 알파벳 A부터 순차적으로 적용한다.

(2) 2D 도면의 작성 시, 직접 그릴 필요 없이 인벤터와 오토캐드에서는 만드는 방법이 라이브러리로 제공되며, 직접 그려도 상관없다.

(3) 본체의 데이텀은 무조건 바닥으로 설정한다. (☒를 적용)

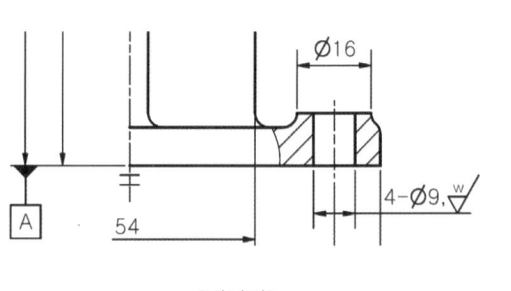

[데이텀]

## 5. 기하공차

**(1) 데이텀 A를 기준으로 평행도를 설정한다.**

① 평행도에 적용되는 기능 길이는 73mm로서 KS 규격집을 참고하면 IT 5급일 경우, IT 공차는 13이고, 이 값을 기하공차에 그대로 기입하면 $//\;\phi0.013\;A$ 이다.

② 기하공차가 지름을 규정하므로 숫자 앞에 이름을 의미하는 기호를 붙인다.

**(2) 데이텀 A를 기준 직각도로 사용한다.**

① 직각도에 적용되는 기능길이는 바닥에서부터 직각도가 적용된 높이까지를 기능길이로 정할 수 있으나 기능길이가 설계자의 의도에 따라 다르게 적용될 수 있다.

② 여기서는 73mm를 기능길이로 정하여 평행도와 같게 기입하되 지름을 규정하는 $\phi$는 붙이지 않는다.

**(3) 데이텀 B를 기준 동축도로 사용한다.**

① 데이텀 B는 평행도가 가리키는 지름의 중심축(중심선)을 의미하며, 같은 중심축을 공유할 경우 동축도를 그림과 같이 사용한다.

② 이때 적용되는 내용은 평행도와 일치해야 한다.

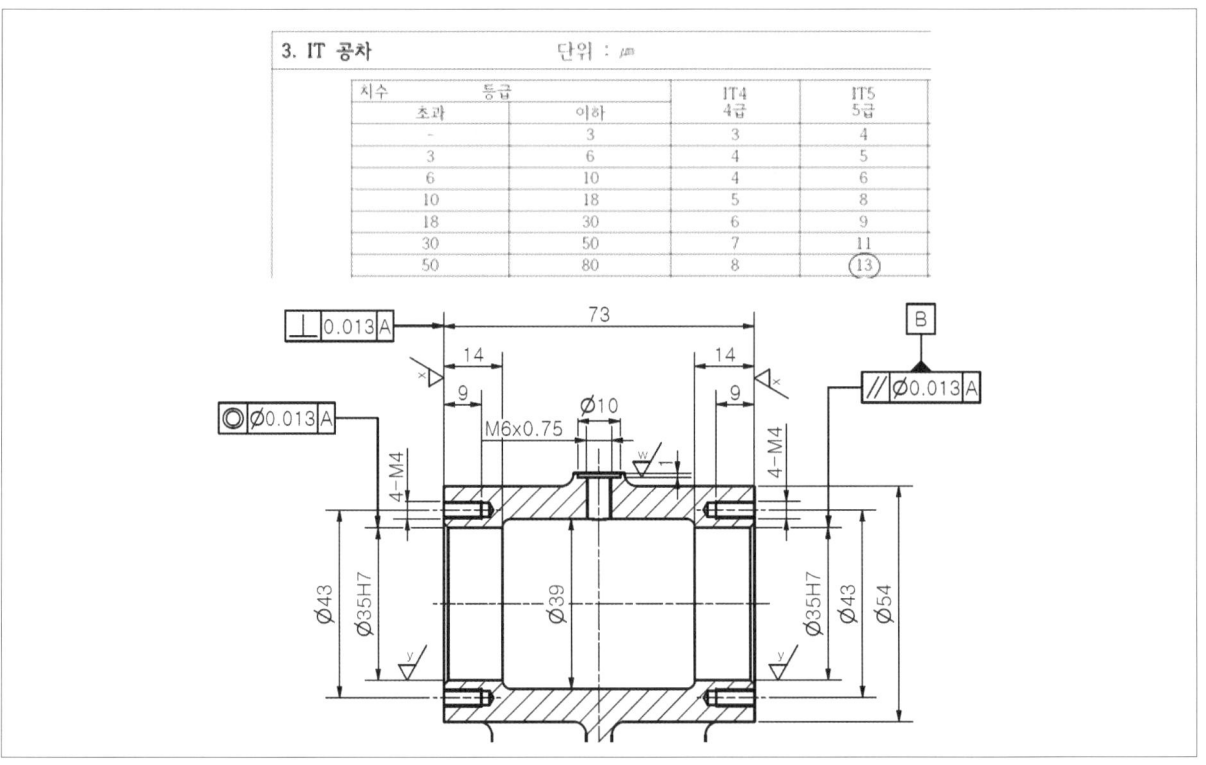

[본체의 2D제도]

## 6. 끼워맞춤

본체에 사용되는 베어링은 외륜 정지 하중이므로 끼워맞춤 H7을 적용한다.

| 하우징 구멍 공차 | | |
|---|---|---|
| 외륜 정지 하중 | 모든 종류의 하중 | H7 |
| 외륜 회전 하중 | 보통하중 또는 중하중 | N7 |

## 7. 틈새구멍 및 볼트구멍

(1) 본체 커버 조립을 위해 M4 나사를 사용한다.

(2) 틈새구멍은 파단선으로 도시한다.

(3) 표면 거칠기는 ($\overset{w}{\triangledown}$)를 적용한다.

(4) 틈새구멍 치수는 '4 - $\phi$9'으로 기재한다. 이는 지름 9의 구멍이 4개라는 것을 의미한다.

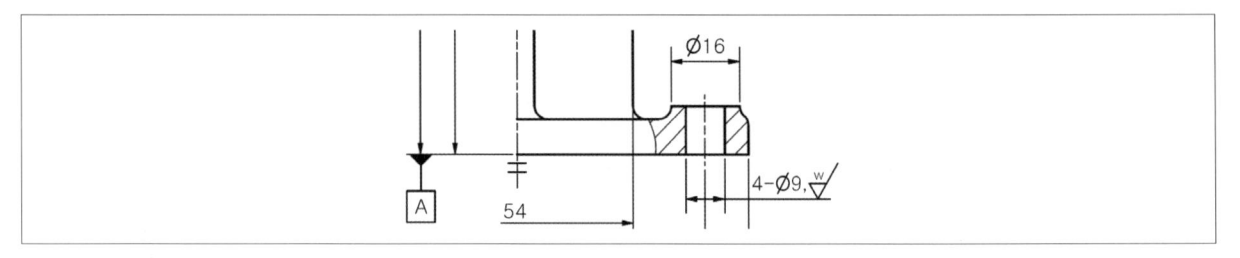

[틈새구멍]

## 8. 리브(rib) 그리기

절단면을 90° 회전하여 그린다.

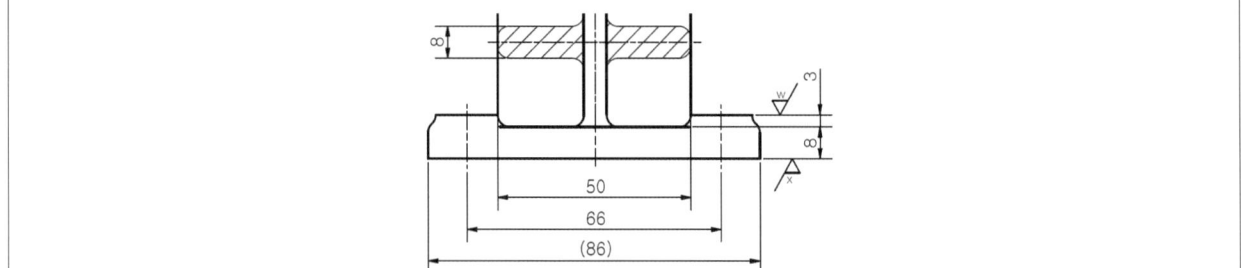

[리브 회전 단면도]

## 9. 중심거리 허용차

데이텀에서 본체의 중심까지의 거리가 84mm이므로 KS 규격집의 IT 2급을 적용하여 공차 27을 적용한다.

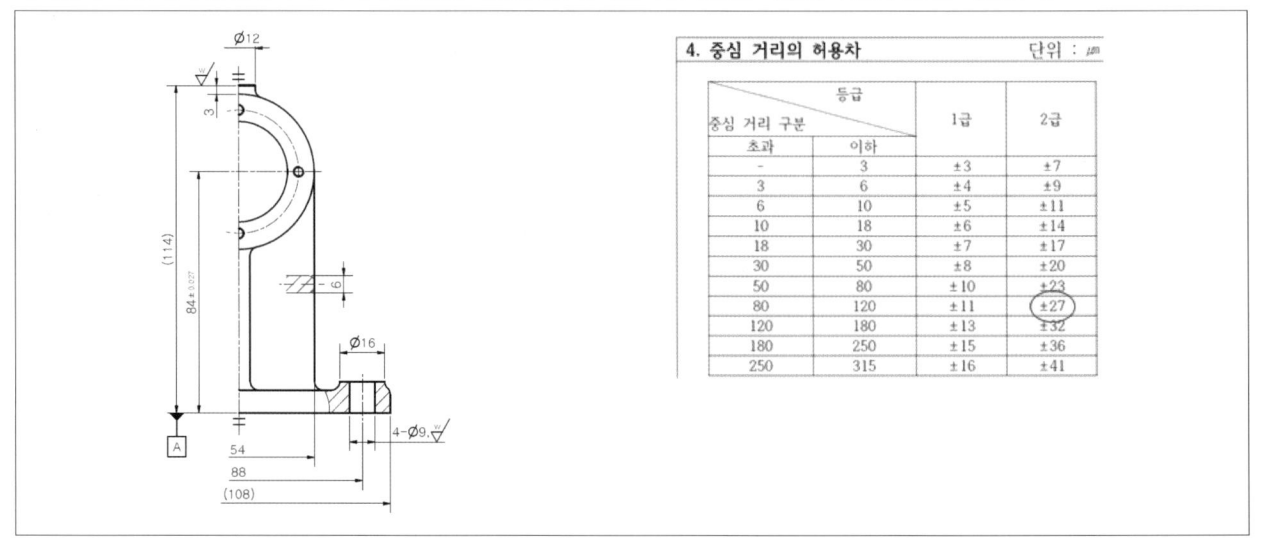

| 4. 중심 거리의 허용차 | | 단위 : μm | |
|---|---|---|---|
| 등급 중심 거리 구분 | | 1급 | 2급 |
| 초과 | 이하 | | |
| - | 3 | ±3 | ±7 |
| 3 | 6 | ±4 | ±9 |
| 6 | 10 | ±5 | ±11 |
| 10 | 18 | ±6 | ±14 |
| 18 | 30 | ±7 | ±17 |
| 30 | 50 | ±8 | ±20 |
| 50 | 80 | ±10 | ±23 |
| 80 | 120 | ±11 | ±27 |
| 120 | 180 | ±13 | ±32 |
| 180 | 250 | ±15 | ±36 |
| 250 | 315 | ±16 | ±41 |

## 10. 완성 도면의 검토

(1) 베어링 및 기타 요소의 끼워맞춤

(2) 표면 거칠기

(3) 선 굵기

(4) 누락치수, 중복치수 확인

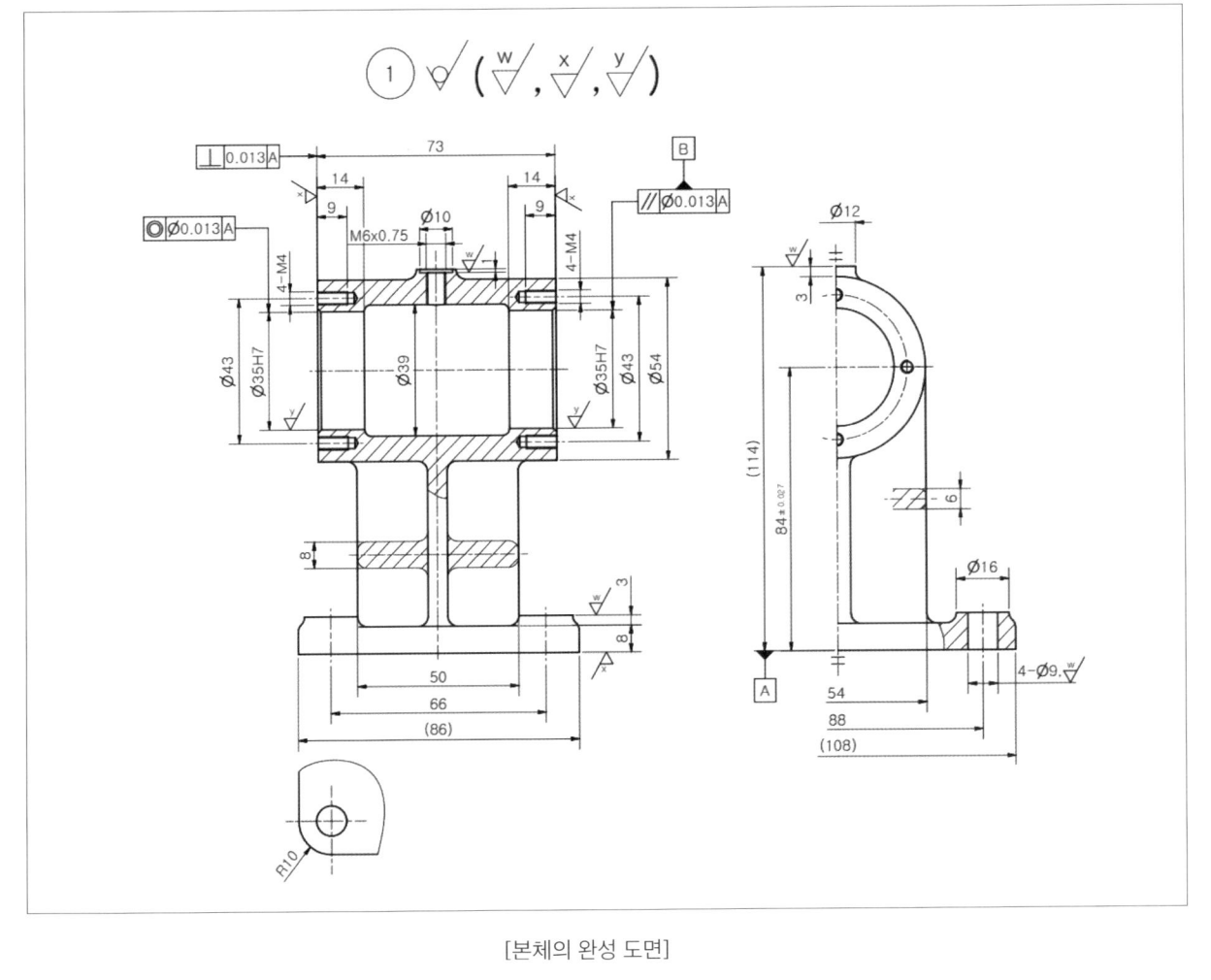

[본체의 완성 도면]

# 4 스퍼기어(spur gear) 그리기

## 1. 재질

열처리 가능한 주강(SC 계열) 또는 특수강(SCM 계열)을 적용한다.

## 2. 투상 및 제도

정면도는 축과 수직인 방향에서 본 그림으로 나타내며, 측면도는 키 홈만 그린다.

(1) 피치원 지름 = m(모듈) × Z(잇수) = 2 × 40 = 80mm

(2) 바깥지름 = [m × Z] + 2m = 84mm

(3) 전체 이높이 = 2.25 × m = 4.5mm

(4) 데이텀은 중심선을 지정하여 아래 그림과 같이 표기한다.

(5) 기하공차는 원주흔들림공차를 사용하고 기능길이가 84mm이고 IT 5급일 때 0.015를 적용한다.

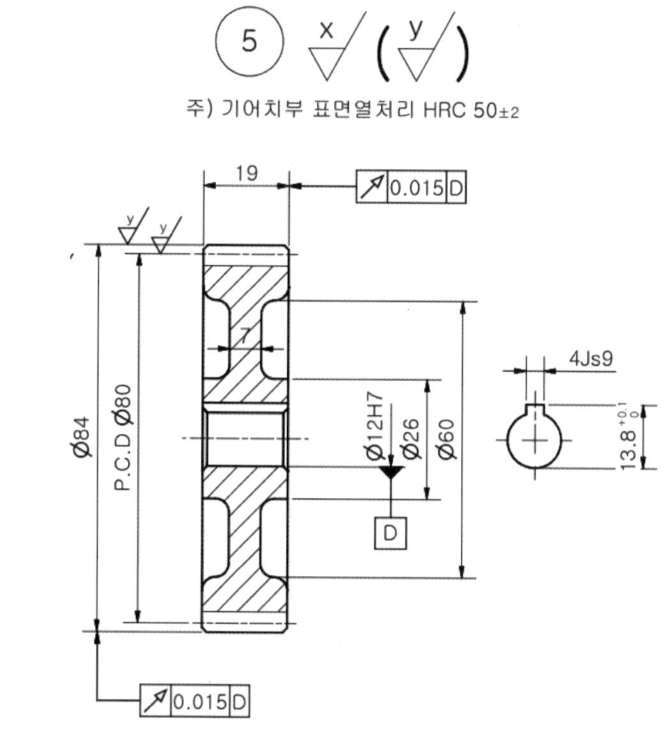

| 스퍼기어 요목표 | | |
|---|---|---|
| 기어치형 | | 표준 |
| 공 | 모듈 | 2 |
| | 치형 | 보통이 |
| 구 | 압력각 | 20° |
| 전체 이 높이 | | 4.5 |
| 피치원 지름 | | ⌀80 |
| 잇 수 | | 40 |
| 다듬질 방법 | | 호브절삭 |
| 정밀도 | | KS B ISO 1328-1, 4급 |

[스퍼기어와 기어 요목표]

## 5 축 그리기

축은 스퍼기어나 V-벨트 풀리와 연결되어 동력을 전달한다.

### 1. 재료

열처리가 필요하며 SCM계열을 적용한다.

### 2. 베어링 규격 적용 및 기하공차 기입

6202 베어링 안지름이 15mm이고, 구석 홈 둥글기가 0.6mm이므로 그 아래 치수를 축에 적용한다.

(1) 베어링과 축의 마찰부는 표면 거칠기 (⅟)를 적용한다.

(2) 데이텀은 중심선의 양끝에 적용한다.

(3) 축의 기하공차는 원주 흔들림을 적용하고, 기능길이는 지름을 그대로 적용한다.

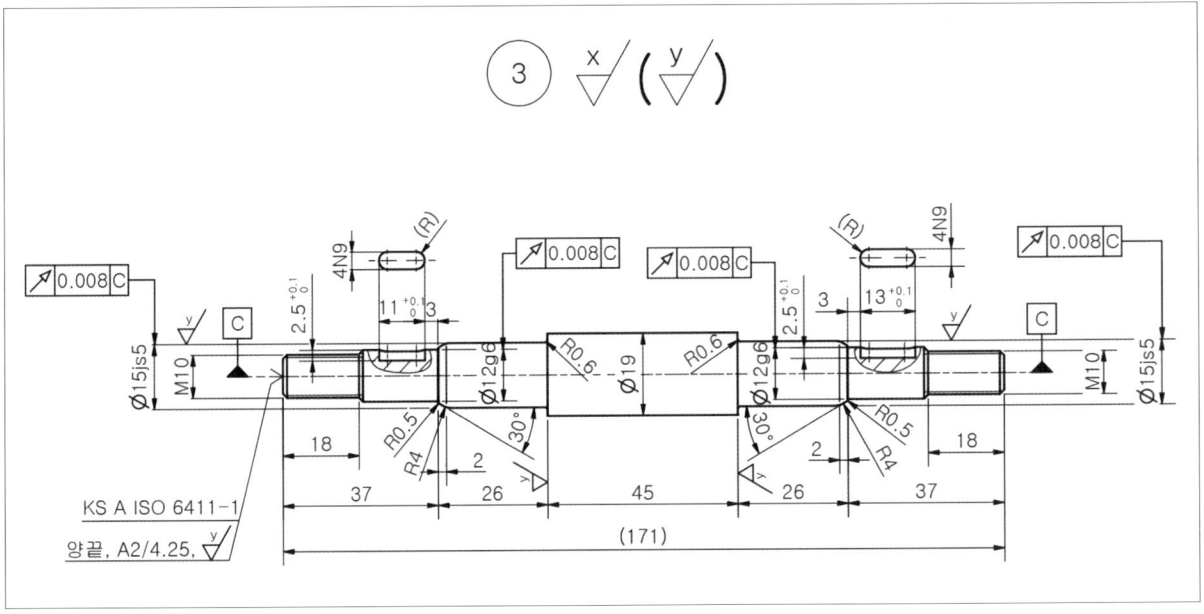

[축의 2D 도면]

### 3. 오일 실(oil seal)의 조립

(1) 오일 실(oil seal) 조립부도 베어링과 마찬가지로 표면거칠기 (⅟)를 적용한다.

(2) 해당 도면에서는 오일실과 베어링이 같은 위치에 있기에 따로 적용되지 않았다.

# 6 V-벨트 풀리(pully) 그리기

## 1. 재질

일반적으로 GC 계열을 적용한다.

## 2. 홈부의 치수와 공차

(1) M형이고, 호칭지름이 80mm이다.

(2) KS 규격집을 확인하여 각도 및 치수를 기입한다.

## 3. 데이텀

스퍼기어와 같이 중심선 위에 지정한다.

## 4. 기하공차

일반적으로 원주 흔들림을 적용하고, 예시에서 전체길이가 85.4mm이므로 KS 규격집의 IT 5급일 때 0.015를 적용한다.

## 5. 표면 거칠기

KS 규격집에서 지시한 부분 외에 그림처럼 ($\frac{x}{\nabla}$)를 적용한다.

| V 벨트 형별 | 호칭 지름 | α(˚) | $\ell_0$ | k | $k_0$ | e | f | $r_1$ | $r_2$ | $r_3$ |
|---|---|---|---|---|---|---|---|---|---|---|
| M | 50이상~71이하<br>71초과~90이하<br>90초과 | 34<br>36<br>38 | 8.0 | 2.7 | 6.3 | — | 9.5 | 0.2~0.5 | 0.5~1.0 | 1~2 |

### 3. IT 공차          단위 : ㎛

| 치수 등급 | | IT4<br>4급 | IT5<br>5급 |
|---|---|---|---|
| 초과 | 이하 | | |
| – | 3 | 3 | 4 |
| 3 | 6 | 4 | 5 |
| 6 | 10 | 4 | 6 |
| 10 | 18 | 5 | 8 |
| 18 | 30 | 6 | 9 |
| 30 | 50 | 7 | 11 |
| 50 | 80 | 8 | 13 |

[KS 규격집의 적용]

## 6. 키(key) 홈의 작성

축의 지름을 측정한 뒤, 적용하는 축 지름에서 선택하여 KS 규격집에 기재된 치수와 끼워 맞춤을 적용한다. (활동형 끼워 맞춤은 사용하지 않음)

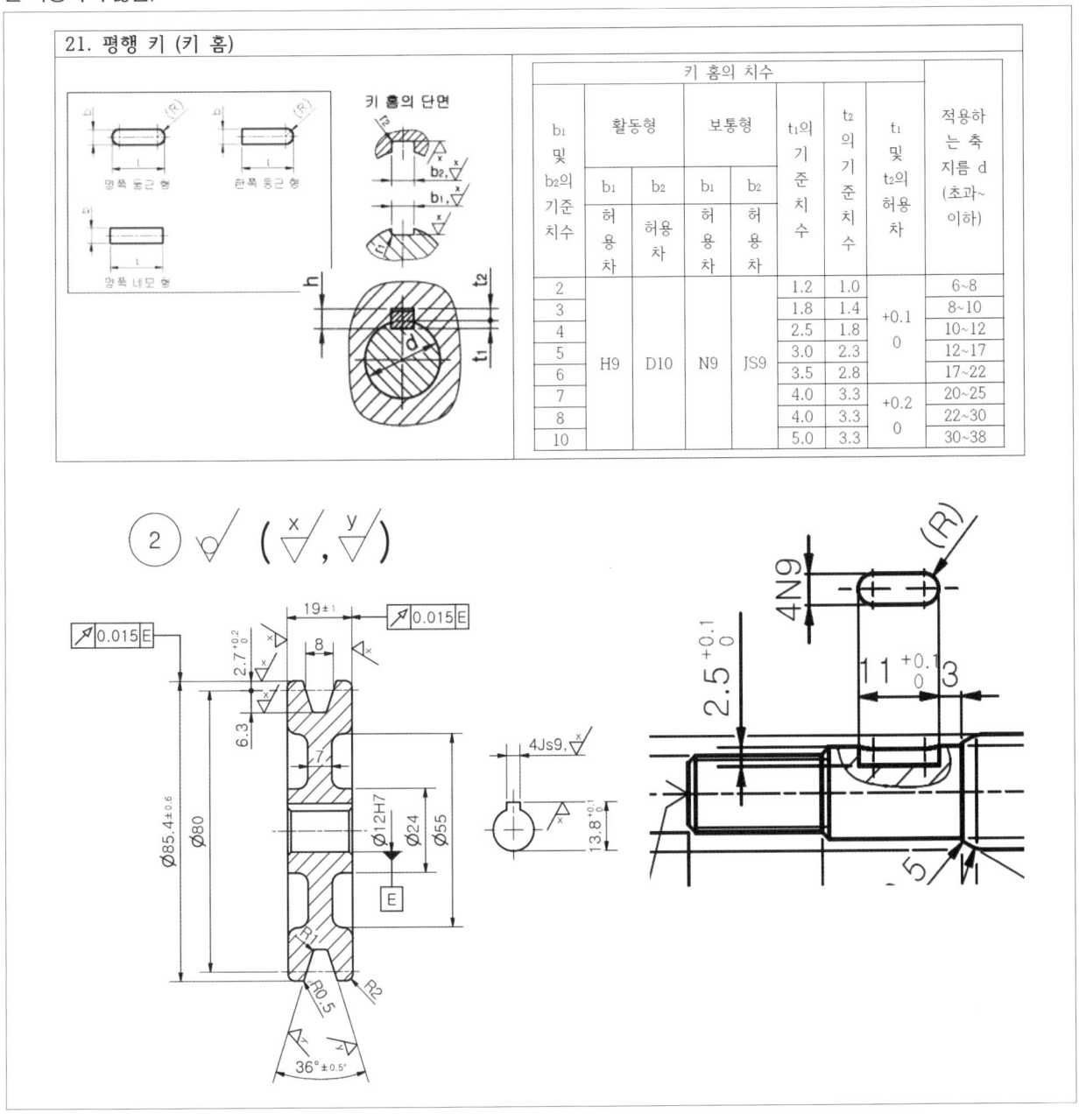

### 21. 평행 키 (키 홈)

| $b_1$ 및 $b_2$의 기준 치수 | 활동형 | | 보통형 | | $t_1$의 기준 치수 | $t_2$의 기준 치수 | $t_1$ 및 $t_2$의 허용차 | 적용하는 축 지름 d (초과~이하) |
|---|---|---|---|---|---|---|---|---|
| | $b_1$ 허용차 | $b_2$ 허용차 | $b_1$ 허용차 | $b_2$ 허용차 | | | | |
| 2 | | | | | 1.2 | 1.0 | | 6~8 |
| 3 | | | | | 1.8 | 1.4 | +0.10 | 8~10 |
| 4 | | | | | 2.5 | 1.8 | | 10~12 |
| 5 | H9 | D10 | N9 | JS9 | 3.0 | 2.3 | | 12~17 |
| 6 | | | | | 3.5 | 2.8 | | 17~22 |
| 7 | | | | | 4.0 | 3.3 | +0.20 | 20~25 |
| 8 | | | | | 4.0 | 3.3 | | 22~30 |
| 10 | | | | | 5.0 | 3.3 | | 30~38 |

[키 홈의 작성]

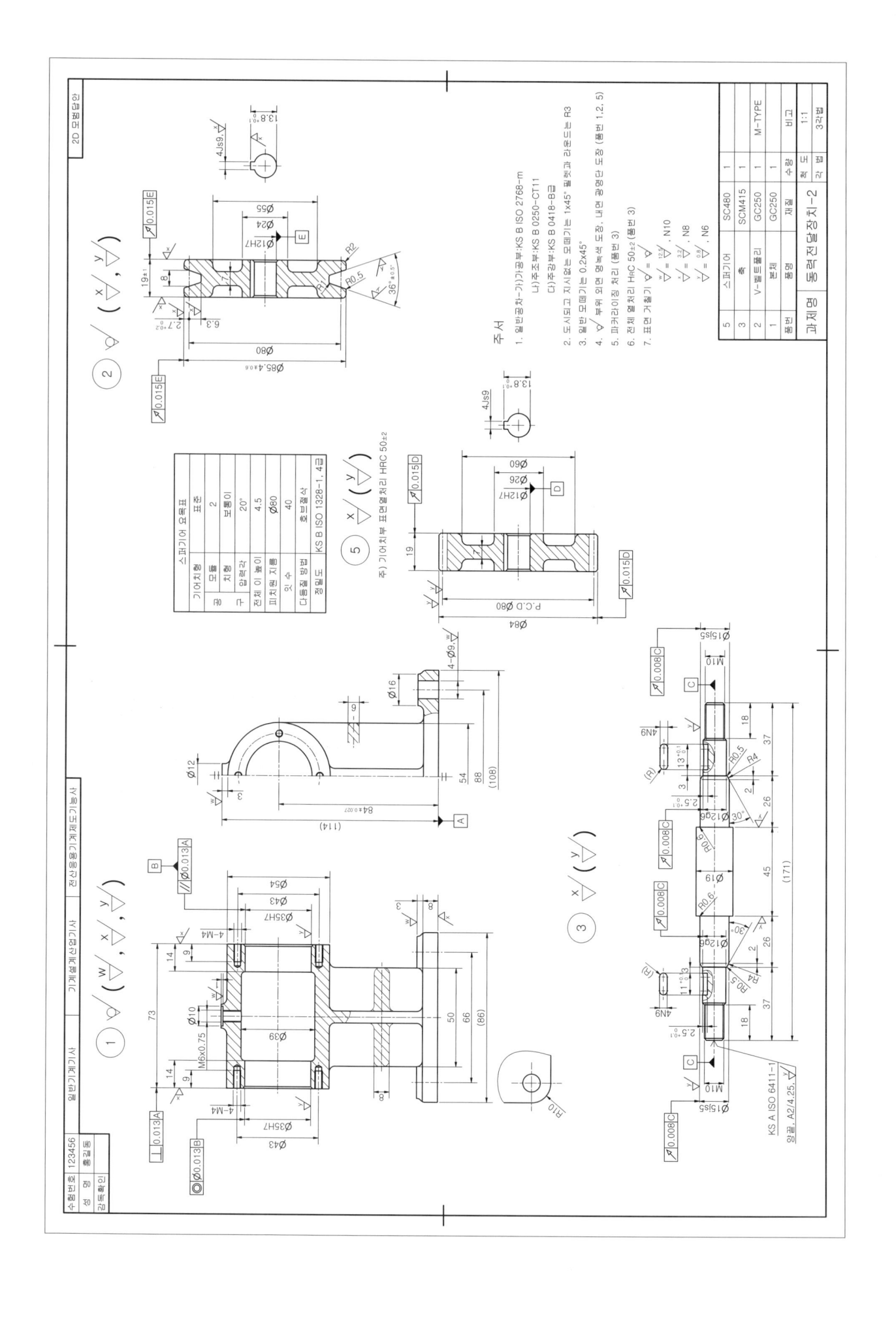

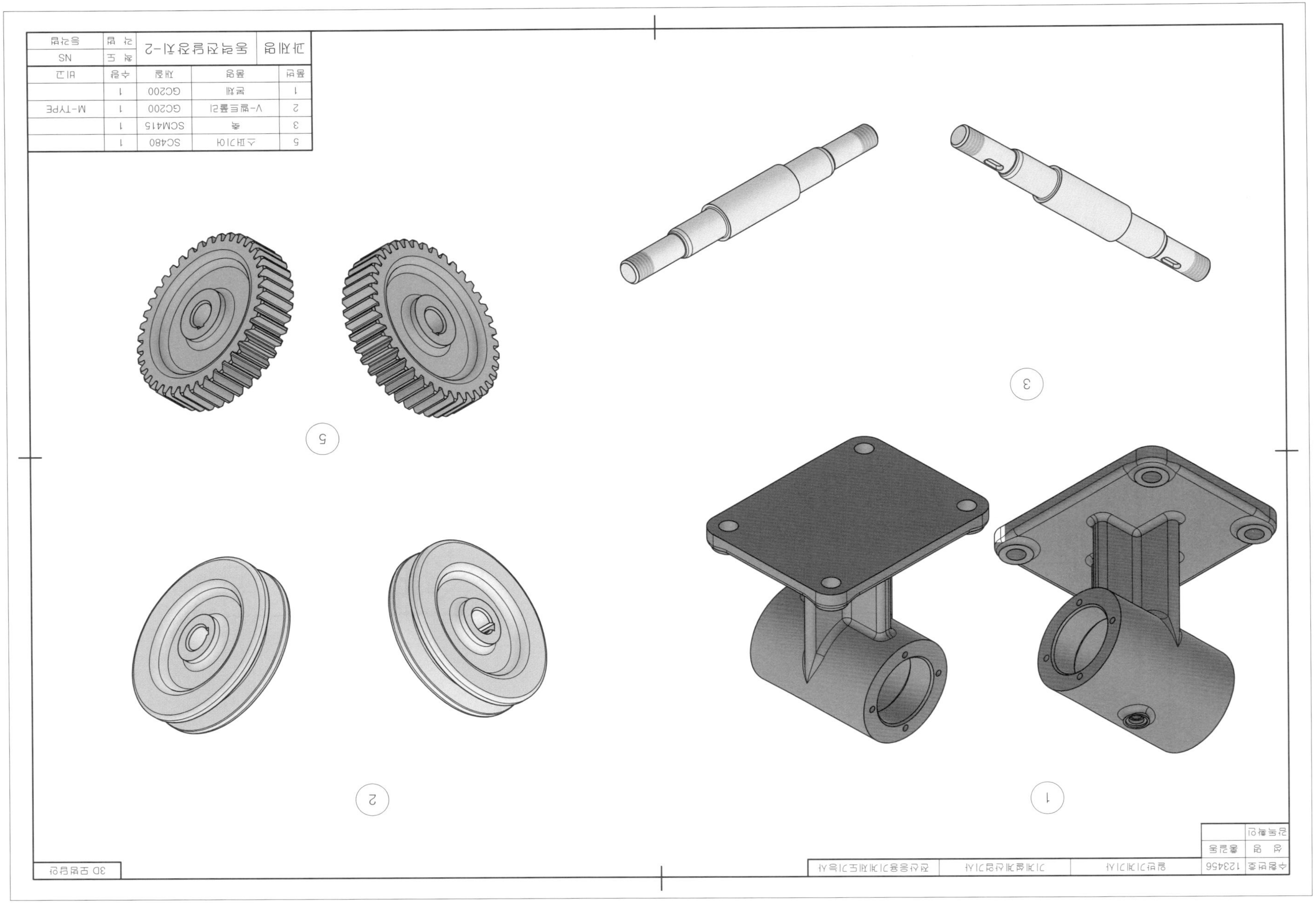

Part 01

도면 제작 가이드

해커스 일반기계기사 실기 작업형 출제 도면집

| 과제명 | 동력전달장치-2 | | | | 3D 모델링용 |
|---|---|---|---|---|---|
| 품번 | 품명 | 재질 | 수량 | 도 | 비고 |
| 1 | 본체 | GC200 | 1 | NS | |
| 2 | V-벨트풀리 | GC200 | 1 | M-TYPE | |
| 3 | 축 | SCM415 | 1 | | |
| 5 | 스퍼기어 | SC480 | 1 | | |

| 수험번호 | 123456 | 일반기계기사 | 기계설계산업기사 | 전산응용기계제도기능사 | 3D 모델링용 |
|---|---|---|---|---|---|
| 성명 | 홍길동 | | | | |
| 감독확인 | 감독확인 | | | | |

# Chapter 02 치공구(바이스)

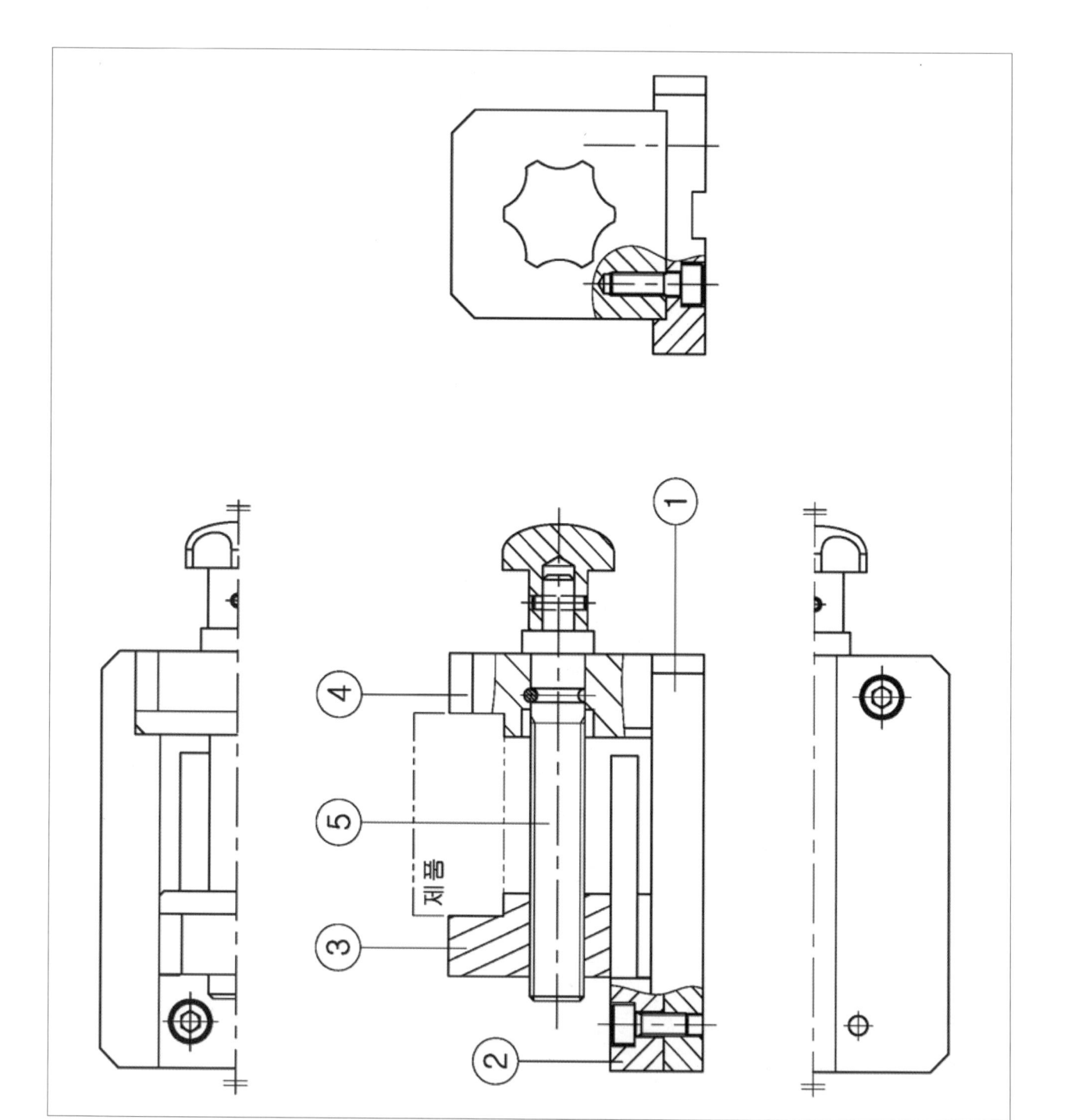

제품

# 1 치공구의 개요

(1) 치공구는 크게 치구(fixture)와 지그(jig)를 의미하고 대표적으로는 바이스(vise)가 있다.

(2) 바이스 형태의 치공구에서는 가공해야 할 가공물을 끼워 고정하는 장치로 보고 두 개의 평행한 조(jaw)로 이루어지며 고정 조(jaw)와 나사와 레버로 이동이 가능한 이동 조(jaw)로 이루어져 있어 다양한 가공물의 고정이 가능하다.

(3) 이하 치공구 중에서 가장 대표적인 바이스(vise)에 대해서 설명한다.

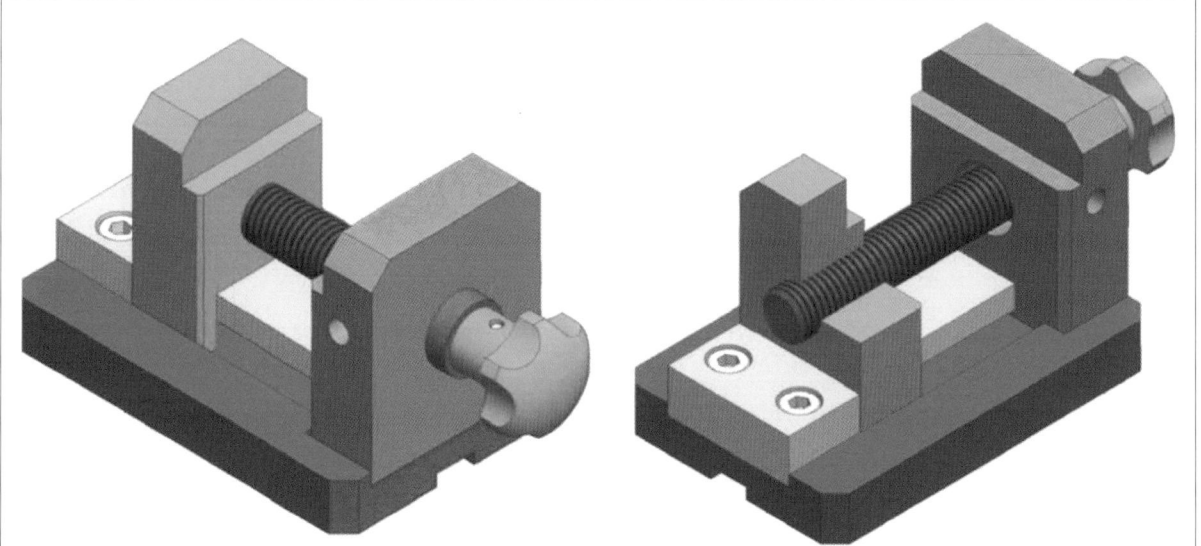

[치공구-바이스의 조립도]

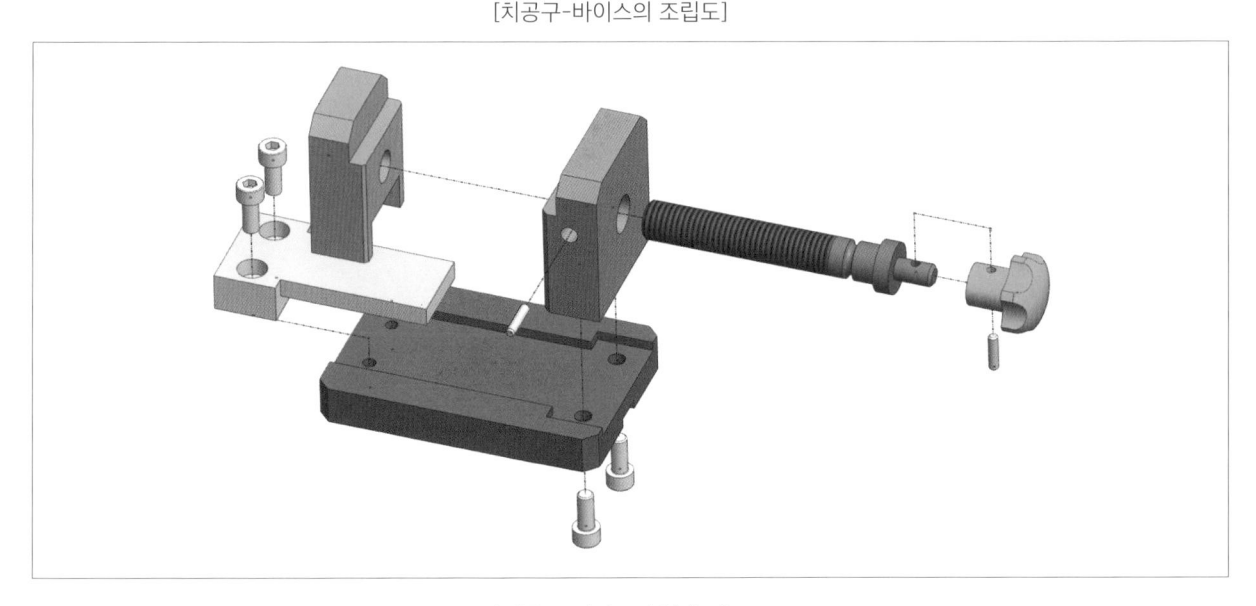

[치공구-바이스의 분해도]

# 2 바이스의 구성

바이스는 베이스, 가이드블럭, 고정 조, 이동 조, 나사축 등으로 구성되어 있다.

## 3 바이스의 설계조건

(1) 가공물의 크기가 40mm 이하의 제품을 고정할 수 있는 장치를 설계한다.

(2) 가공물을 고정하며 가공물의 바닥면을 지지할 수 있도록 고정 조와 이동 조가 평행을 이루도록 한다.

(3) 가이드블럭을 이용하여 이동 조가 이탈되지 않고 가공물을 고정할 수 있도록 한다.

## 4 베이스(base) 그리기
바이스의 베이스는 나머지 모든 부품이 조립되기 때문에 밑면과 평행 그리고 밑면과 수직이 되도록 그린다.

### 1. 베이스의 재료
베이스의 재료는 SM45C(기계구조용 탄소강재)를 사용한다.

| 기계 재료종류의 기호 | 분류 |
| --- | --- |
| KS D 3752 - SM45C | 기계구조용 탄소강재 |

### 2. 베이스의 주 투상도 결정
주 투상도는 부품의 형상 및 기능을 가장 명확하게 표시하는 면인 평면도를 주 투상도로 결정하고, 평면도의 아래에 정면도를 단면 처리하여 투상한 후 정면도의 오른쪽에 우측면도를 투상한다. 단, 주 투상도만으로 투상이 가능할 때에는 다른 투상도를 생략할 수 있다.

### 3. 다듬질 기호 및 끼워 맞춤 공차 기입

(1) 다듬질의 정도는 일반가공에서 정밀가공까지 요구되는 부위의 표면거칠기 (∀, ∀, ∀)를 적용한다.
    가이드블럭과 고정 조가 닿는 면에는 중간 다듬질인 ∀를 적용하고 이동 조가 닿아 이동되는 홈에는 정밀 다듬질인 ∀를 적용한다. 그 외 가공면은 거친 다듬질인 ∀를 적용한다.

(2) 한편, 끼워 맞춤은 34H7, 45H7으로 홈에 구멍 기준 헐거운 끼워 맞춤인 H를 적용한다.

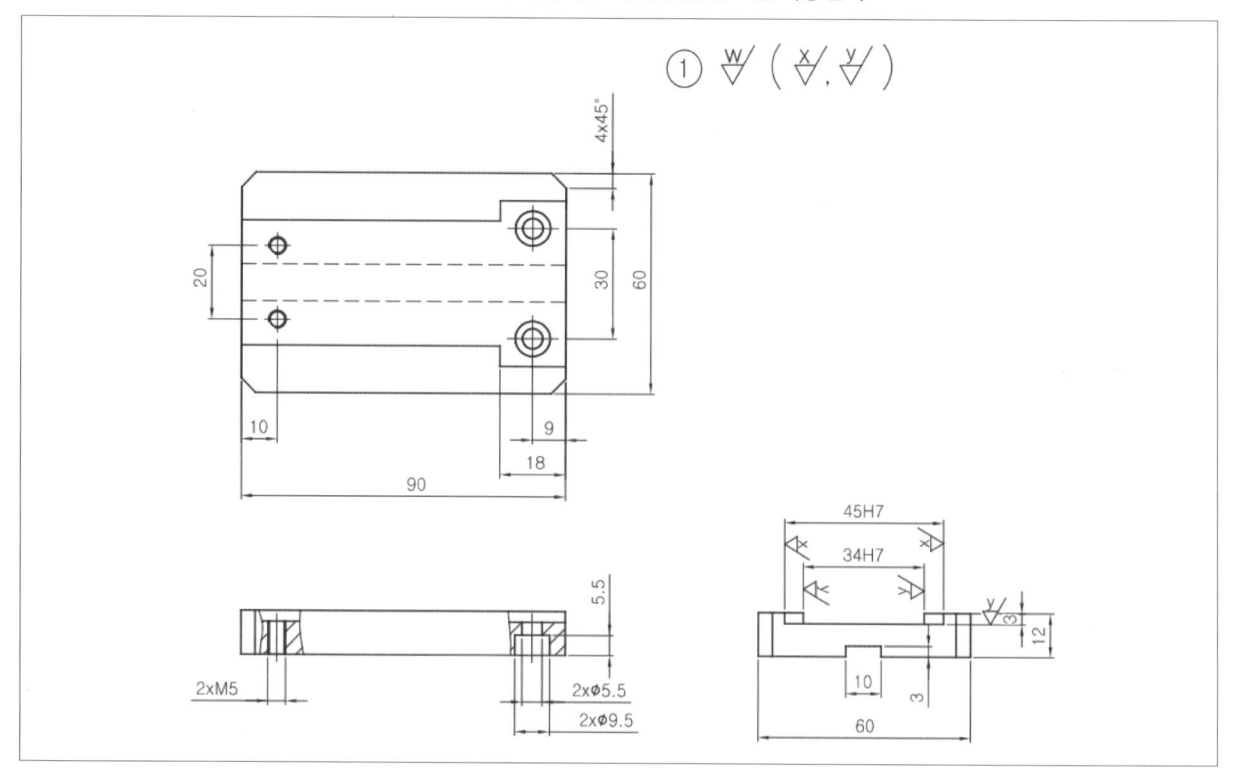

[베이스의 다듬질 기호 및 끼워 맞춤 공차 기입]

## 4. 데이텀 설정 및 기하공차 기입

(1) 베이스의 밑면을 데이텀 A의 기준으로 설정한다.

(2) 데이텀 A를 기준으로 윗면에 위치한 고정 조의 조립부, 가이드 블록의 홈부에 자세공차인 직각도를 적용하며, 기능길이 3mm는 IT 5급일 때 3mm 이하의 IT 공차가 4μm이므로 직각도는 ⊥ 0.004 A 이다.

(3) 데이텀 A를 기준으로 베이스의 상부 홈부에 대해 자세공차인 평행도를 적용하며 기능길이 90mm는 IT 5급 80 초과 120 이하의 IT 공차값 15μm이므로 평행도는 // 0.015 A 이다.

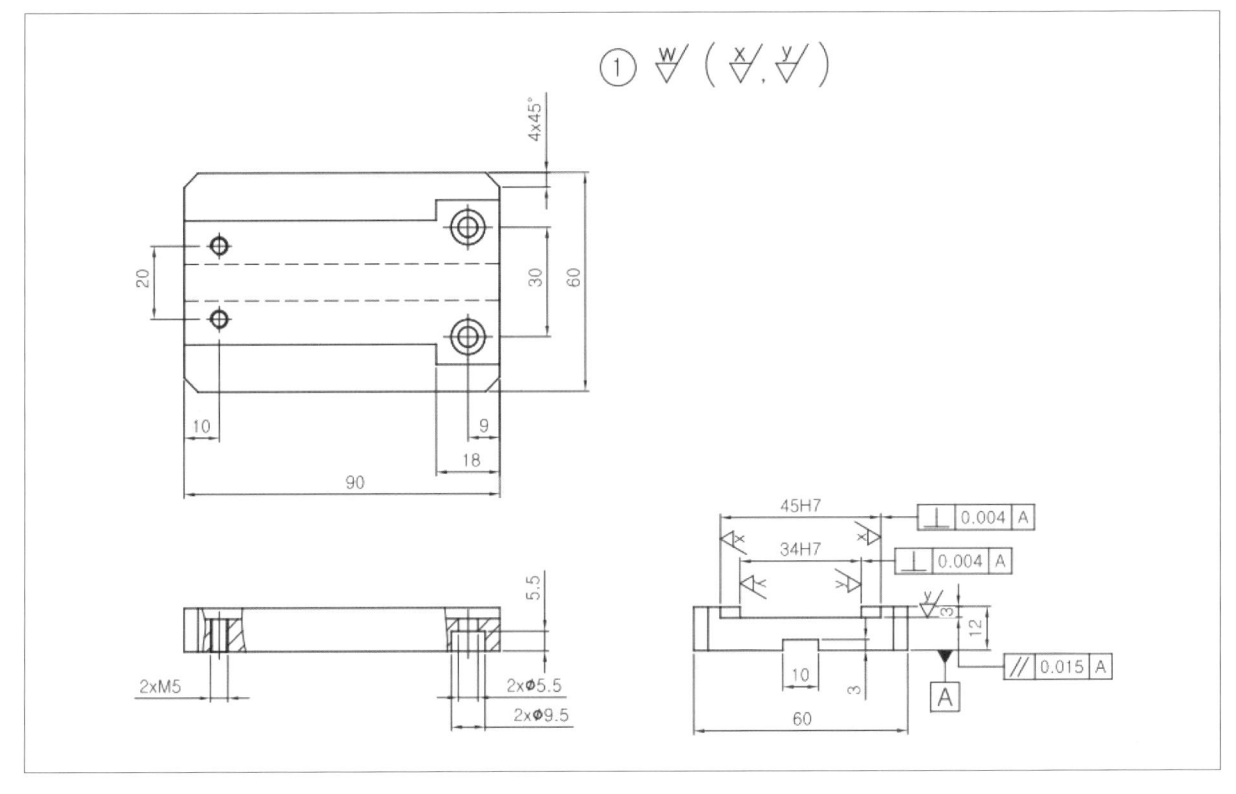

[베이스의 데이텀 설정 및 기하공차 기입]

## 5 가이드블럭(guide block) 그리기

가이드블럭은 베이스에 직각이 되도록 그리며 표면 전체 열처리HRC50±2를 적용하여 마찰열에 의한 제품의 변형을 방지한다.

### 1. 가이드블럭의 재료 선택

가이드블럭의 재료는 SCM440(기계구조용 합금강 - 크롬몰리브덴강)을 사용한다.

| 기계 재료종류의 기호 | 분류 |
|---|---|
| KS D 3752 - SM45C | 기계구조용 탄소강재 |

### 2. 가이드블럭의 주 투상도 결정

부품의 특성을 가장 잘 나타내는 평면도를 주 투상도로 결정하고, 평면도의 아래에 정면도를 단면 처리하여 투상한다.

## 3. 다듬질 기호 및 끼워 맞춤 공차

(1) 고정 조가 조립되어 닿고 이동되는 구간에는 정밀 다듬질인 ∀를 적용하고, 그 외 가공면은 중간 다듬질인 ∀를 적용한다

(2) 베이스에 끼워져 조립되는 곳과 고정 조가 조립되는 곳에 대해 축 기준 헐거운 끼워 맞춤인 34g6, 25g6을 적용한다.

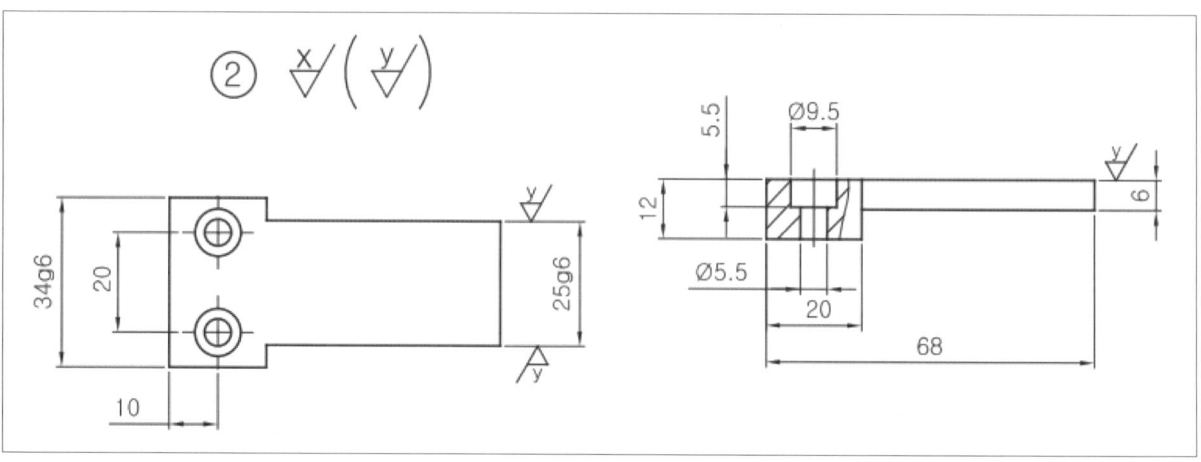

[가이드블럭의 다듬질 기호 및 끼워 맞춤 공차 기입]

## 4. 데이텀 설정 및 기하 공차 기입

(1) 가이드블럭의 평면에 데이텀 B를 기준으로 잡는다.

(2) 데이텀 B를 기준으로 자세공차인 평면도를 이동 조가 조립되어 이동되는 평면에 적용하며 기능길이 68mm는 IT 5급 50 초과 80 이하의 IT 공차 13µm이므로 평행도 │ // │ 0.013 │ B │ 이다.

(3) 데이텀 B를 기준으로 자세공차인 직각도를 적용하며 기능길이 12mm는 IT 5급 10 초과 18 이하의 IT 공차 8µm이므로 직각도 │ ⊥ │ 0.008 │ B │ 이다.

(4) 데이텀 B를 기준으로 고정 조가 끼워져 이동되는 평면에 자세공차인 직각도를 적용하며 기능길이 6mm는 IT 5등급 3 초과 6 이하의 IT 공차 5µm이므로 직각도 │ ⊥ │ 0.005 │ B │ 이다.

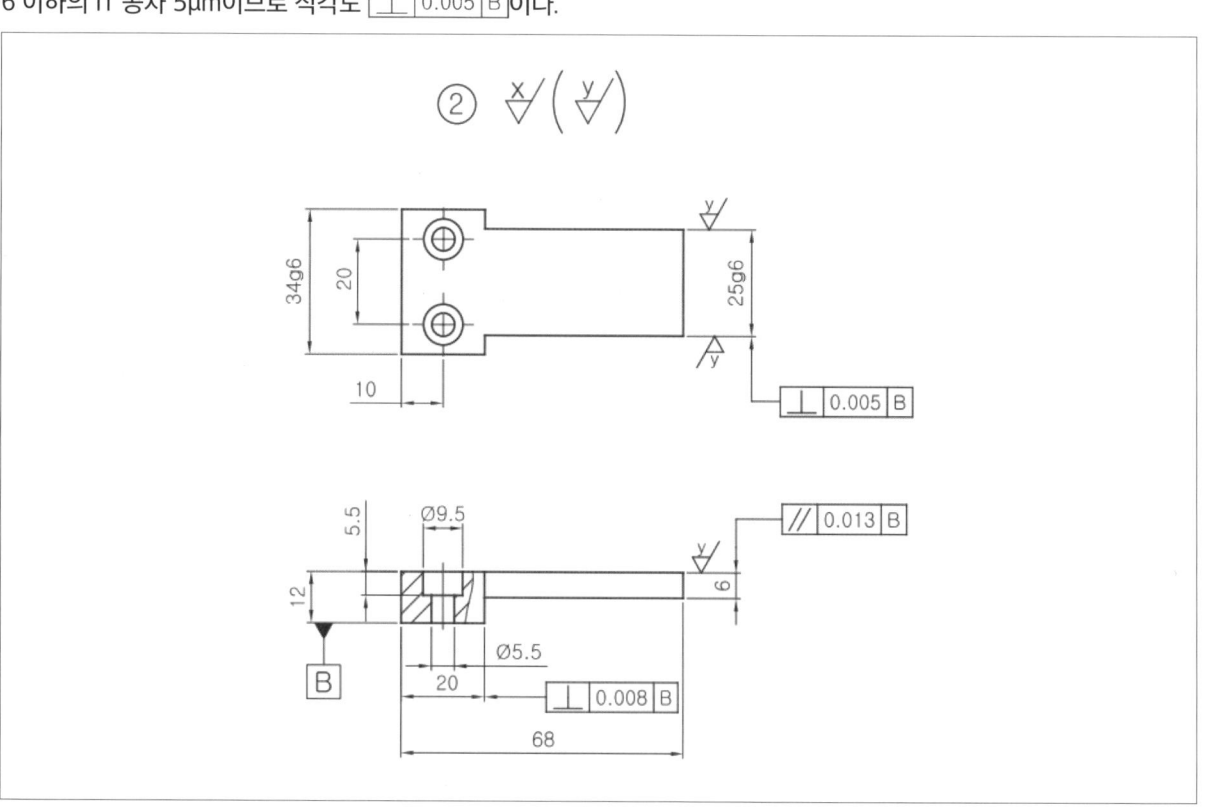

[가이드 블럭의 데이텀 설정 및 기하 공차 기입]

## 6 이동 조(jaw) 그리기

이동 조는 베이스의 홈에 맞게 수직이 되도록 그리며, 표면 전체 열처리HRC50±2를 적용하여 마찰열에 의한 제품의 변형을 방지한다.

### 1. 이동 조의 재료 선택

이동 조의 재료는 SCM440(기계구조용 합금강 - 크롬몰리브덴강)을 사용한다.

| 기계 재료종류의 기호 | 분류 |
| --- | --- |
| KS D 3752 - SM45C | 기계구조용 탄소강재 |

### 2. 이동 조의 주 투상도 결정

부품의 특성을 가장 잘 나타내는 투상면인 정면도를 주 투상도로 하고 주 투상도 왼쪽에 좌측면도를 단면 처리하여 투상도로 나타낸다.

### 3. 다듬질 기호 및 끼워 맞춤 공차 기입

(1) 베이스에 고정된 가이드블럭과 조립되어 이동되어 마찰이 발생되는 구간에 정밀 다듬질 ∇∇를 적용하고 그 외의 일반적인 가공면은 중간 다듬질 ∇를 적용한다.

(2) 베이스에 끼워지는 고정 조의 외부에는 34g6인 축기준 헐거운 끼워 맞춤을, 가이드블럭에 끼워져 이동되어지는 내부에는 25H7인 구멍 기준 헐거운 끼워 맞춤을 적용한다.

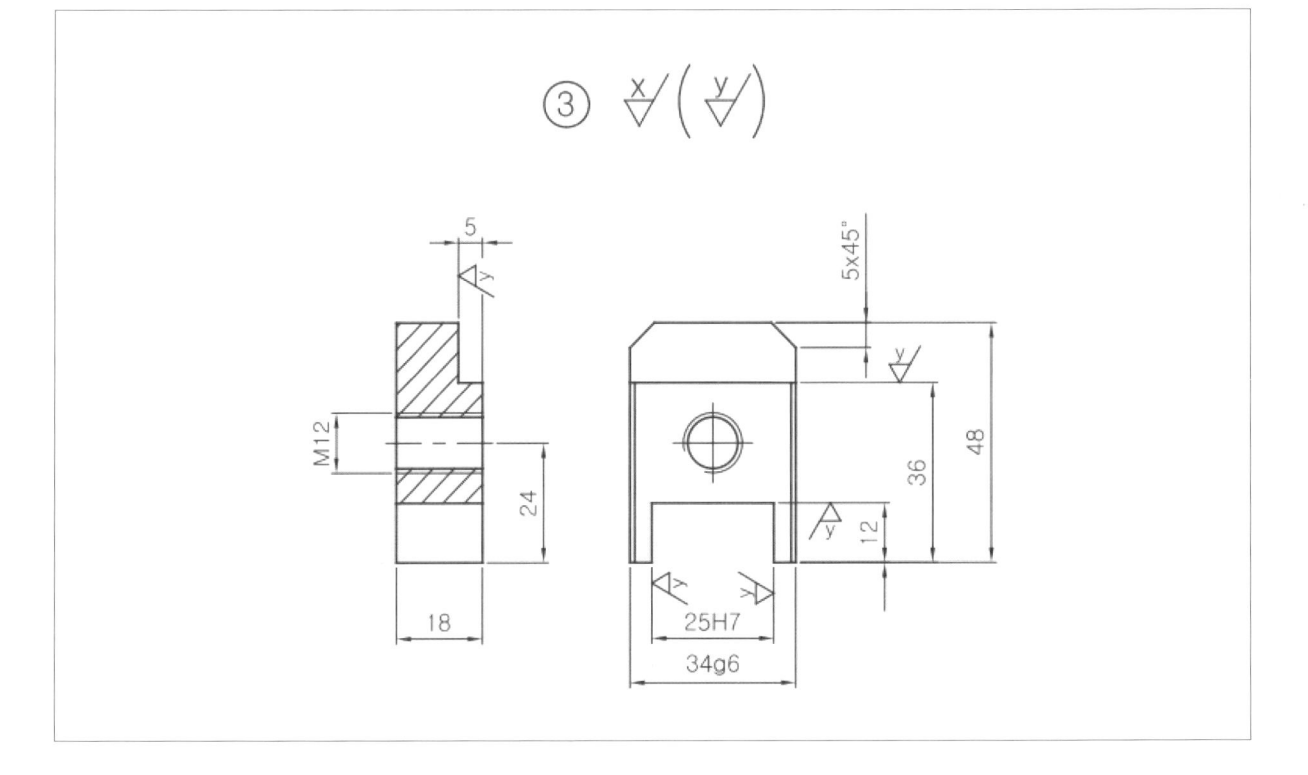

## 4. 데이텀 설정 및 기하 공차 기입

(1) 좌측면도의 측면에 데이텀 C를 기준으로 잡는다.

(2) 데이텀 C를 기준으로 가이드블럭이 조립되어 이동되는 곳에 자세공차인 직각도를 적용하며, 기능길이 18mm는 IT 5급 10 초과 18 이하의 IT 공차 8µm이므로 직각도 $\boxed{\perp\,|\,0.008\,|\,C}$ 이다.

(3) 데이텀 C를 기준으로 고정 조의 상부 가공물을 고정하는 바닥 부분에 자세공차인 직각도를 적용하며, 기능길이 5mm는 IT 5급 3 초과 6 이하의 IT 공차 5µm이므로 직각도 $\boxed{\perp\,|\,0.005\,|\,C}$ 이다.

(4) 데이텀 C를 기준으로 고정 조의 상부 가공물을 고정하는 측면 부분에 자세공차인 평면도를 적용하며, 기능길이 34mm는 IT 5급 30 초과 50 이하의 IT 공차 11µm이므로 직각도 $\boxed{//\,|\,0.011\,|\,C}$ 이다.

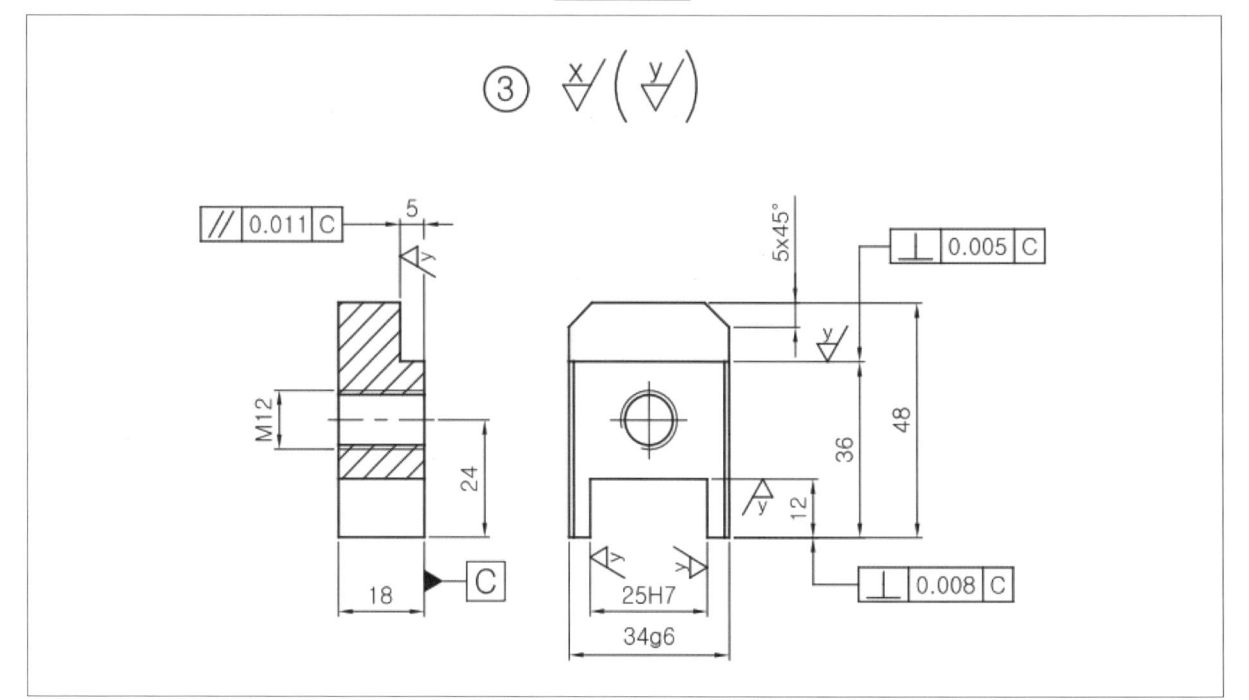

[이동 조의 데이텀 설정 및 기하 공차 기입]

## 7 나사축 그리기

나사축은 고정 조와 이동 조에 고정되어야 하기 때문에 휘어짐이 발생되지 않도록 설계 및 제작되어야 하며, 표면 전체 열처리 HRC50±2를 적용하여 마찰열에 의한 제품의 변형을 방지한다.

### 1. 나사축의 재료 선택

나사축의 재료는 SCM440(기계구조용 합금강으로 크롬몰리브덴강)을 사용한다.

| 기계 재료종류의 기호 | 분류 |
|---|---|
| KS D 3867 - SCM440 | 크롬 몰리브덴강 |

### 2. 나사축의 주 투상도 결정

부품의 특성을 가장 잘 나타내는 투상면인 정면도를 주 투상도로 한다.

## 3. 다듬질 기호 및 끼워 맞춤 공차 기입

(1) 나사축과 고정축이 닿아 나사축을 회전시킬때마다 면 마찰이 발생하는 면과 고정핀이 삽입되는 면에 정밀 다듬질 ▽/를 적용하고, 그 외의 가공면에는 중간 다듬질 ×/를 적용한다.

(2) 나사축과 핸들이 조립되는 부분에 Ø7g6 축 기준 헐거운 끼워 맞춤을 적용한다.

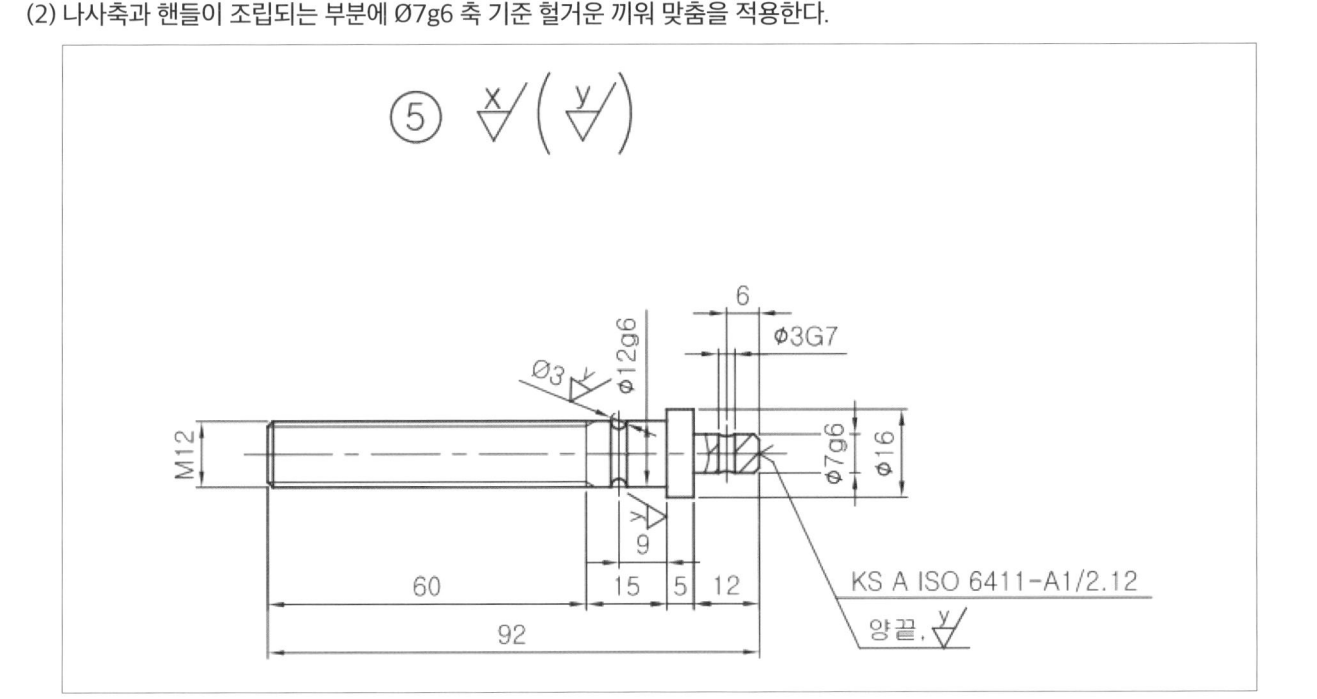

## 4. 데이텀 설정 및 기하 공차 기입

나사축의 경우 나사부분이 축의 절반 이상을 차지할 경우 데이텀 및 기하공차를 기입하지 않는다. 이는 측정의 기준 또는 측정치수의 오류 등이 원인이다.

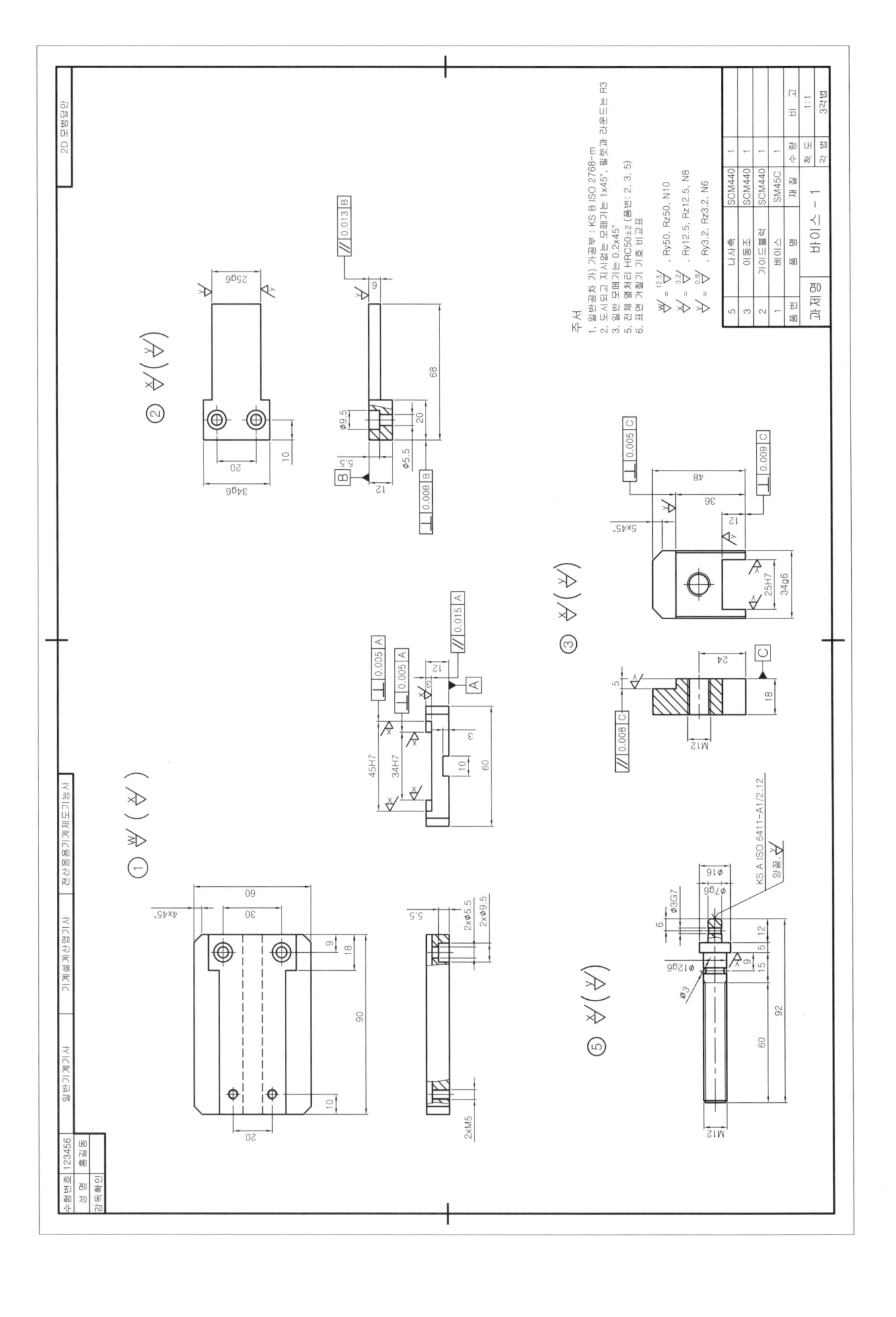

주서
1. 일반공차 가) 가공부 : KS B ISO 2768-m
2. 도시되고 지시없는 모떼기는 1x45°, 필렛과 라운드는 R3
3. 일반 모떼기는 0.2x45°
4. 전체 열처리 HRC50±2 (품번 : 2, 3, 5)
5. 표면 거칠기 기호 비교표

| 품 번 | 품 명 | 재 질 | 수 량 | 비 고 |
|---|---|---|---|---|
| 5 | 나사축 | SCM440 | 1 | |
| 3 | 이동조 | SCM440 | 1 | |
| 2 | 가이드블럭 | SCM440 | 1 | |
| 1 | 베이스 | SM45C | 1 | |
| 과제명 | 바이스 - 1 | | 척 도 | 1:1 |
| | | | 각 법 | 3각법 |

| 수험번호 | 123456 | 일반기계기사 | 기계설계산업기사 | 전산응용기계제도기능사 |
|---|---|---|---|---|
| 성 명 | 홍길동 | | | |
| 감독확인 | | | | |

3D 모범답안

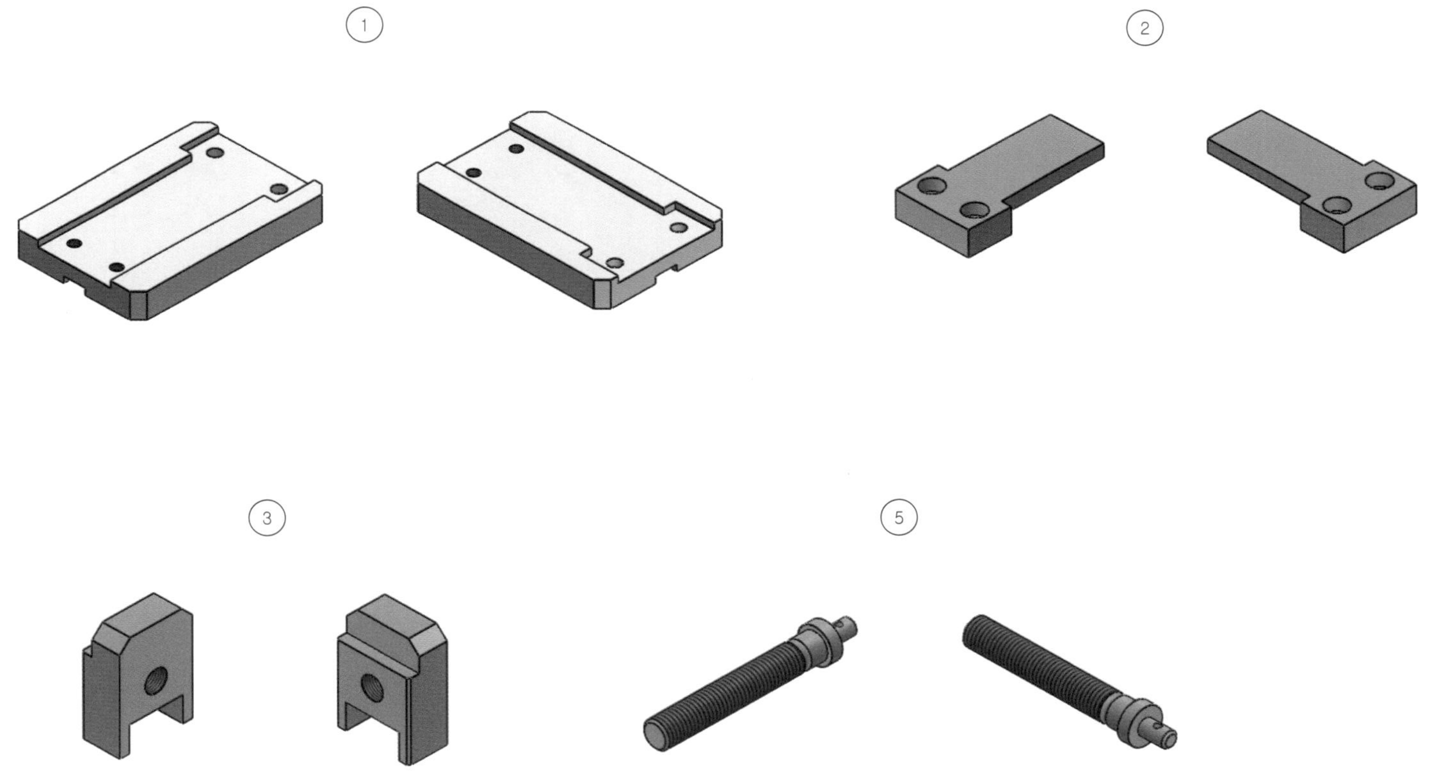


| 5 | 나사축 | SCM440 | 1 | |
|---|---|---|---|---|
| 3 | 이동조 | SCM440 | 1 | |
| 2 | 가이드블럭 | SCM440 | 1 | |
| 1 | 베이스 | SM45C | 1 | |
| 품 번 | 품 명 | 재 질 | 수 량 | 비 고 |
| 과 제 명 | 바이스 - 1 | | 척 도 | NS |
| | | | 각 법 | 등각 |

해커스 **일반기계기사 실기 작업형** 출제 도면집

Part
02

# 작업형 실기
# 예제 도면

# 국가기술자격 실기시험문제 (작업형)

| 종목명 | 일반기계기사, 기계설계산업기사, 전산응용기계제도기능사 | 과제명 | 바이스 1 |
|---|---|---|---|

※ 문제지는 시험종료 후 반드시 반납하시기 바랍니다.

※ 시험시간: 5시간

1. 요구사항

※ 지급된 재료 및 시설을 사용하여 아래 작업을 완성하시오.

가. 부품도(2D)의 제도

1) 주어진 문제의 조립도면에 표시된 부품번호(①, ②, ③, ⑤)의 부품도를 CAD 프로그램을 이용하여 A2 용지에 척도는 1:1로 하여, 투상법은 제3각법으로 제도하시오.

2) 각 부품들의 형상이 잘 나타나도록 투상도와 단면도 등을 빠짐없이 제도하고, 설계목적에 맞는 기능 및 작동을 할 수 있도록 치수 및 치수공차, 끼워 맞춤 공차와 기하공차 기호, 표면거칠기 기호, 표면처리, 열처리, 주서 등 부품 제작에 필요한 모든 사항을 기입하시오.

3) 제도 완료 후 지급된 A3(420×297) 크기의 용지(트레이싱지)에 수험자가 직접 흑백으로 출력하여 확인하고 제출하시오.

나. 렌더링 등각 투상도(3D) 제도

1) 주어진 문제의 조립도면에 표시된 부품번호(①, ②, ③, ⑤)의 부품을 파라메트릭 솔리드 모델링을 하고, 모양과 윤곽을 알아보기 쉽도록 뚜렷한 음영, 렌더링 처리를 하여 A2 용지에 제도하시오.

2) 음영과 렌더링 처리는 예시 그림과 같이 형상이 잘 나타나도록 등각 축 2개를 정해 척도는 NS로 실물의 크기를 고려하여 제도하시오. (단, 형상은 단면하여 표시하지 않습니다)

3) 제도 완료 후, 지급된 A3(420×297) 크기의 용지(트레이싱지)에 수험자가 직접 흑백으로 출력하여 확인하고 제출하시오.

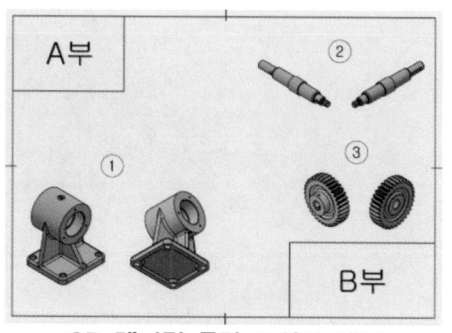

<3D 렌더링 등각 투상도 예시>

해커스 일반기계기사 실기 작업형 출제 도면집

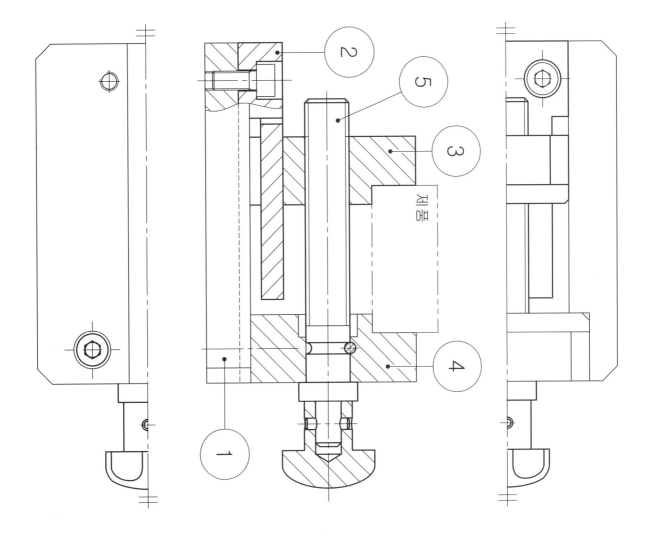

제품

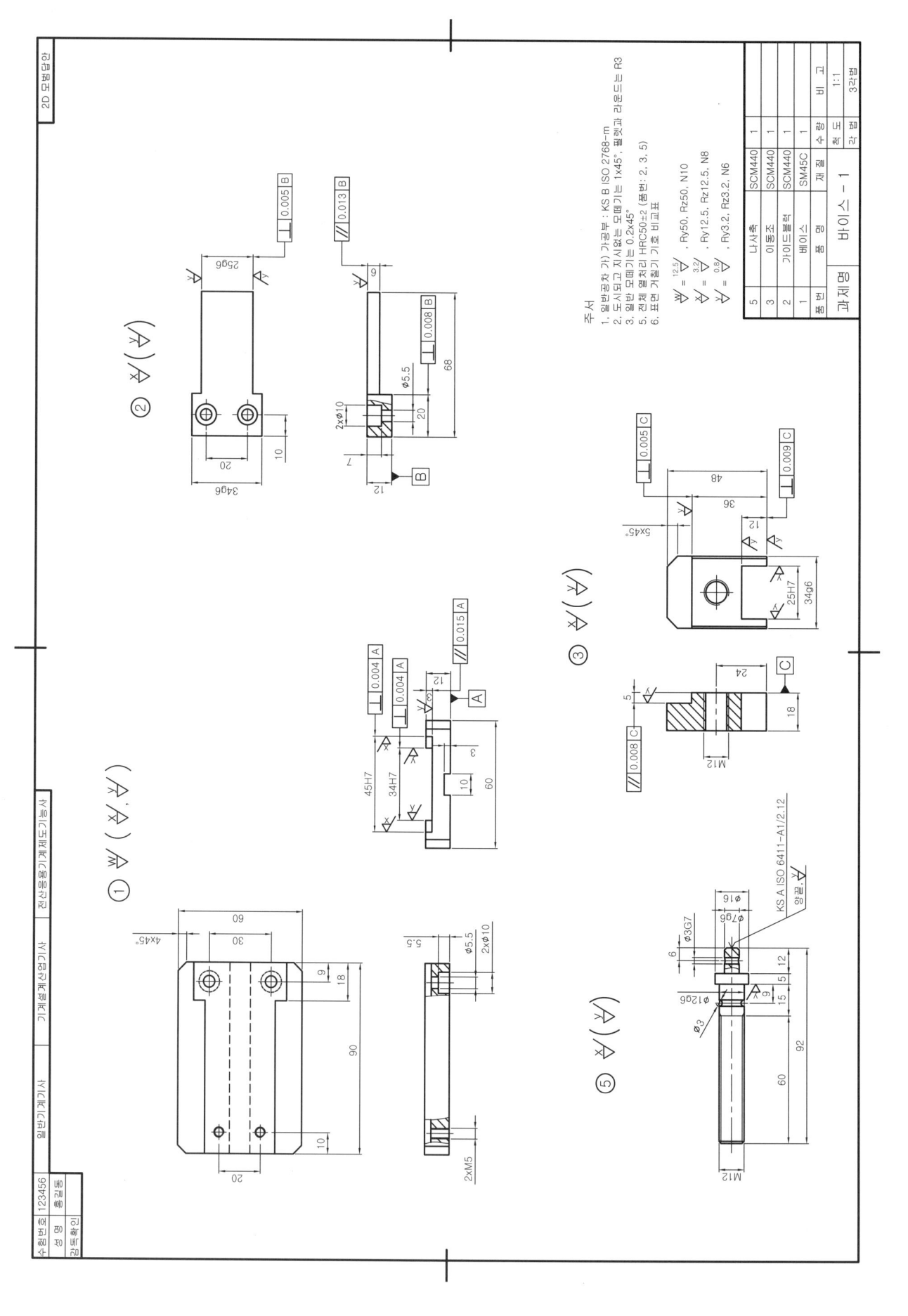

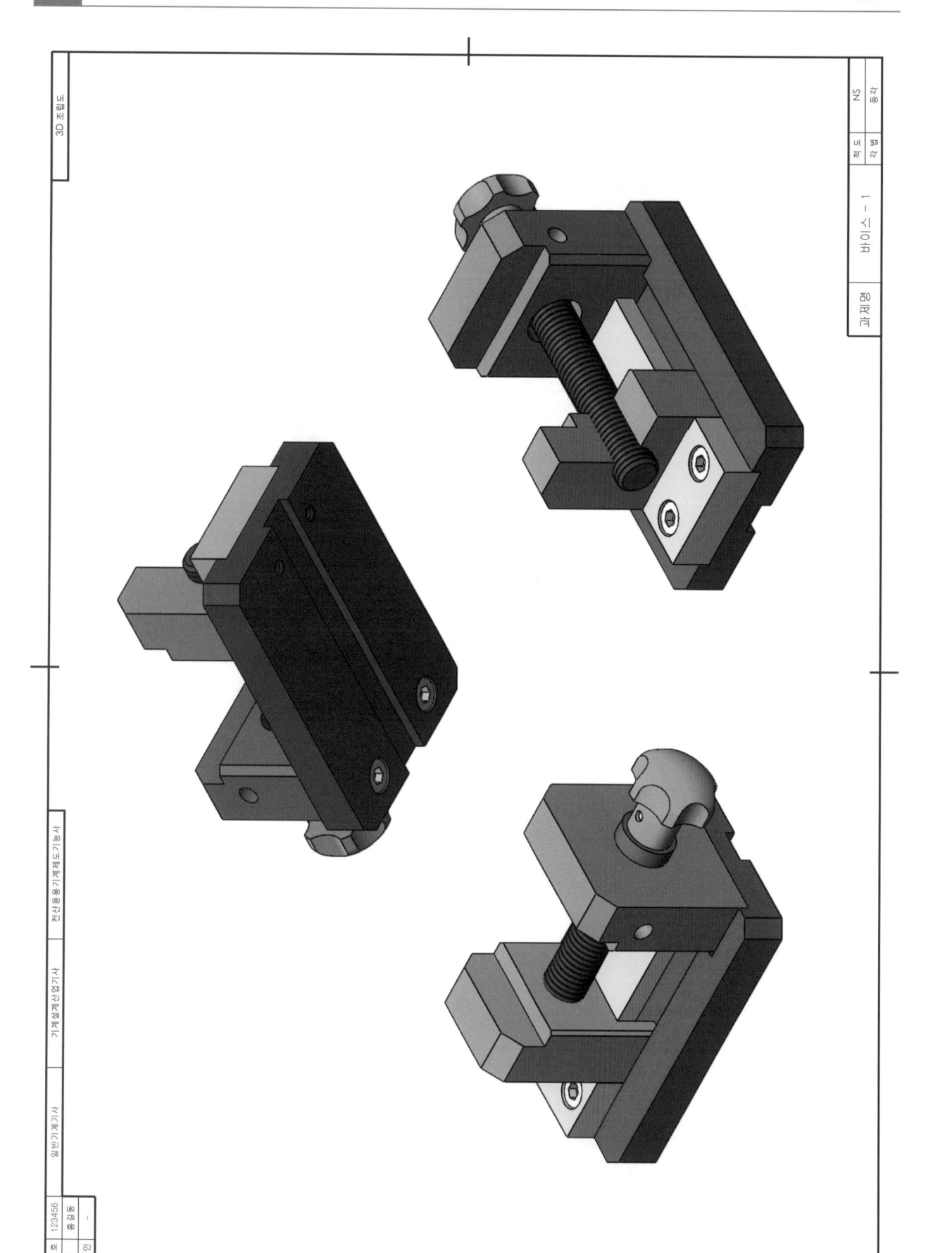

# 국가기술자격 실기시험문제 (작업형)

| 종목명 | 일반기계기사, 기계설계산업기사, 전산응용기계제도기능사 | 과제명 | 바이스 2 |
|---|---|---|---|

※ 문제지는 시험종료 후 반드시 반납하시기 바랍니다.

※ 시험시간: 5시간

### 1. 요구사항

※ 지급된 재료 및 시설을 사용하여 아래 작업을 완성하시오.

　가. 부품도(2D)의 제도

　　1) 주어진 문제의 조립도면에 표시된 부품번호(①, ②, ③, ④)의 부품도를 CAD 프로그램을 이용하여 A2 용지에 척도는 1:1로 하여, 투상법은 제3각법으로 제도하시오.

　　2) 각 부품들의 형상이 잘 나타나도록 투상도와 단면도 등을 빠짐없이 제도하고, 설계목적에 맞는 기능 및 작동을 할 수 있도록 치수 및 치수공차, 끼워 맞춤 공차와 기하공차 기호, 표면거칠기 기호, 표면처리, 열처리, 주서 등 부품 제작에 필요한 모든 사항을 기입하시오.

　　3) 제도 완료 후 지급된 A3(420×297) 크기의 용지(트레이싱지)에 수험자가 직접 흑백으로 출력하여 확인하고 제출하시오.

　나. 렌더링 등각 투상도(3D) 제도

　　1) 주어진 문제의 조립도면에 표시된 부품번호(①, ②, ③, ④)의 부품을 파라메트릭 솔리드 모델링을 하고, 모양과 윤곽을 알아보기 쉽도록 뚜렷한 음영, 렌더링 처리를 하여 A2 용지에 제도하시오.

　　2) 음영과 렌더링 처리는 예시 그림과 같이 형상이 잘 나타나도록 등각 축 2개를 정해 척도는 NS로 실물의 크기를 고려하여 제도하시오. (단, 형상은 단면하여 표시하지 않습니다)

　　3) 제도 완료 후, 지급된 A3(420×297) 크기의 용지(트레이싱지)에 수험자가 직접 흑백으로 출력하여 확인하고 제출하시오.

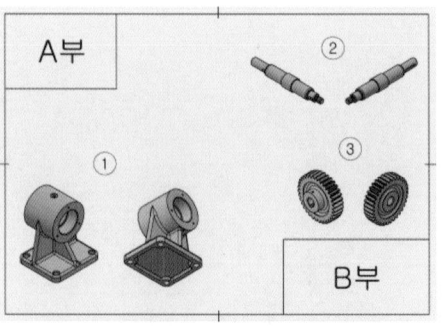

<3D 렌더링 등각 투상도 예시>

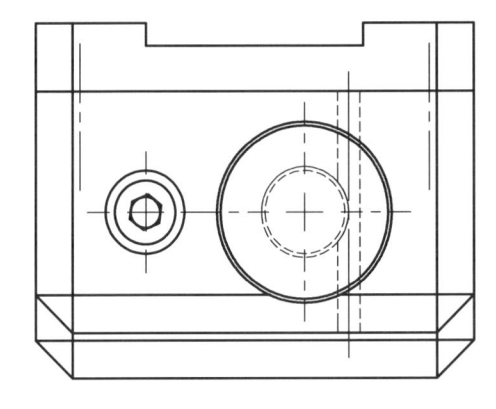

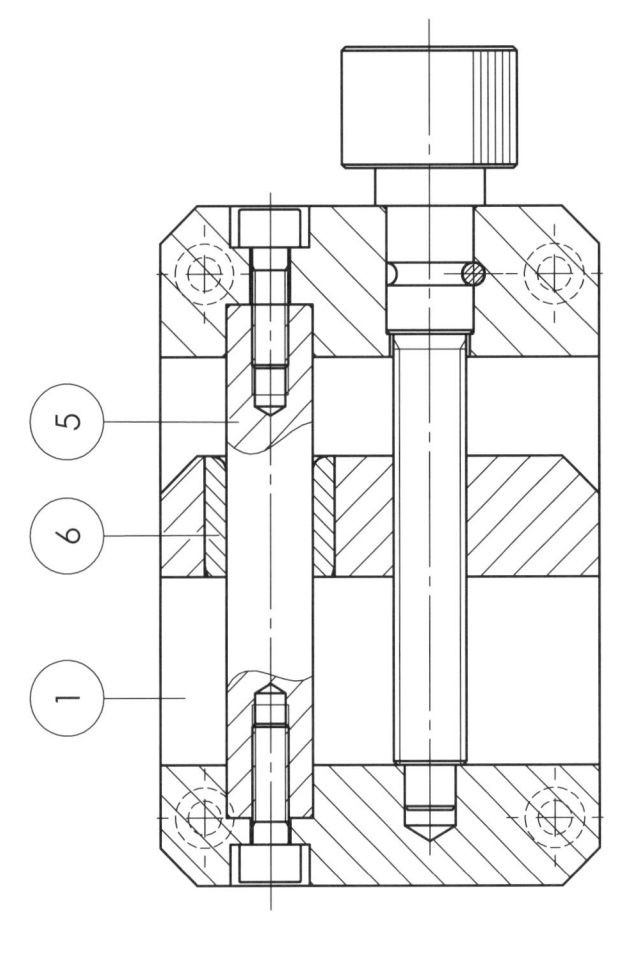

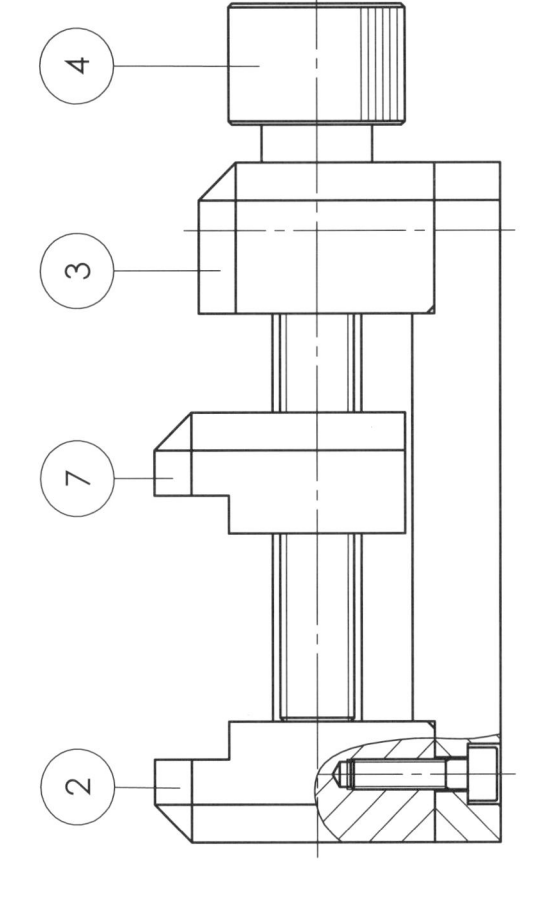

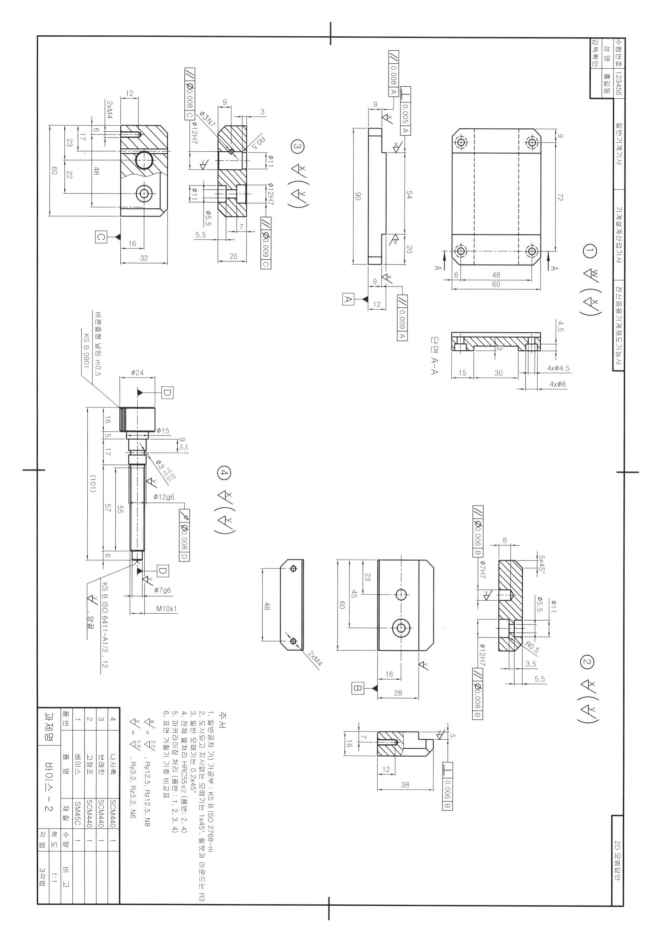

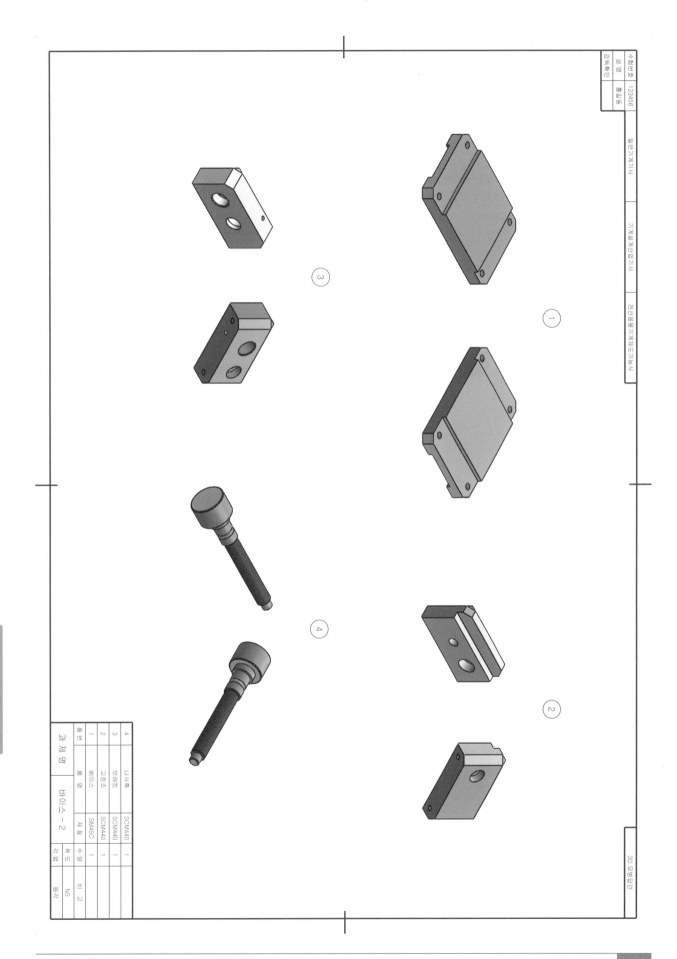

3D 인벤터리엔

Part 02 작업형실기 예제 도면

해커스 일반기계기사실기 작업형 출제 도면집

| 품번 | 품명 | 재질 | 수량 | 비고 |
|---|---|---|---|---|
| 4 | 너치축 | SCM440 | 1 | 가공 |
| 3 | 브래킷 | SCM440 | 1 | 가공 |
| 2 | 고정조 | SCM440 | 1 | 가공 |
| 1 | 베이스 | SM45C | 1 | 가공 |
| 과제명 | 바이스 - 2 | 척도 | NS | 동명 |

| 수험번호 | 123456 | 일반기계기사 | 기계설계산업기사 | 전산응용기계제도기능사 |
|---|---|---|---|---|
| 감독확인 | 작성 | | | |
| 인 | 검토 | | | |

3D 프린팅용

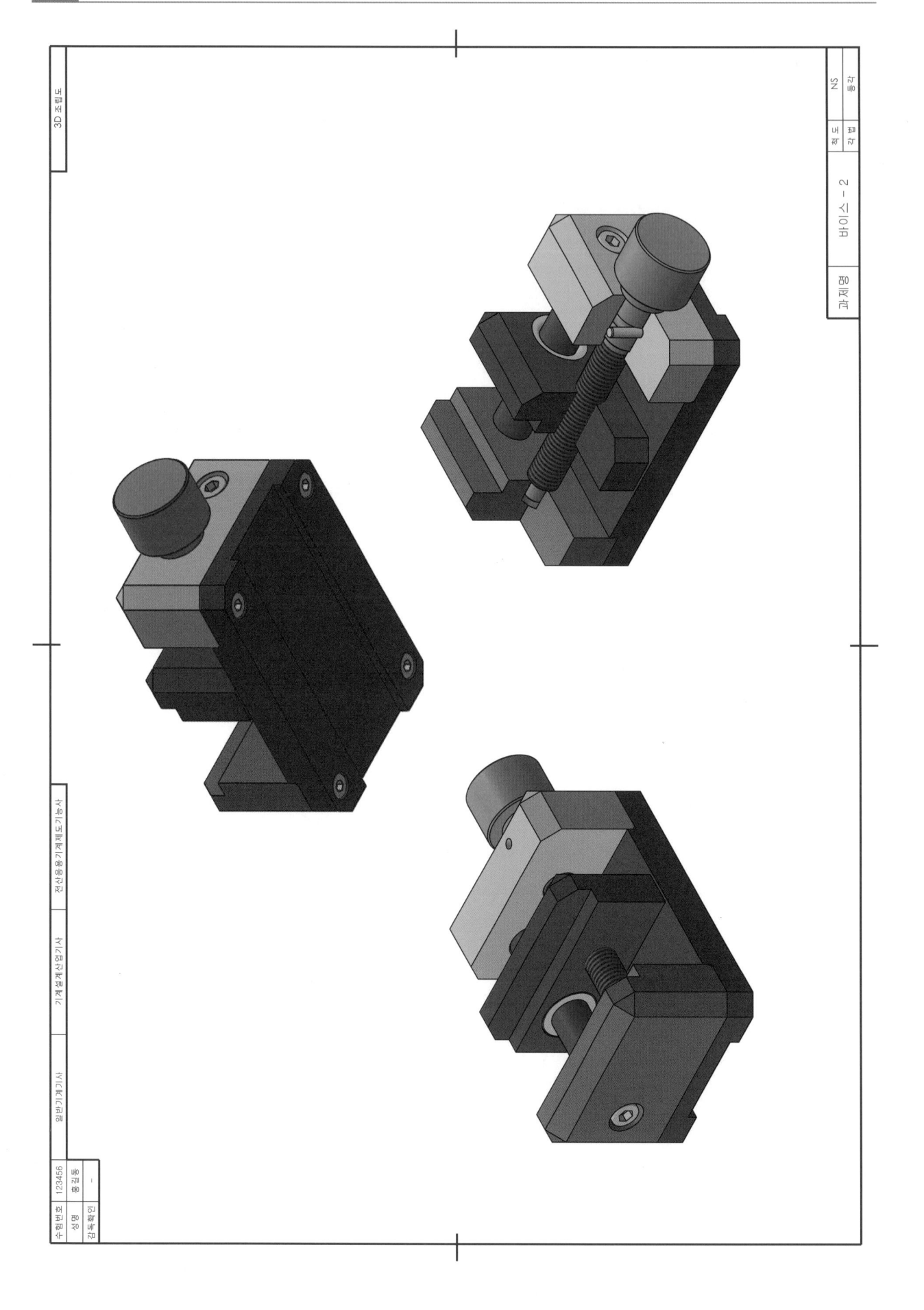

# 국가기술자격 실기시험문제 (작업형)

| 종목명 | 일반기계기사, 기계설계산업기사, 전산응용기계제도기능사 | 과제명 | 드릴지그 1 |
|---|---|---|---|

※ 문제지는 시험종료 후 반드시 반납하시기 바랍니다.

※ 시험시간: 5시간

## 1. 요구사항

※ 지급된 재료 및 시설을 사용하여 아래 작업을 완성하시오.

가. 부품도(2D)의 제도

　1) 주어진 문제의 조립도면에 표시된 부품번호(①, ②, ③, ④)의 부품도를 CAD 프로그램을 이용하여 A2 용지에 척도는 1:1로 하여, 투상법은 제3각법으로 제도하시오.

　2) 각 부품들의 형상이 잘 나타나도록 투상도와 단면도 등을 빠짐없이 제도하고, 설계목적에 맞는 기능 및 작동을 할 수 있도록 치수 및 치수공차, 끼워 맞춤 공차와 기하공차 기호, 표면거칠기 기호, 표면처리, 열처리, 주서 등 부품 제작에 필요한 모든 사항을 기입하시오.

　3) 제도 완료 후 지급된 A3(420×297) 크기의 용지(트레이싱지)에 수험자가 직접 흑백으로 출력하여 확인하고 제출하시오.

나. 렌더링 등각 투상도(3D) 제도

　1) 주어진 문제의 조립도면에 표시된 부품번호(①, ②, ③, ④)의 부품을 파라메트릭 솔리드 모델링을 하고, 모양과 윤곽을 알아보기 쉽도록 뚜렷한 음영, 렌더링 처리를 하여 A2 용지에 제도하시오.

　2) 음영과 렌더링 처리는 예시 그림과 같이 형상이 잘 나타나도록 등각 축 2개를 정해 척도는 NS로 실물의 크기를 고려하여 제도하시오. (단, 형상은 단면하여 표시하지 않습니다)

　3) 제도 완료 후, 지급된 A3(420×297) 크기의 용지(트레이싱지)에 수험자가 직접 흑백으로 출력하여 확인하고 제출하시오.

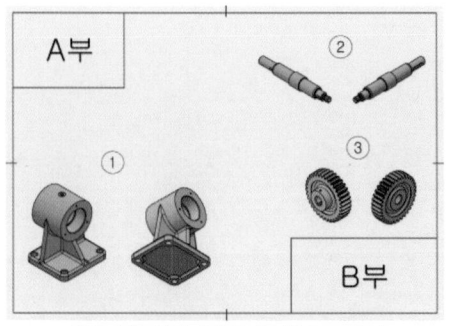

<3D 렌더링 등각 투상도 예시>

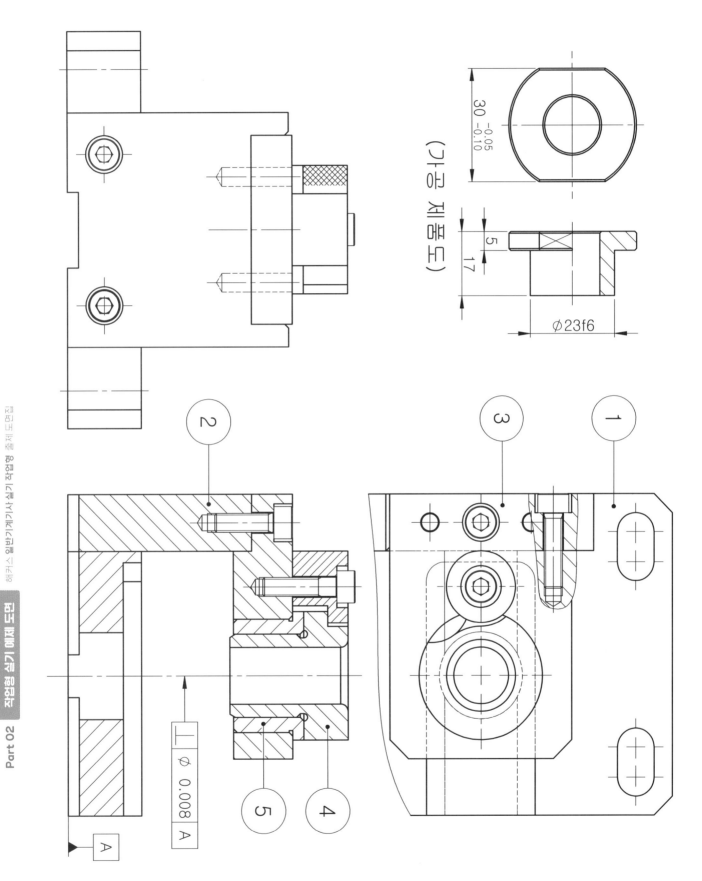

Part 02 작업형 실기 예제 도면
해커스 일반기계기사 실기 작업형 출제 도면집

기계제도

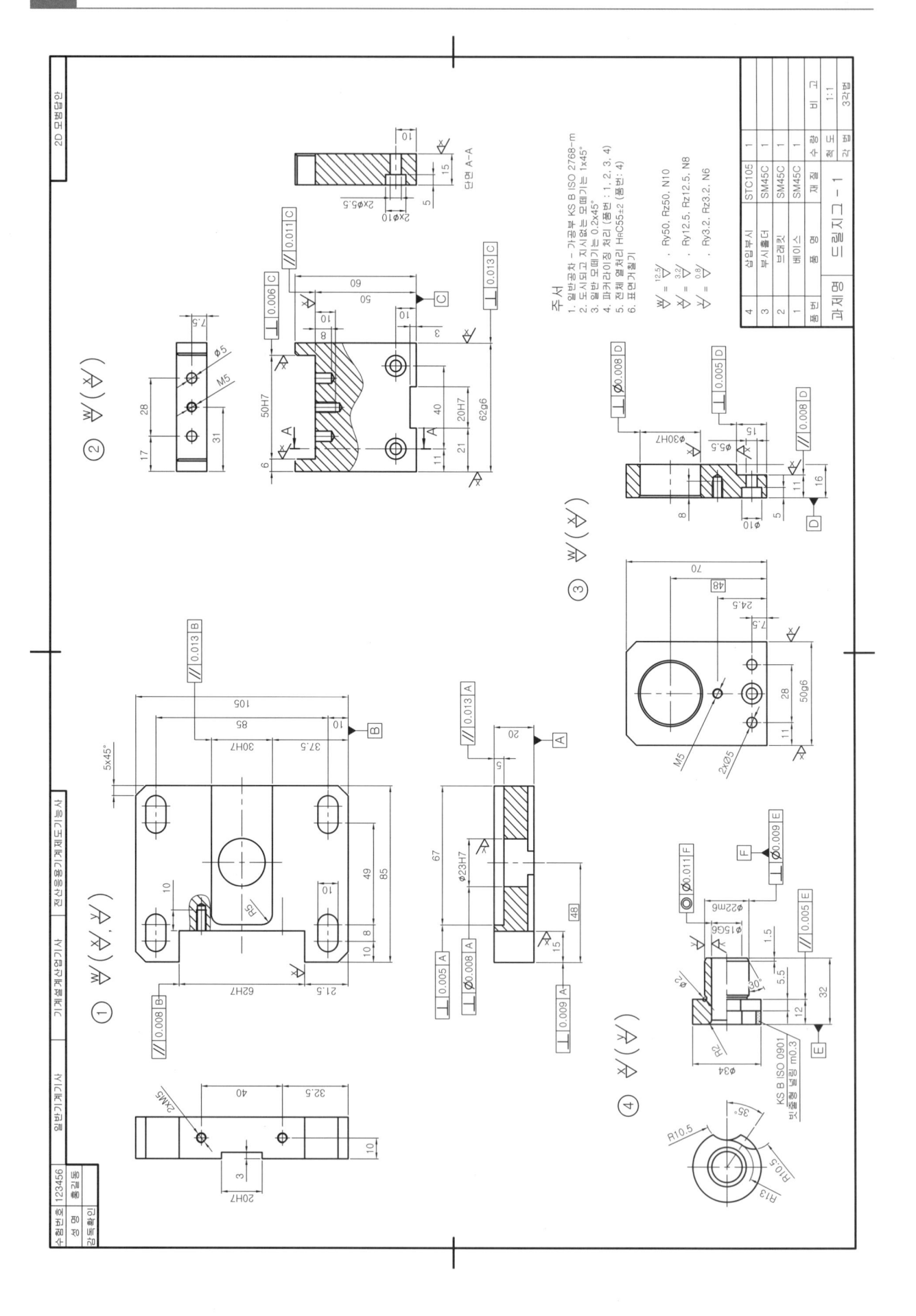

주서
1. 일반공차 - 가공부 KS B ISO 2768-m
2. 도시되고 지시없는 모떼기는 1x45°
3. 일반 모떼기는 0.2x45°
4. 파카라이징 처리 (품번 : 1, 2, 3, 4)
5. 전체 열처리 HRC55±2 (품번 : 4)
6. 표면거칠기

비 고　1:1
척 도
수 량　32칸

| 4 | | STC105 | 1 |
| 3 | 부시홀더 | SM45C | 1 |
| 2 | 브래킷 | SM45C | 1 |
| 1 | 베이스 | SM45C | 1 |
| 품번 | 품 명 | 재 질 | 수량 |

과제명　드릴지그 - 1

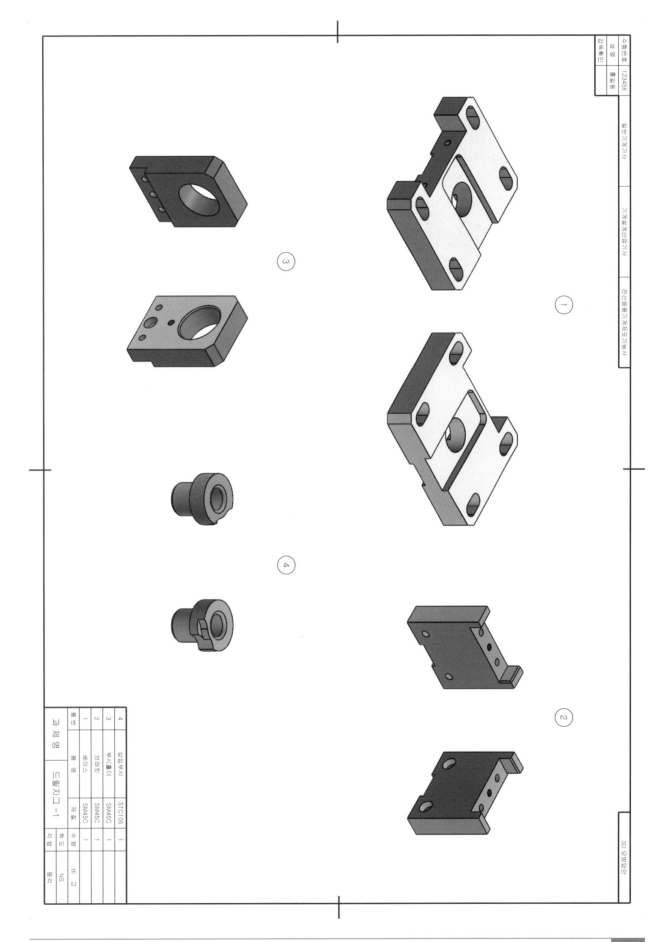

| 4 | 3 | 2 | 1 |
| --- | --- | --- | --- |
| 고정부시 | 부시홀더 | 브래킷 | 베이스 | 품명 |
| STC105 | SM45C | SM45C | SM45C | 재질 |
| 1 | 1 | 1 | 1 | 수량 |
| NS | | | 비고 |

과제명: 드릴지그 -1

Part 02 작업형 실기 예제 도면
해커스 일반기계기사 실기 작업형 출제 도면집

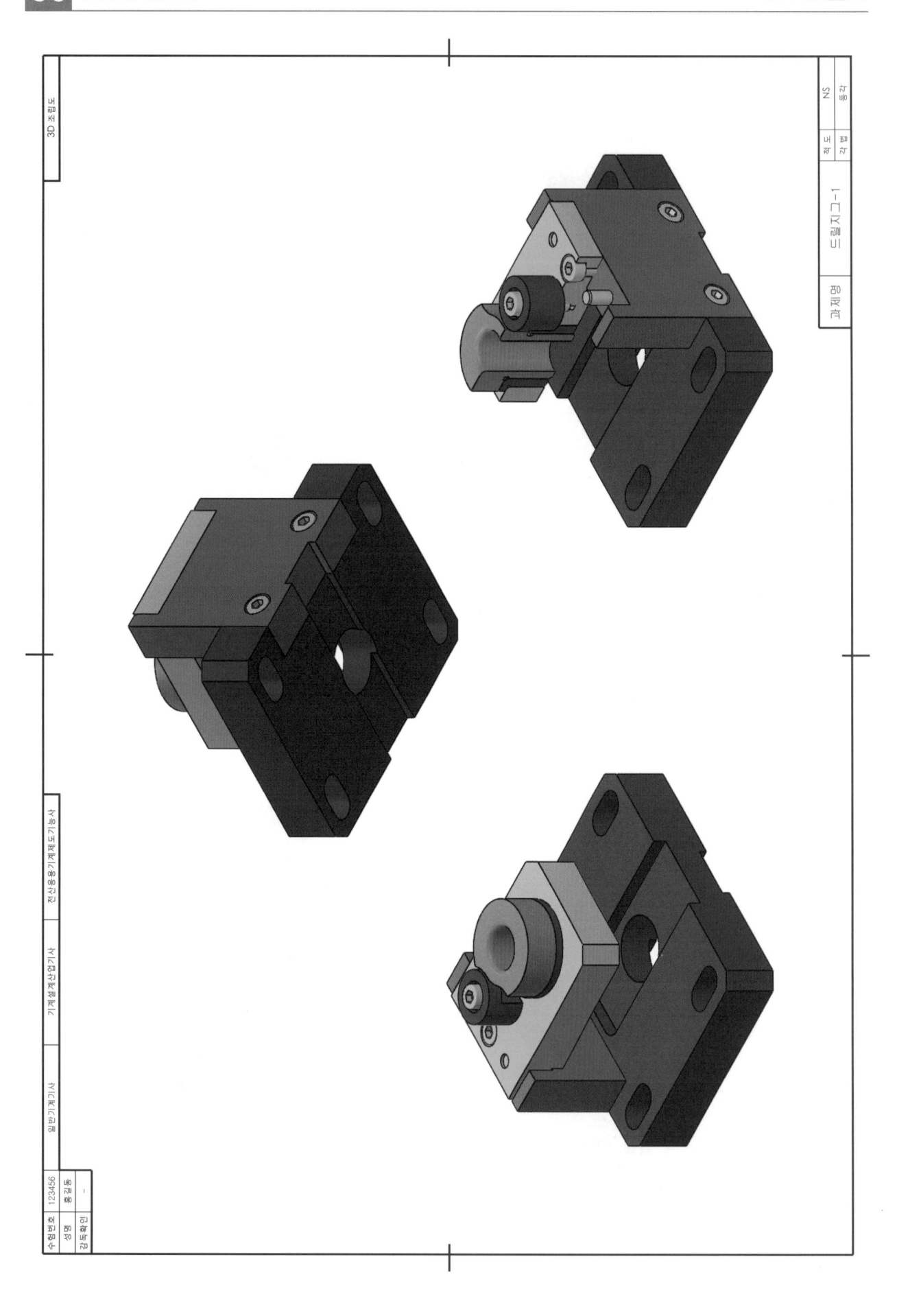

# 국가기술자격 실기시험문제 (작업형)

| 종목명 | 일반기계기사, 기계설계산업기사, 전산응용기계제도기능사 | 과제명 | 드릴지그 2 |
|---|---|---|---|

※ 문제지는 시험종료 후 반드시 반납하시기 바랍니다.

※ 시험시간: 5시간

## 1. 요구사항

※ 지급된 재료 및 시설을 사용하여 아래 작업을 완성하시오.

　가. 부품도(2D)의 제도

　　1) 주어진 문제의 조립도면에 표시된 부품번호(①, ②, ③, ④)의 부품도를 CAD 프로그램을 이용하여 A2 용지에 척도는 1:1로 하여, 투상법은 제3각법으로 제도하시오.

　　2) 각 부품들의 형상이 잘 나타나도록 투상도와 단면도 등을 빠짐없이 제도하고, 설계목적에 맞는 기능 및 작동을 할 수 있도록 치수 및 치수공차, 끼워 맞춤 공차와 기하공차 기호, 표면거칠기 기호, 표면처리, 열처리, 주서 등 부품 제작에 필요한 모든 사항을 기입하시오.

　　3) 제도 완료 후 지급된 A3(420×297) 크기의 용지(트레이싱지)에 수험자가 직접 흑백으로 출력하여 확인하고 제출하시오.

　나. 렌더링 등각 투상도(3D) 제도

　　1) 주어진 문제의 조립도면에 표시된 부품번호(①, ②, ③, ④)의 부품을 파라메트릭 솔리드 모델링을 하고, 모양과 윤곽을 알아보기 쉽도록 뚜렷한 음영, 렌더링 처리를 하여 A2 용지에 제도하시오.

　　2) 음영과 렌더링 처리는 예시 그림과 같이 형상이 잘 나타나도록 등각 축 2개를 정해 척도는 NS로 실물의 크기를 고려하여 제도하시오. (단, 형상은 단면하여 표시하지 않습니다)

　　3) 제도 완료 후, 지급된 A3(420×297) 크기의 용지(트레이싱지)에 수험자가 직접 흑백으로 출력하여 확인하고 제출하시오.

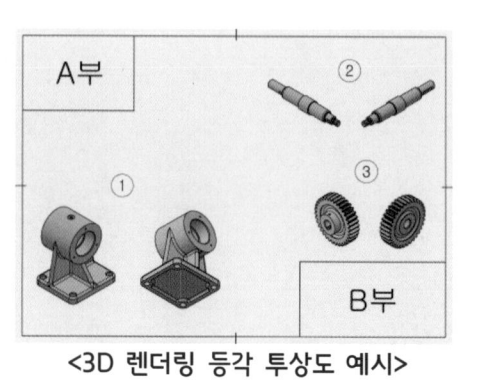

<3D 렌더링 등각 투상도 예시>

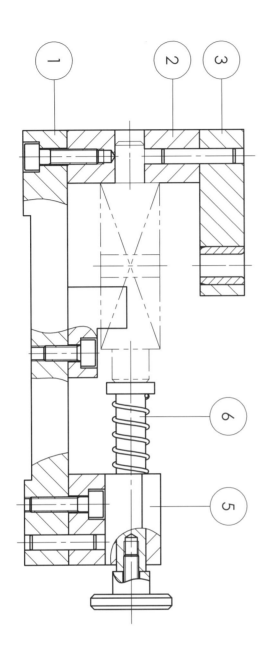

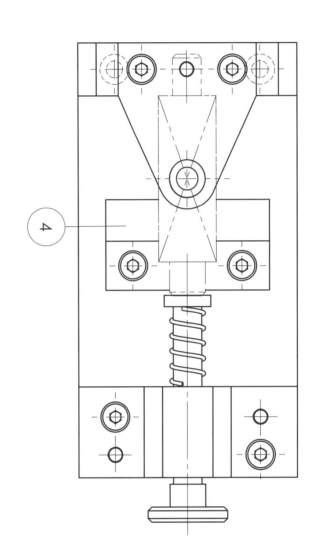

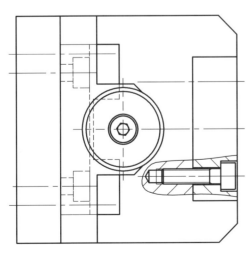

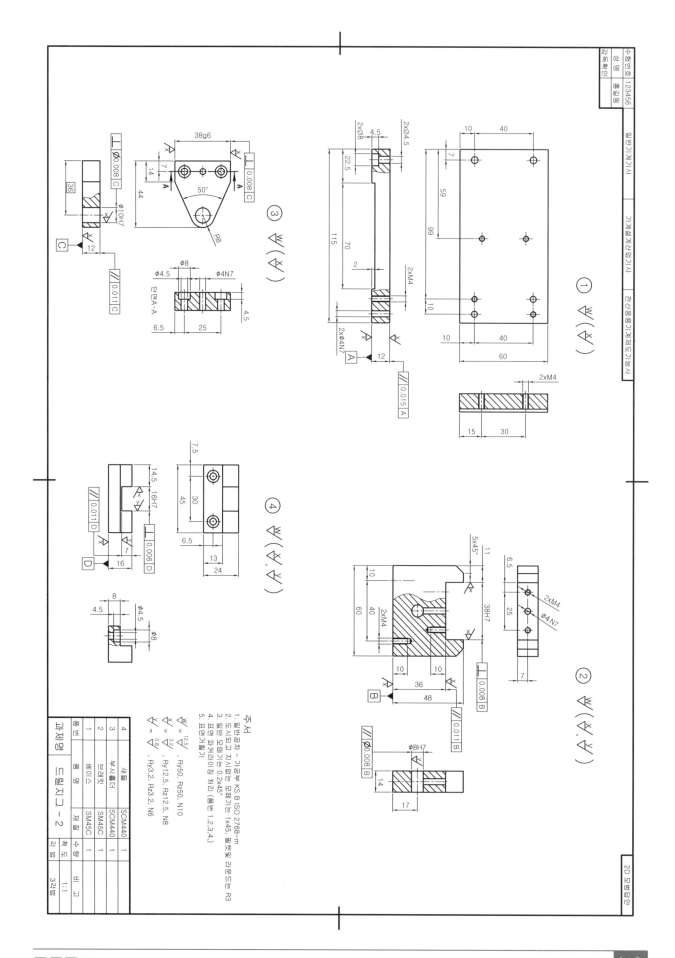

주서
1. 일반공차 - 가공부 KS B ISO 2768-m
2. 도시되고 지시없는 모따기는 1x45, 필렛및 라운드는 R3
3. 일반 모따기는 0.2x45°
4. 표면 파커라이징 처리(품번 1,2,3,4.)
5. 표면거칠기

$\sqrt[W]{} = \sqrt[12.5]{}$ , Ry50, Rz50, N10

$\sqrt[x]{} = \sqrt[3.2]{}$ , Ry12.5, Rz12.5, N8

$\sqrt[y]{} = \sqrt[0.8]{}$ , Ry3.2, Rz3.2, N6

| 품번 | 품 명 | 재 질 | 수량 | 비 고 |
|------|--------|--------|------|-------|
| 4 | 새들 | SCM440 | 1 | 척도 |
| 3 | 부시홀더 | SCM440 | 1 | 1:1 |
| 2 | 브래킷 | SM45C | 1 | 각법 |
| 1 | 베이스 | SM45C | 1 | 3각법 |
| 과제명 | 드릴지그 - 2 | | | |

해커스 일반기계기사 실기 작업형 출제 도면집

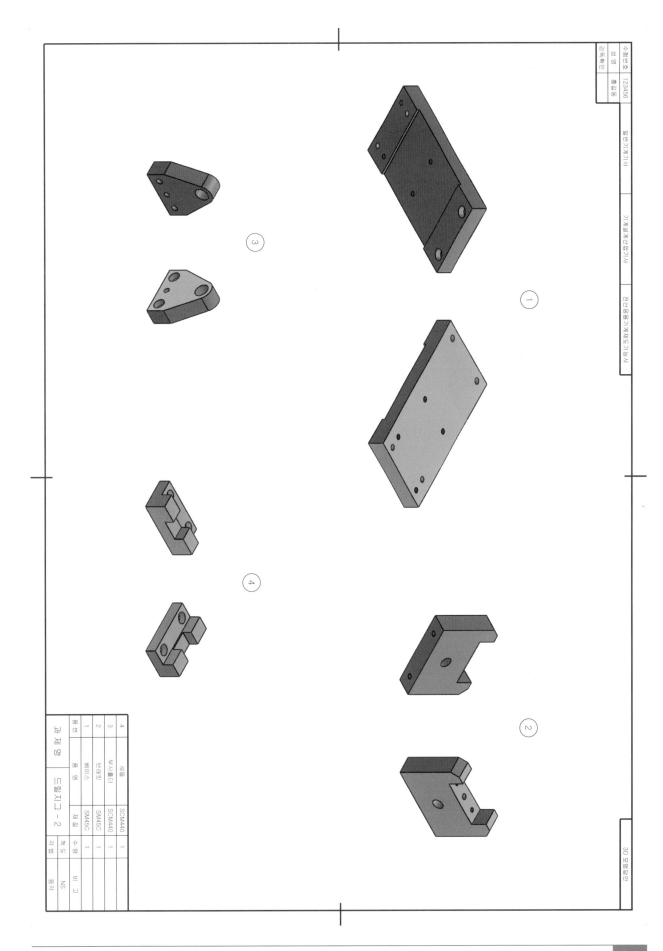

| 품번 | 품 명 | 재 질 | 수량 | 척도 | 비고 |
|------|-------|-------|------|------|------|
| 4 | 세들 | SCM440 | 1 | NS | |
| 3 | 부시홀더 | SCM440 | 1 | | |
| 2 | 브래킷 | SM45C | 1 | | |
| 1 | 베이스 | SM45C | 1 | | |

| 과 제 명 | 드릴지그 - 2 |
|----------|--------------|

| 수험번호 | 123456 |
| 성 명 | 홍길동 |
| 감독확인 | 인 |

| 일반기계기사 | 기계설계산업기사 | 전산응용기계제도기능사 |

| 3D 모델링 |

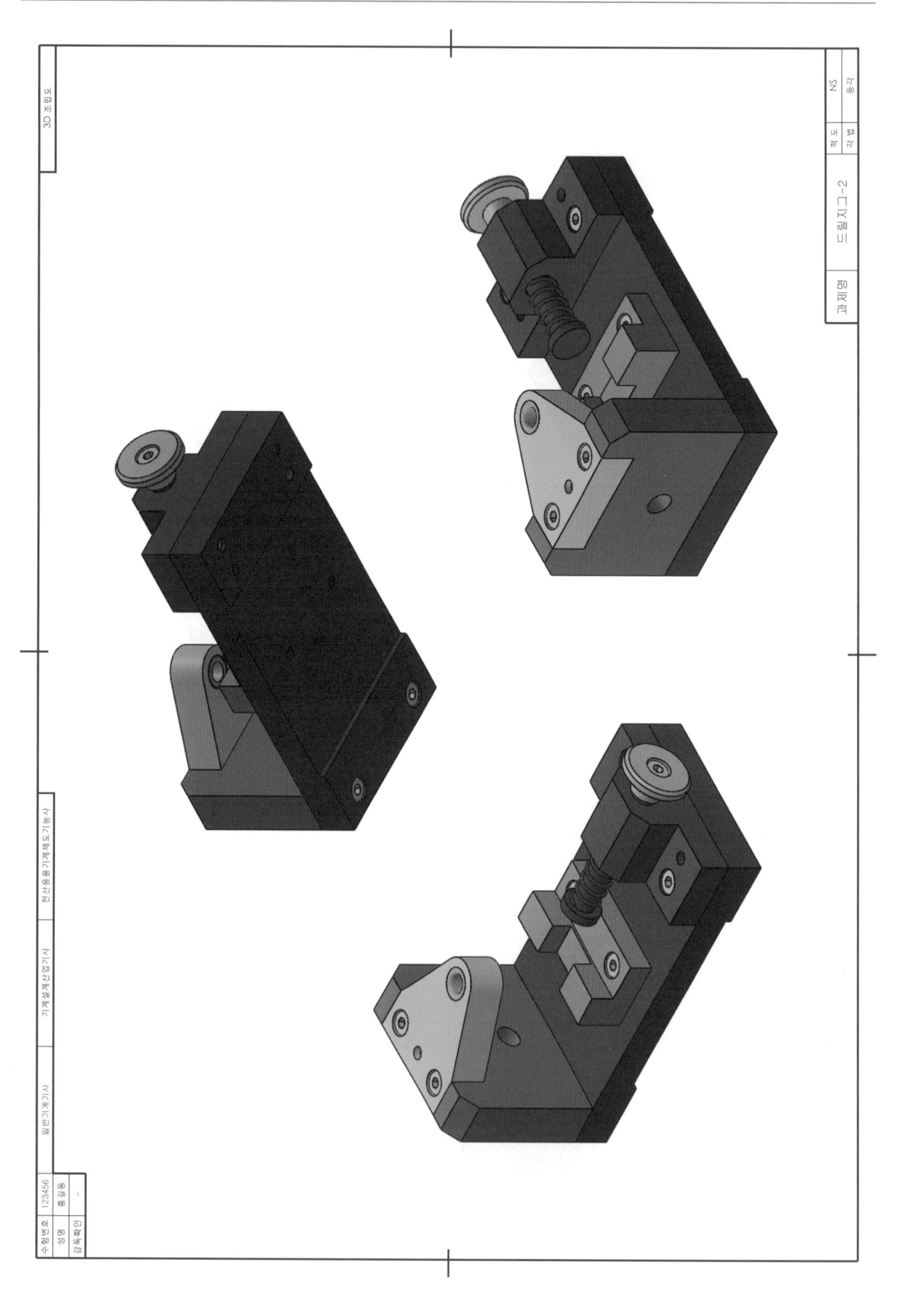

# 국가기술자격 실기시험문제 (작업형)

| 종목명 | 일반기계기사, 기계설계산업기사,<br>전산응용기계제도기능사 | 과제명 | 드릴지그 3 |
|---|---|---|---|

※ 문제지는 시험종료 후 반드시 반납하시기 바랍니다.

※ 시험시간: 5시간

1. 요구사항

※ 지급된 재료 및 시설을 사용하여 아래 작업을 완성하시오.

　가. 부품도(2D)의 제도

　　1) 주어진 문제의 조립도면에 표시된 부품번호(①, ②, ③, ④)의 부품도를 CAD 프로그램을 이용하여 A2 용지에 척도는 1:1로 하여, 투상법은 제3각법으로 제도하시오.

　　2) 각 부품들의 형상이 잘 나타나도록 투상도와 단면도 등을 빠짐없이 제도하고, 설계목적에 맞는 기능 및 작동을 할 수 있도록 치수 및 치수공차, 끼워 맞춤 공차와 기하공차 기호, 표면거칠기 기호, 표면처리, 열처리, 주서 등 부품 제작에 필요한 모든 사항을 기입하시오.

　　3) 제도 완료 후 지급된 A3(420×297) 크기의 용지(트레이싱지)에 수험자가 직접 흑백으로 출력하여 확인하고 제출하시오.

　나. 렌더링 등각 투상도(3D) 제도

　　1) 주어진 문제의 조립도면에 표시된 부품번호(①, ②, ③, ④)의 부품을 파라메트릭 솔리드 모델링을 하고, 모양과 윤곽을 알아보기 쉽도록 뚜렷한 음영, 렌더링 처리를 하여 A2 용지에 제도하시오.

　　2) 음영과 렌더링 처리는 예시 그림과 같이 형상이 잘 나타나도록 등각 축 2개를 정해 척도는 NS로 실물의 크기를 고려하여 제도하시오. (단, 형상은 단면하여 표시하지 않습니다)

　　3) 제도 완료 후, 지급된 A3(420×297) 크기의 용지(트레이싱지)에 수험자가 직접 흑백으로 출력하여 확인하고 제출하시오.

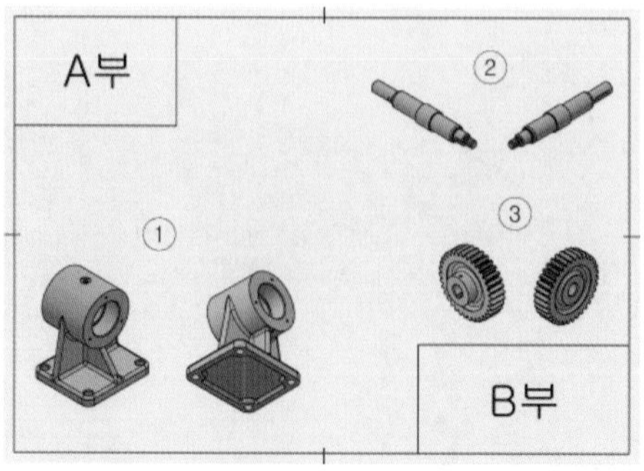

<3D 렌더링 등각 투상도 예시>

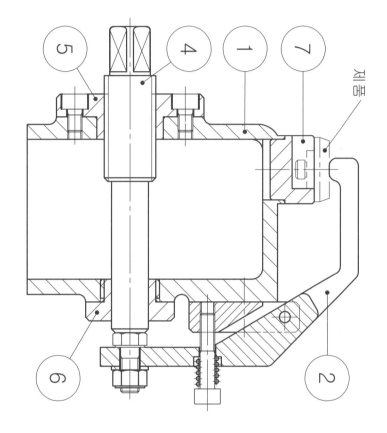

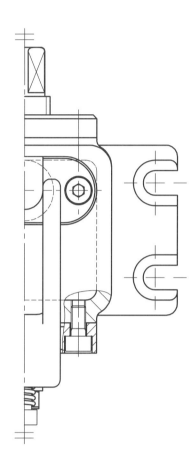

제품

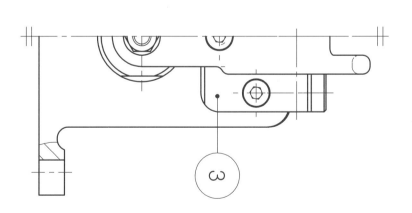

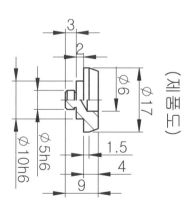

(제품도)

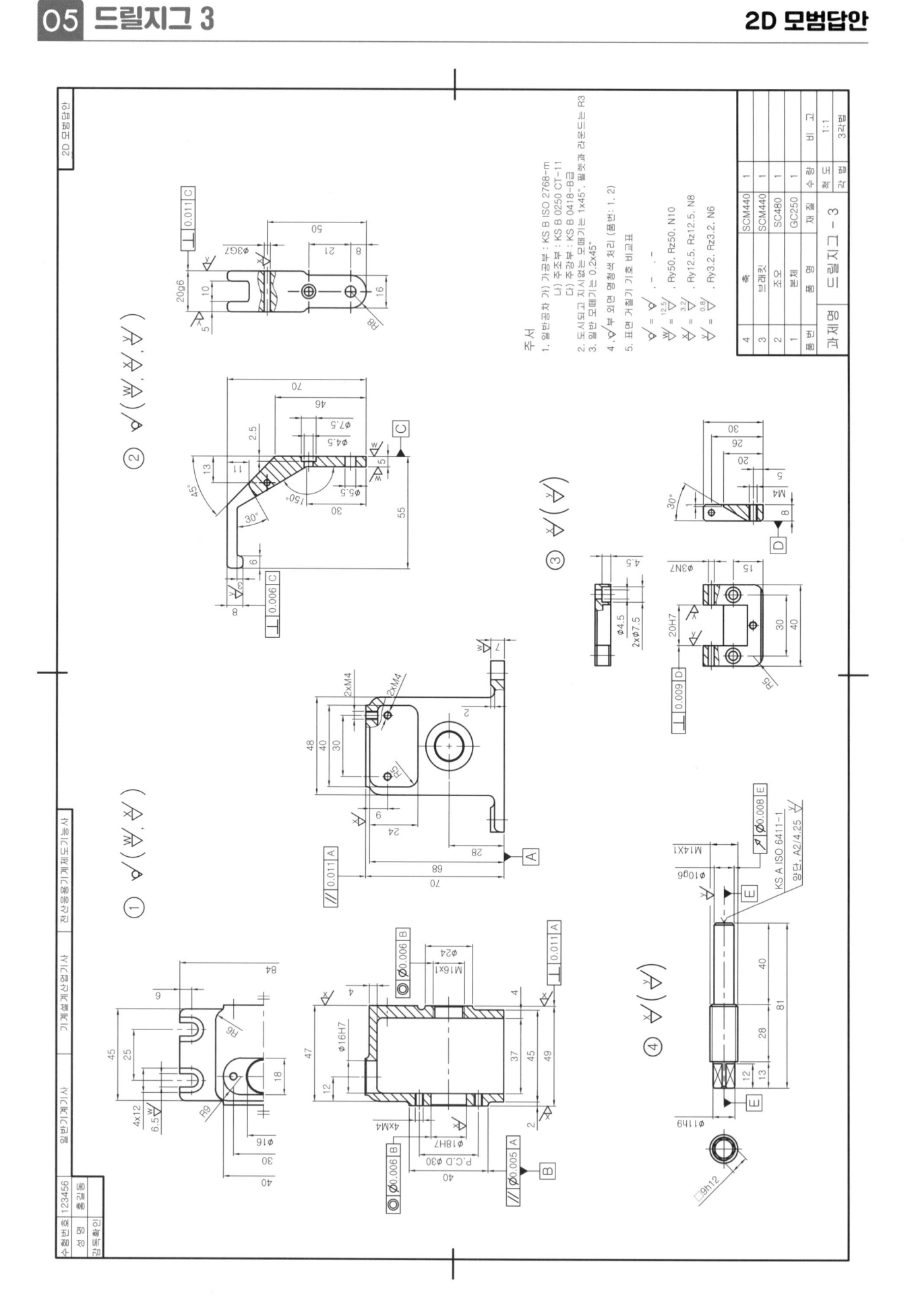

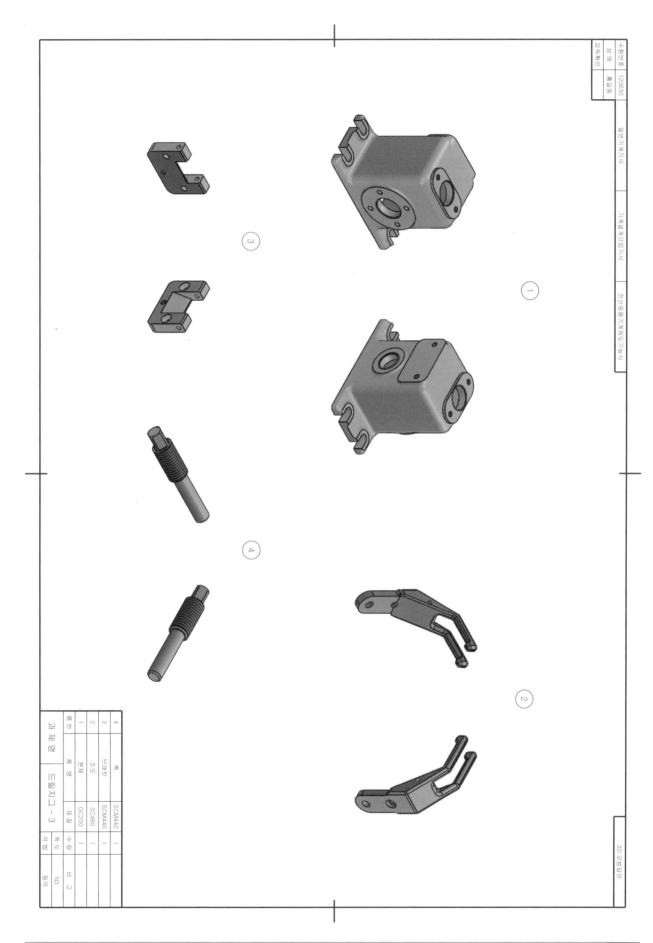

| 품번 | 품명 | 재질 | 수량 | 비 고 |
|---|---|---|---|---|
| 4 | 롤러 | SCM440 | 1 | |
| 3 | 브래킷 | SCM440 | 1 | |
| 2 | 조오 | SC480 | 1 | |
| 1 | 본체 | GC250 | 1 | NS |

과 제 명 : 드릴지그 - 3

수험번호 : 12063○
성 명 :
감독확인 :

기계제작법 V 시험기계기능사 실기 작업형
N 시험기계기능사 실기 작업용
3D 모델링확인

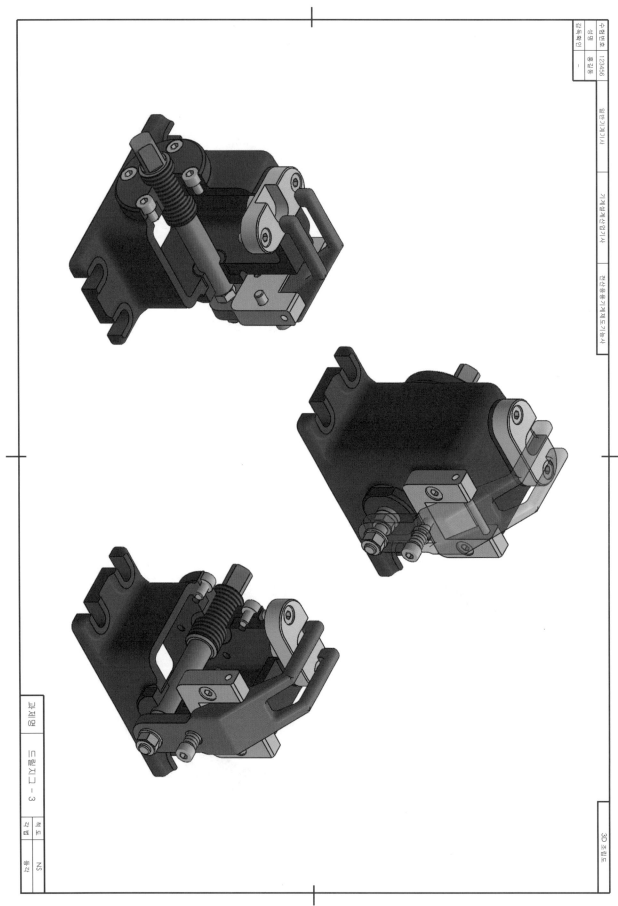

# 국가기술자격 실기시험문제 (작업형)

| 종목명 | 일반기계기사, 기계설계산업기사,<br>전산응용기계제도기능사 | 과제명 | 드릴지그 4 |
|---|---|---|---|

※ 문제지는 시험종료 후 반드시 반납하시기 바랍니다.

※ 시험시간: 5시간

## 1. 요구사항

※ 지급된 재료 및 시설을 사용하여 아래 작업을 완성하시오.

　가. 부품도(2D)의 제도

　　1) 주어진 문제의 조립도면에 표시된 부품번호(①, ②, ③, ④, ⑤)의 부품도를 CAD 프로그램을 이용하여 A2 용지에 척도는 1:1로 하여, 투상법은 제3각법으로 제도하시오.

　　2) 각 부품들의 형상이 잘 나타나도록 투상도와 단면도 등을 빠짐없이 제도하고, 설계목적에 맞는 기능 및 작동을 할 수 있도록 치수 및 치수공차, 끼워 맞춤 공차와 기하공차 기호, 표면거칠기 기호, 표면처리, 열처리, 주서 등 부품 제작에 필요한 모든 사항을 기입하시오.

　　3) 제도 완료 후 지급된 A3(420×297) 크기의 용지(트레이싱지)에 수험자가 직접 흑백으로 출력하여 확인하고 제출하시오.

　나. 렌더링 등각 투상도(3D) 제도

　　1) 주어진 문제의 조립도면에 표시된 부품번호(①, ②, ③, ④, ⑤)의 부품을 파라메트릭 솔리드 모델링을 하고, 모양과 윤곽을 알아보기 쉽도록 뚜렷한 음영, 렌더링 처리를 하여 A2 용지에 제도하시오.

　　2) 음영과 렌더링 처리는 예시 그림과 같이 형상이 잘 나타나도록 등각 축 2개를 정해 척도는 NS로 실물의 크기를 고려하여 제도하시오. (단, 형상은 단면하여 표시하지 않습니다)

　　3) 제도 완료 후, 지급된 A3(420×297) 크기의 용지(트레이싱지)에 수험자가 직접 흑백으로 출력하여 확인하고 제출하시오.

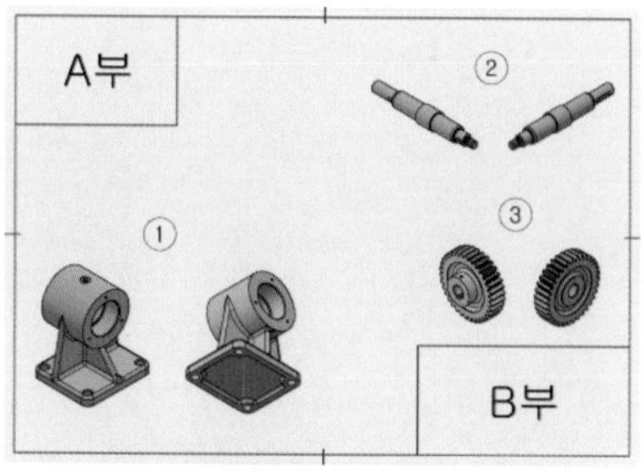

<3D 렌더링 등각 투상도 예시>

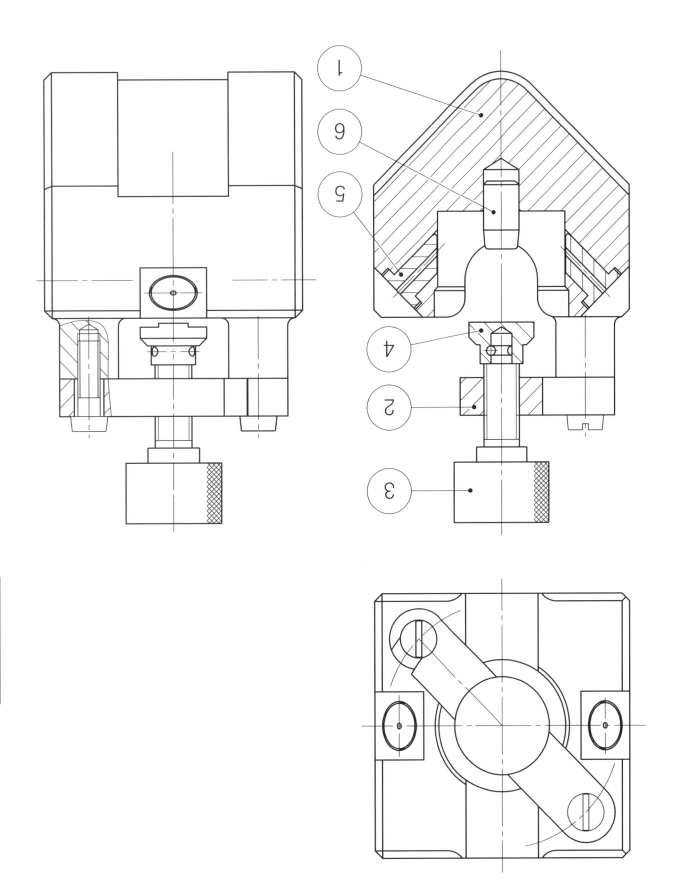

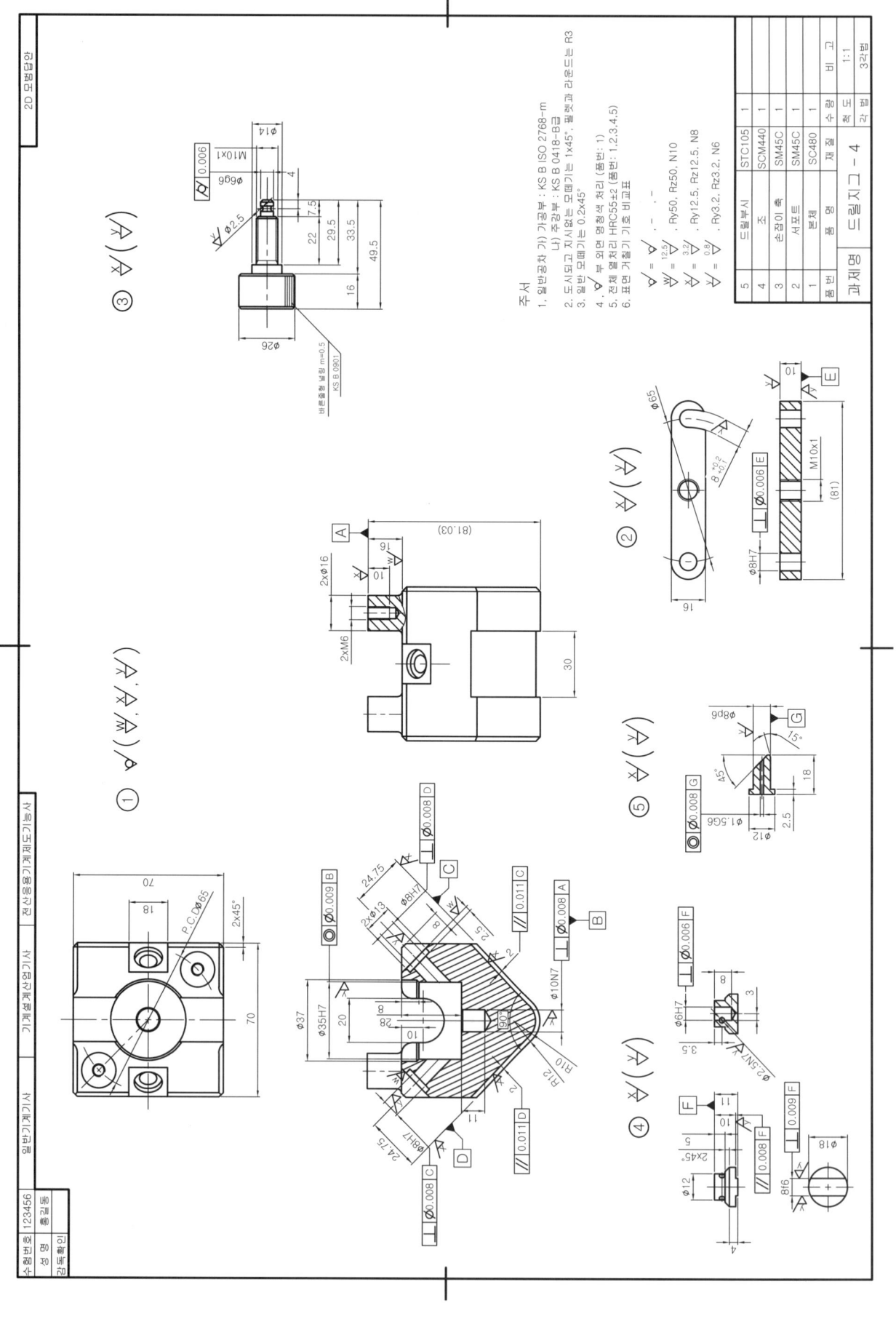

주서
1. 일반공차 가) 가공부 : KS B ISO 2768-m
　　　　　　　나) 주강부 : KS B 0418-B급
2. 도시되고 지시없는 모떼기는 1x45°, 필렛과 라운드는 R3
3. 일반 모떼기는 0.2x45°
4. ▽부 외면 명청색 처리 (품번 : 1)
5. 전체 열처리 HRC55±2 (품번 : 1,2,3,4,5)
6. 표면 거칠기 기호 비교표

| 품 번 | 품 명 | 재 질 | 수 량 | 비 고 |
|---|---|---|---|---|
| 5 | 드릴부시 | STC105 | 1 | |
| 4 | 조 | SCM440 | 1 | |
| 3 | 손잡이 축 | SM45C | 1 | |
| 2 | 서포트 | SM45C | 1 | |
| 1 | 본체 | SC480 | 1 | |
| 품 번 | 품 명 | 재 질 | 수 량 | 비 고 |

드릴지그 - 4　과제명　| 척도 | 1:1 |　| 각법 | 3각법 |

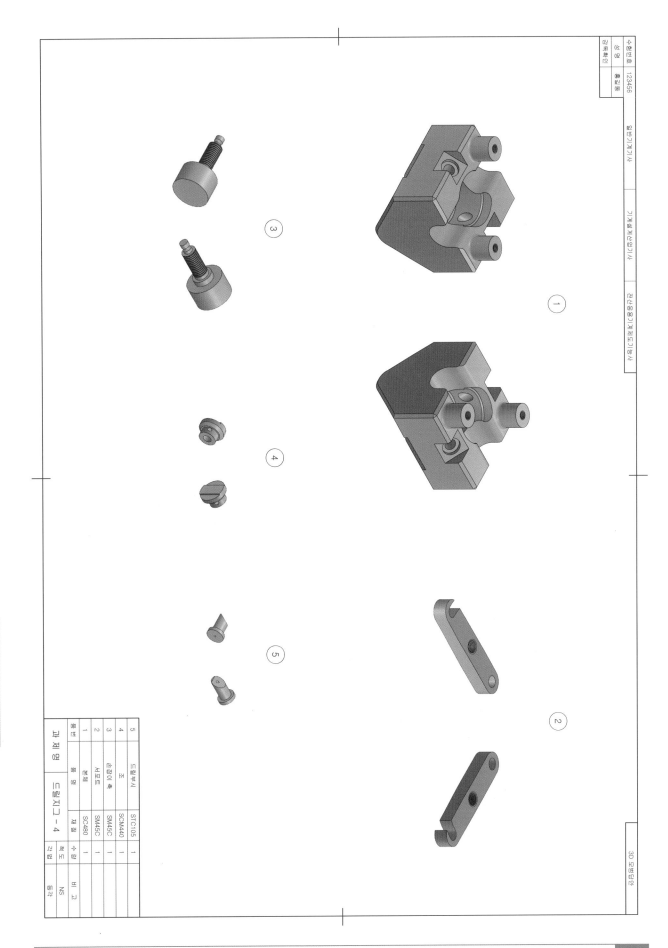

| 품번 | 품명 | 재질 | 수량 | 비고 |
|---|---|---|---|---|
| 5 | 드릴부시 | STC105 | 1 | |
| 4 | 조 | SCM440 | 1 | |
| 3 | 손잡이축 | SM45C | 1 | |
| 2 | 서포트 | SM45C | 2 | |
| 1 | 본체 | SC480 | 1 | |
| 품번 | 품명 | 재질 | 수량 | 비고 |

| 과제명 | | | | |
|---|---|---|---|---|
| 드릴지그 - 4 | | | 척도 | NS |
| | | | 각법 | 3각 |

| 수험번호 | 123456 | | | |
|---|---|---|---|---|
| 성명 | 홍길동 | 일반기계기사 | 기계설계산업기사 | 전산응용기계제도기능사 |
| 감독확인 | | | | |

3D 모델링은

해커스 일반기계기사실기 작업형 출제 도면집

069

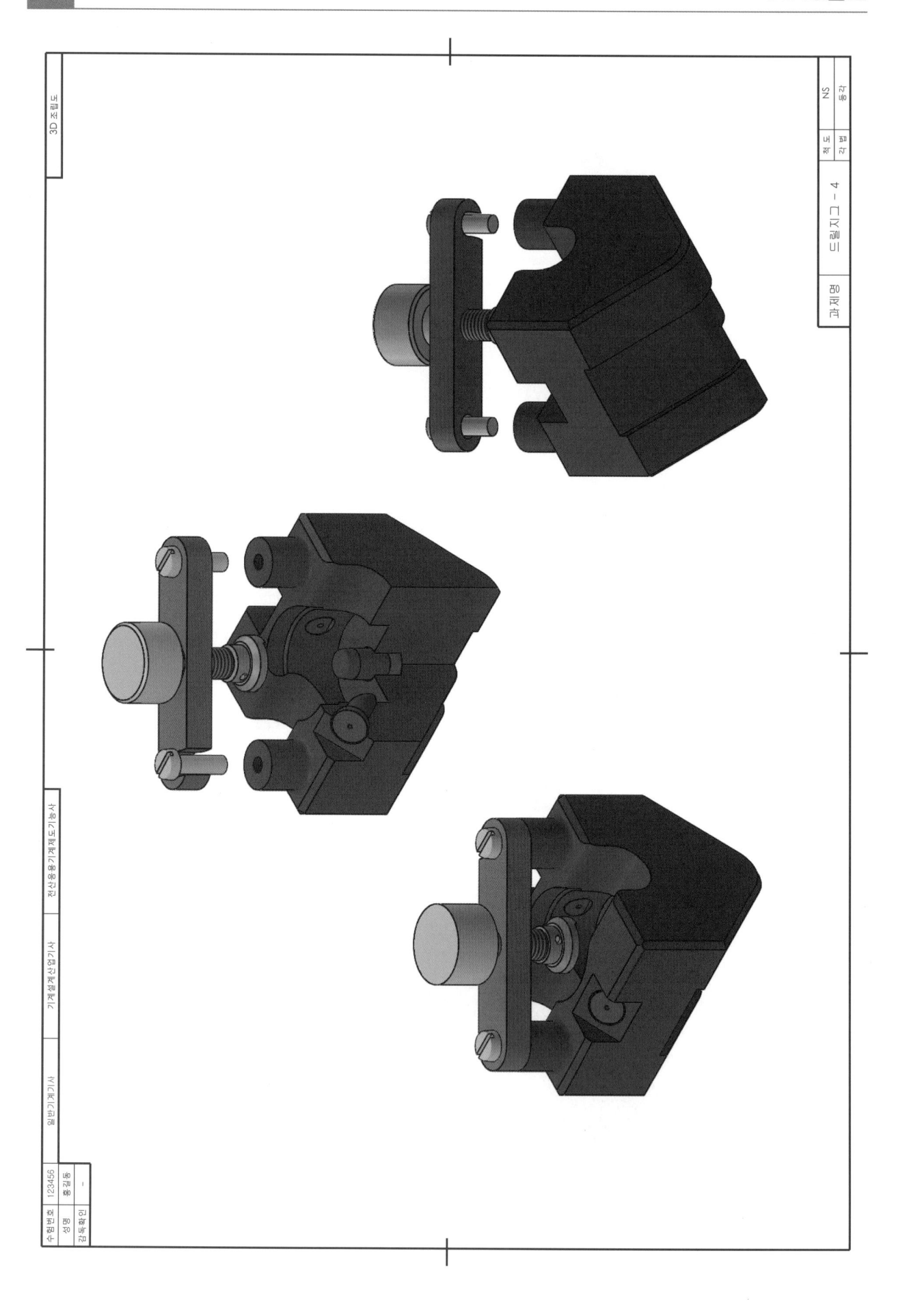

## 국가기술자격 실기시험문제 (작업형)

| 종목명 | 일반기계기사, 기계설계산업기사, 전산응용기계제도기능사 | 과제명 | 드릴지그 5 |
|---|---|---|---|

※ 문제지는 시험종료 후 반드시 반납하시기 바랍니다.

※ 시험시간: 5시간

1. 요구사항

※ 지급된 재료 및 시설을 사용하여 아래 작업을 완성하시오.

　가. 부품도(2D)의 제도

　　1) 주어진 문제의 조립도면에 표시된 부품번호(①, ②, ③, ④)의 부품도를 CAD 프로그램을 이용하여 A2 용지에 척도는 1:1로 하여, 투상법은 제3각법으로 제도하시오.

　　2) 각 부품들의 형상이 잘 나타나도록 투상도와 단면도 등을 빠짐없이 제도하고, 설계목적에 맞는 기능 및 작동을 할 수 있도록 치수 및 치수공차, 끼워 맞춤 공차와 기하공차 기호, 표면거칠기 기호, 표면처리, 열처리, 주서 등 부품 제작에 필요한 모든 사항을 기입하시오.

　　3) 제도 완료 후 지급된 A3(420×297) 크기의 용지(트레이싱지)에 수험자가 직접 흑백으로 출력하여 확인하고 제출하시오.

　나. 렌더링 등각 투상도(3D) 제도

　　1) 주어진 문제의 조립도면에 표시된 부품번호(①, ②, ③, ④)의 부품을 파라메트릭 솔리드 모델링을 하고, 모양과 윤곽을 알아보기 쉽도록 뚜렷한 음영, 렌더링 처리를 하여 A2 용지에 제도하시오.

　　2) 음영과 렌더링 처리는 예시 그림과 같이 형상이 잘 나타나도록 등각 축 2개를 정해 척도는 NS로 실물의 크기를 고려하여 제도하시오. (단, 형상은 단면하여 표시하지 않습니다)

　　3) 제도 완료 후, 지급된 A3(420×297) 크기의 용지(트레이싱지)에 수험자가 직접 흑백으로 출력하여 확인하고 제출하시오.

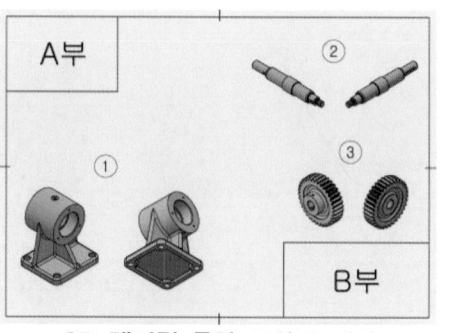

<3D 렌더링 등각 투상도 예시>

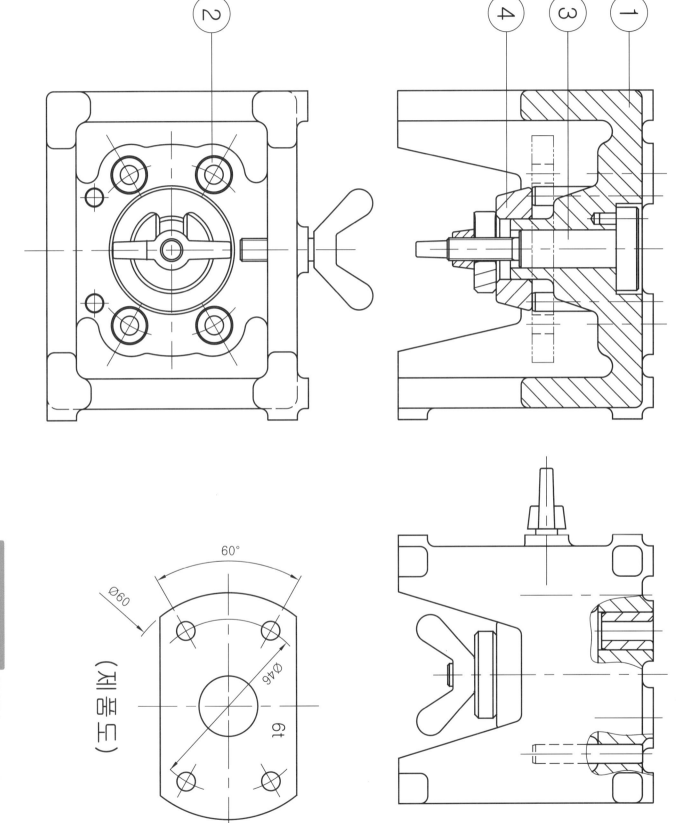

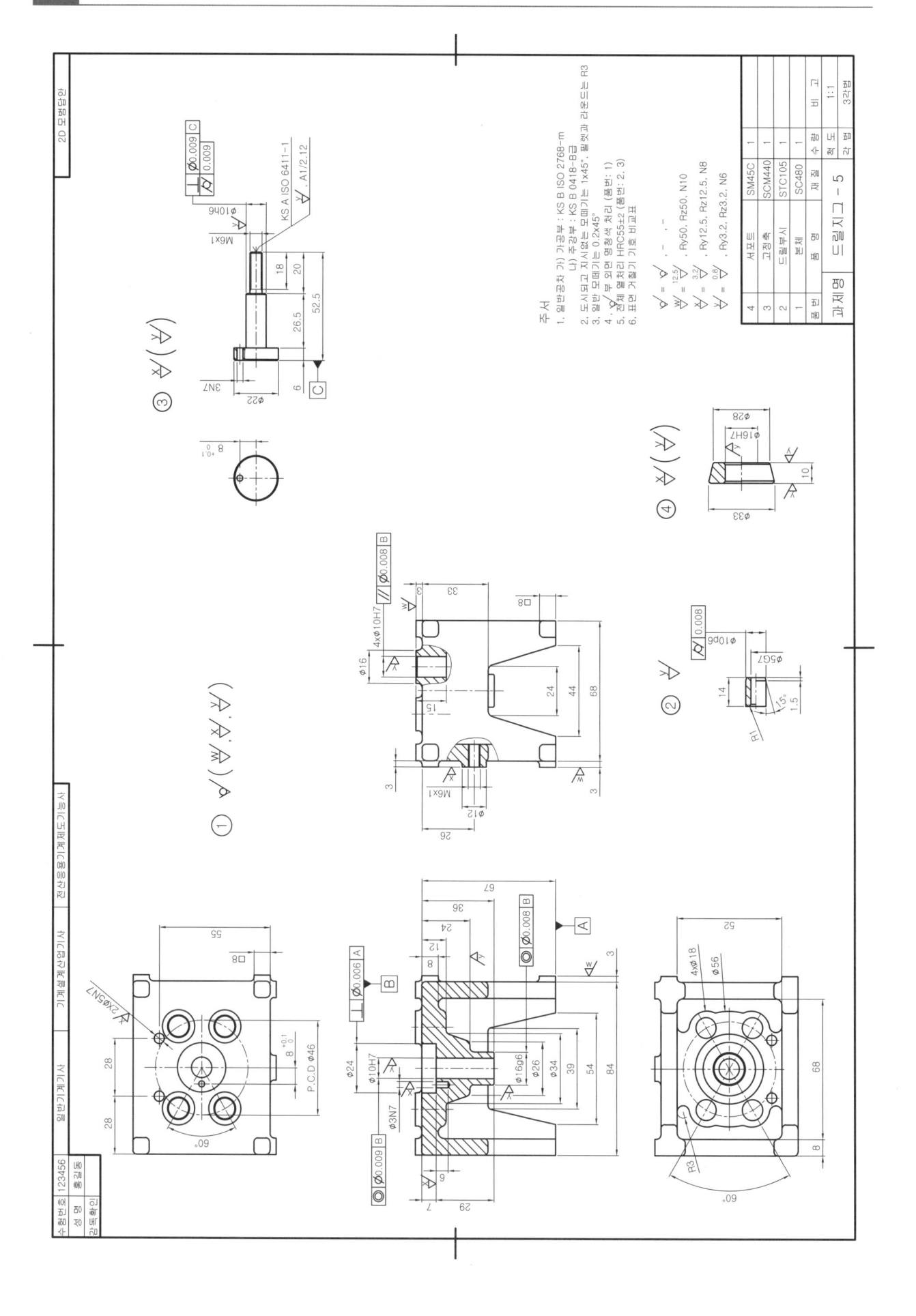

주서
1. 일반공차 가) 가공부 : KS B ISO 2768-m
　　　　　 나) 주강부 : KS B 0418-B급
2. 도시되고 지시없는 모떼기는 1x45°, 필렛과 라운드는 R3
3. 일반 모떼기는 0.2x45°
4. 일반 모떼기는 영청색 처리 (품번 : 1)
5. 전체 열처리 HRC55±2 (품번 : 2, 3)
6. 표면 거칠기 기호 비교표

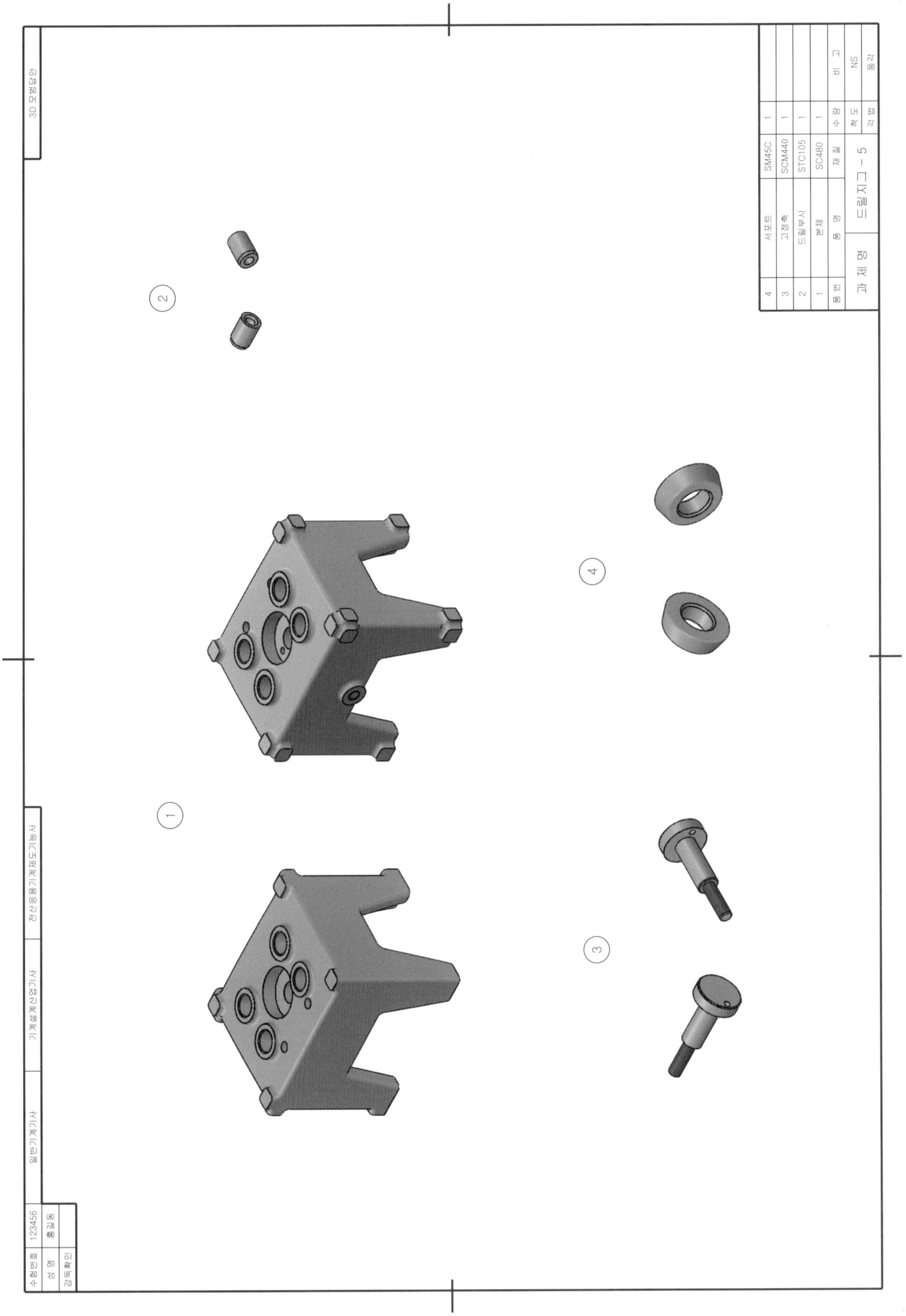
3D 모범답안
수험번호 123456
성 명 홍길동
감독확인
일반기계기사
기계설계산업기사
전산응용기계제도기능사
1
2
3
4
4 서포트 SM45C 1
3 고정축 SCM440 1
2 드릴부시 STC105 1
1 본체 SC480 1
품번 품 명 재 질 수 량 비 고
과 제 명 드릴지그 - 5 척 도 NS
각 법 등각

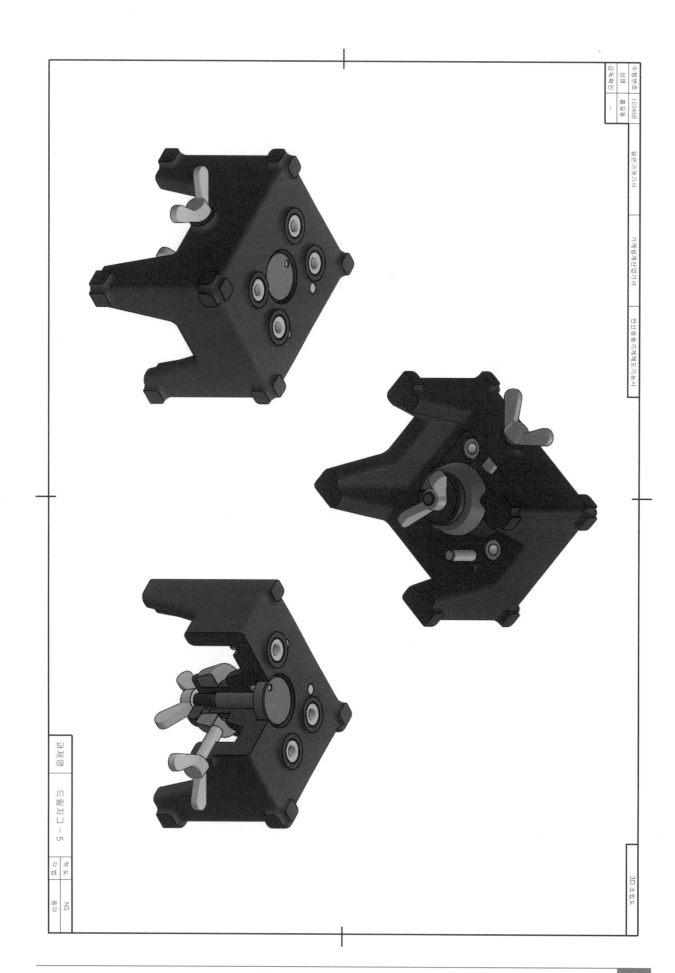

## 국가기술자격 실기시험문제 (작업형)

| 종목명 | 일반기계기사, 기계설계산업기사,<br>전산응용기계제도기능사 | 과제명 | 클램프 1 |
|---|---|---|---|

※ 문제지는 시험종료 후 반드시 반납하시기 바랍니다.

※ 시험시간: 5시간

1. 요구사항

※ 지급된 재료 및 시설을 사용하여 아래 작업을 완성하시오.

  가. 부품도(2D)의 제도

    1) 주어진 문제의 조립도면에 표시된 부품번호(①, ②, ④, ⑥)의 부품도를 CAD 프로그램을 이용하여 A2 용지에 척도는 1:1로 하여, 투상법은 제3각법으로 제도하시오.

    2) 각 부품들의 형상이 잘 나타나도록 투상도와 단면도 등을 빠짐없이 제도하고, 설계목적에 맞는 기능 및 작동을 할 수 있도록 치수 및 치수공차, 끼워 맞춤 공차와 기하공차 기호, 표면거칠기 기호, 표면처리, 열처리, 주서 등 부품 제작에 필요한 모든 사항을 기입하시오.

    3) 제도 완료 후 지급된 A3(420×297) 크기의 용지(트레이싱지)에 수험자가 직접 흑백으로 출력하여 확인하고 제출하시오.

  나. 렌더링 등각 투상도(3D) 제도

    1) 주어진 문제의 조립도면에 표시된 부품번호(①, ②, ④, ⑥)의 부품을 파라메트릭 솔리드 모델링을 하고, 모양과 윤곽을 알아보기 쉽도록 뚜렷한 음영, 렌더링 처리를 하여 A2 용지에 제도하시오.

    2) 음영과 렌더링 처리는 예시 그림과 같이 형상이 잘 나타나도록 등각 축 2개를 정해 척도는 NS로 실물의 크기를 고려하여 제도하시오. (단, 형상은 단면하여 표시하지 않습니다)

    3) 제도 완료 후, 지급된 A3(420×297) 크기의 용지(트레이싱지)에 수험자가 직접 흑백으로 출력하여 확인하고 제출하시오.

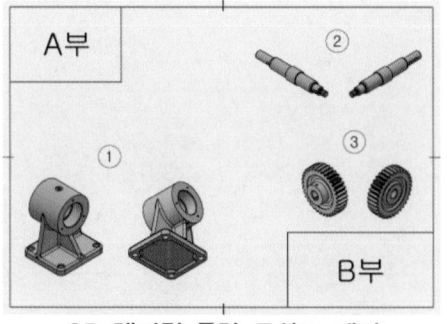

<3D 렌더링 등각 투상도 예시>

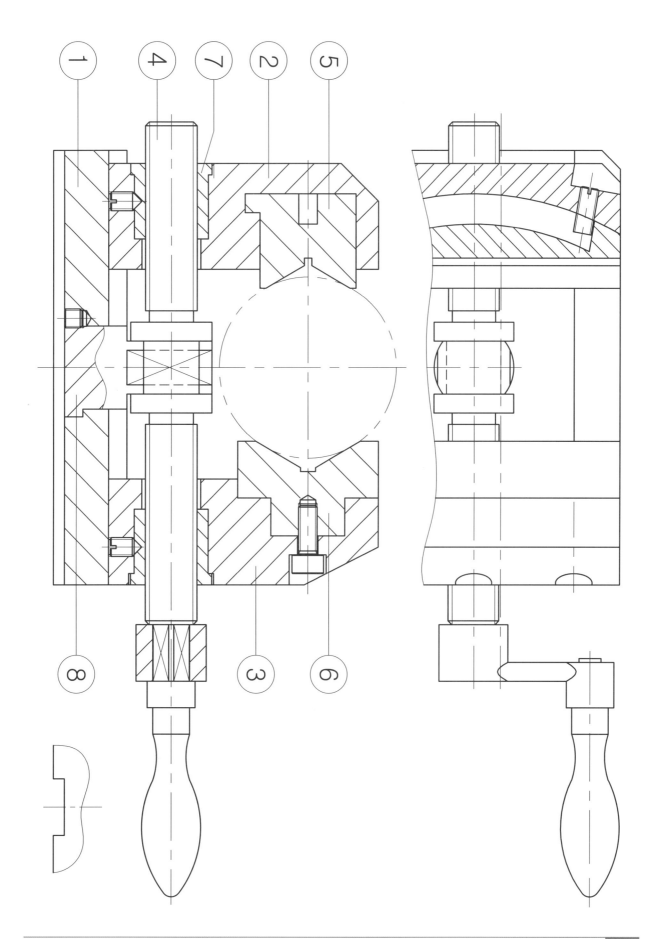

Part 02 작업형 실기 예제 도면

해커스 일반기계기사 실기 작업형 출제 도면집

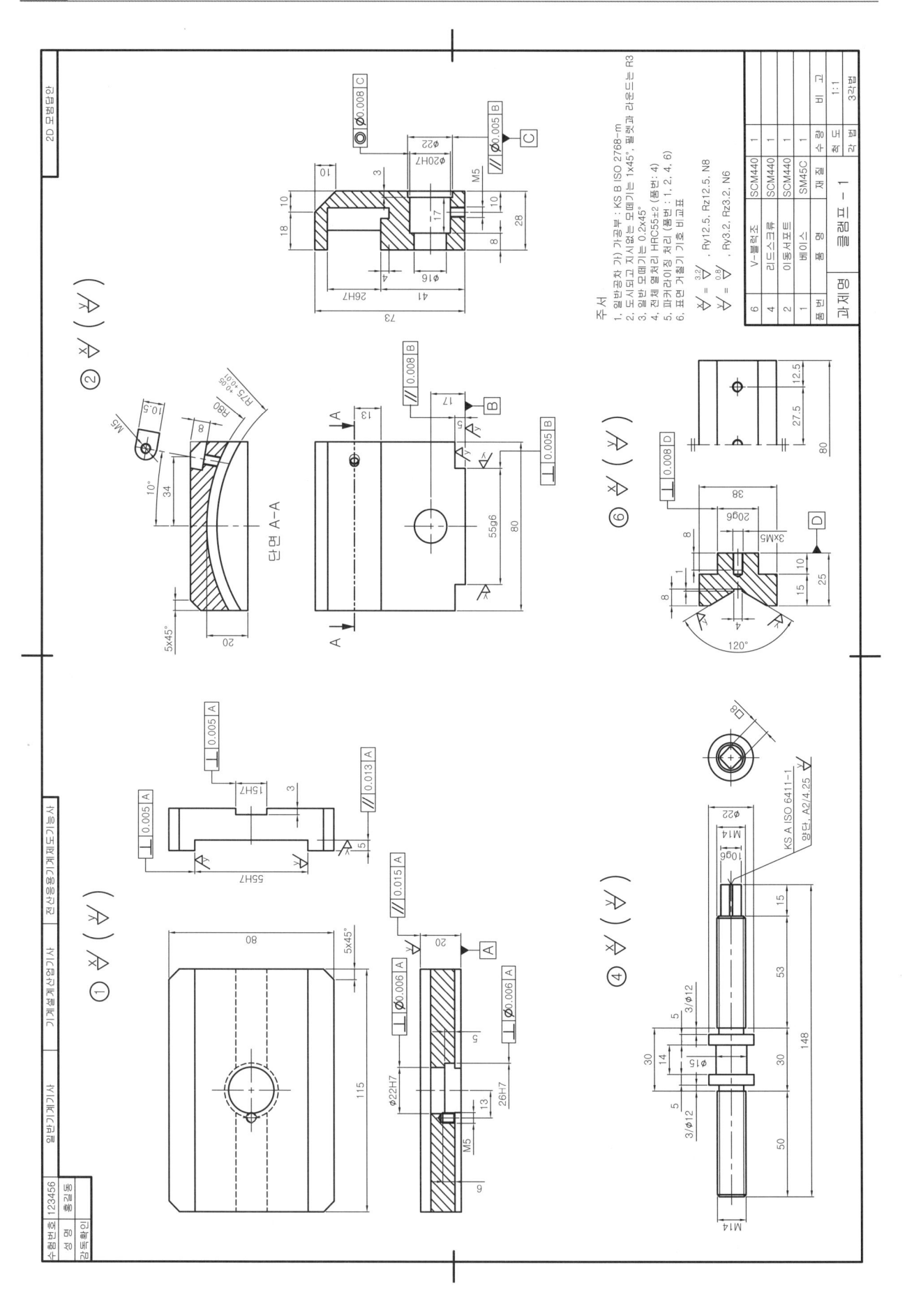

주서
1. 일반공차 가) 가공부 : KS B ISO 2768-m
2. 도시되고 지시없는 모떼기는 1x45°, 필렛과 라운드는 R3
3. 일반 모떼기는 0.2x45°
4. 전체 열처리 HRC55±2 (품번 : 4)
5. 파커라이징 처리 (품번 : 1, 2, 4, 6)
6. 표면 거칠기 기호 비교표

$\frac{x}{\sqrt{}} = \frac{3.2}{\sqrt{}}$ , Ry12.5, Rz12.5, N8

$\frac{y}{\sqrt{}} = \frac{8.0}{\sqrt{}}$ , Ry3.2, Rz3.2, N6

| 6 | V-블럭조 | SCM440 | 1 |
| 4 | 리드스크류 | SCM440 | 1 |
| 2 | 이동서포트 | SCM440 | 1 |
| 1 | 베이스 | SM45C | 1 |
| 품번 | 품명 | 재질 | 수량 |

클램프 - 1

척도 1:1
3각법

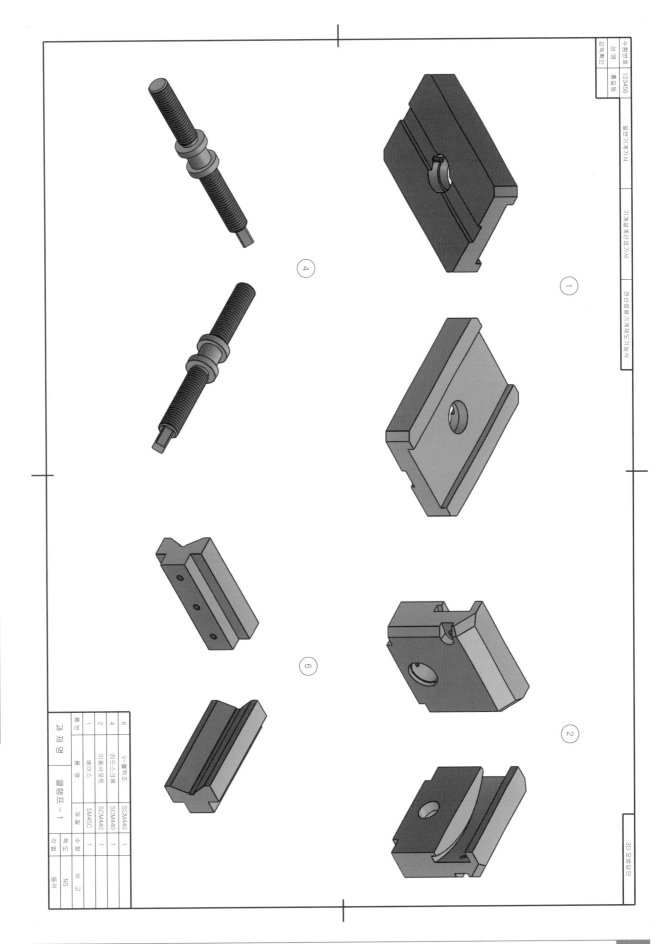

| 6 | 4 | 2 | 1 | 품번 | 과제명 |  |  |  |
|---|---|---|---|---|---|---|---|---|
| V-블록조 | 리드스크류 | 이동서포트 | 베이스 | 품명 | 클램프 - 1 |  |  |  |
| SCM440 | SCM440 | SCM440 | SM45C | 재질 |  | 재질 |  |  |
| 1 | 1 | 1 | 1 | 수량 |  | 척도 | 2 물품 | NS |
|  |  |  |  |  |  | 비고 | 2 물품 | 단위 |

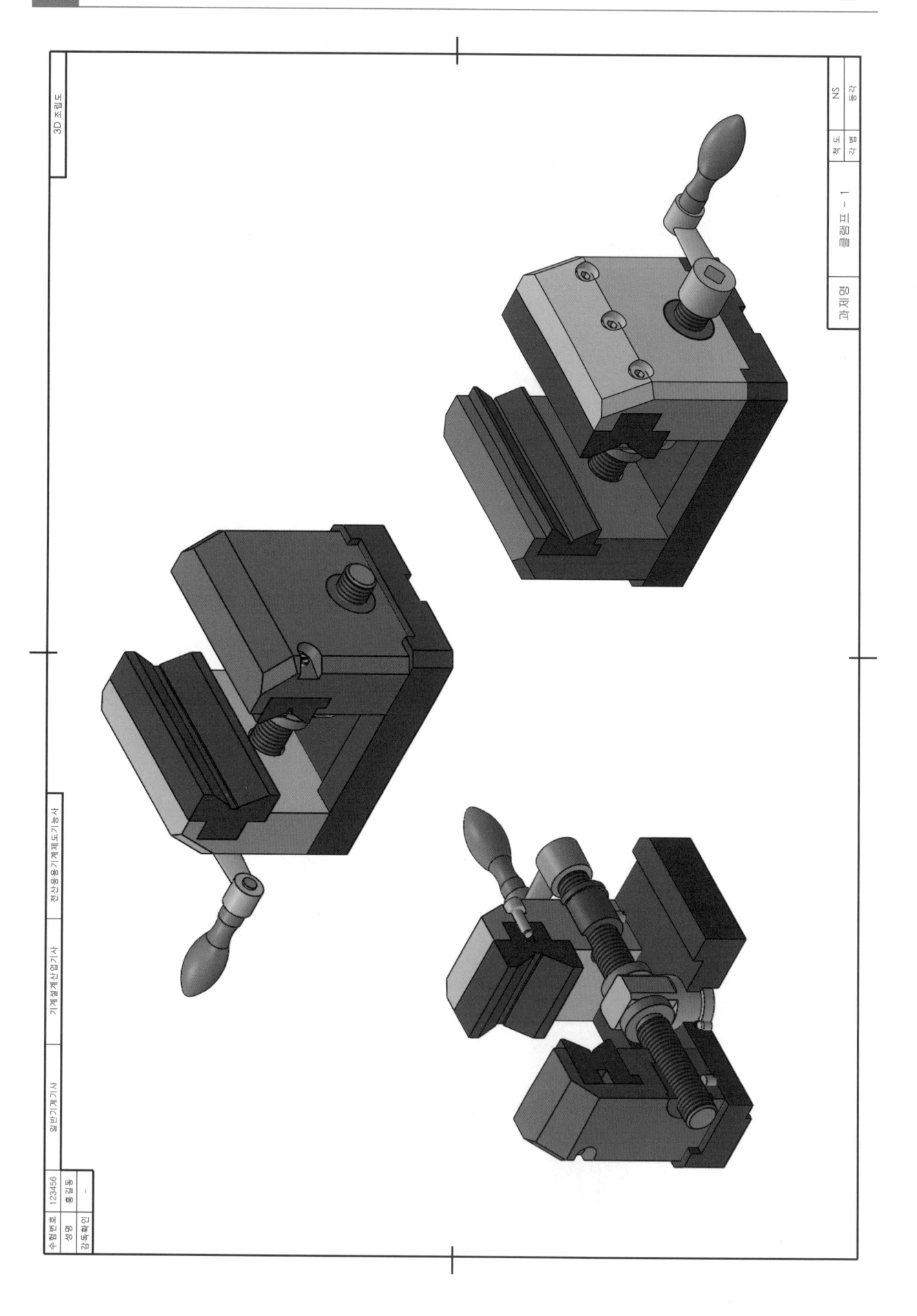

# 국가기술자격 실기시험문제 (작업형)

| 종목명 | 일반기계기사, 기계설계산업기사,<br>전산응용기계제도기능사 | 과제명 | 클램프 2 |
|---|---|---|---|

※ 문제지는 시험종료 후 반드시 반납하시기 바랍니다.

※ 시험시간: 5시간


1. 요구사항

※ 지급된 재료 및 시설을 사용하여 아래 작업을 완성하시오.

　가. 부품도(2D)의 제도

　　1) 주어진 문제의 조립도면에 표시된 부품번호(①, ②)의 부품도를 CAD 프로그램을 이용하여A2 용지
　　에 척도는 1:1로 하여, 투상법은 제3각법으로 제도하시오.

　　2) 각 부품들의 형상이 잘 나타나도록 투상도와 단면도 등을 빠짐없이 제도하고, 설계목적에 맞는 기
　　능 및 작동을 할 수 있도록 치수 및 치수공차, 끼워 맞춤 공차와 기하공차 기호, 표면거칠기 기호, 표
　　면처리, 열처리, 주서 등 부품 제작에 필요한 모든 사항을 기입하시오.

　　3) 제도 완료 후 지급된 A3(420×297) 크기의 용지(트레이싱지)에 수험자가 직접 흑백으로 출력하여
　　확인하고 제출하시오.

　나. 렌더링 등각 투상도(3D) 제도

　　1) 주어진 문제의 조립도면에 표시된 부품번호(①, ②)의 부품을 파라메트릭 솔리드 모델링을 하고, 모
　　양과 윤곽을 알아보기 쉽도록 뚜렷한 음영, 렌더링 처리를 하여 A2 용지에 제도하시오.

　　2) 음영과 렌더링 처리는 예시 그림과 같이 형상이 잘 나타나도록 등각 축 2개를 정해 척도는 NS로 실
　　물의 크기를 고려하여 제도하시오. (단, 형상은 단면하여 표시하지 않습니다)

　　3) 제도 완료 후, 지급된 A3(420×297) 크기의 용지(트레이싱지)에 수험자가 직접 흑백으로 출력하여
　　확인하고 제출하시오.

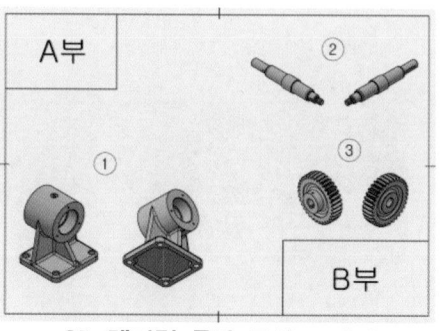

<3D 렌더링 등각 투상도 예시>

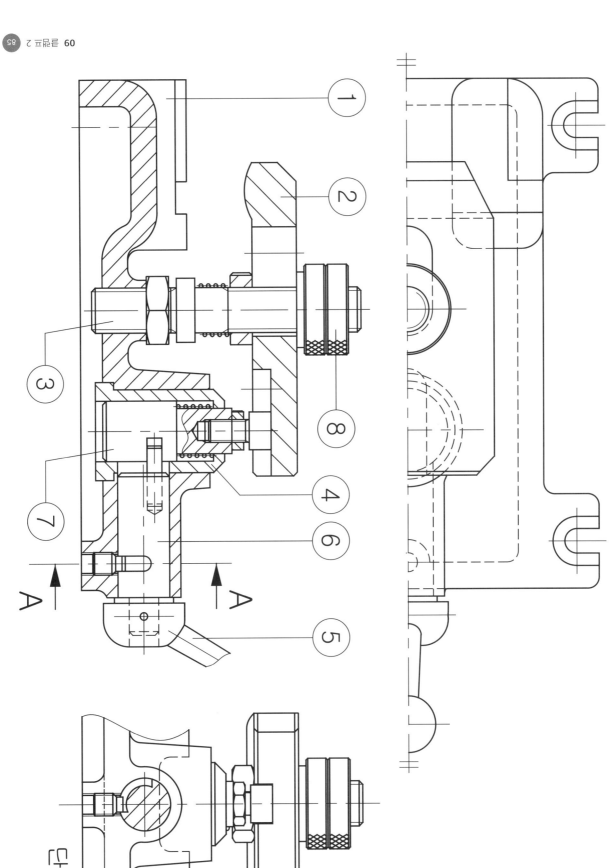

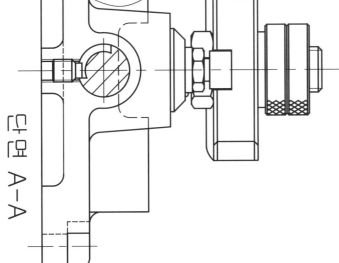

단면 A-A

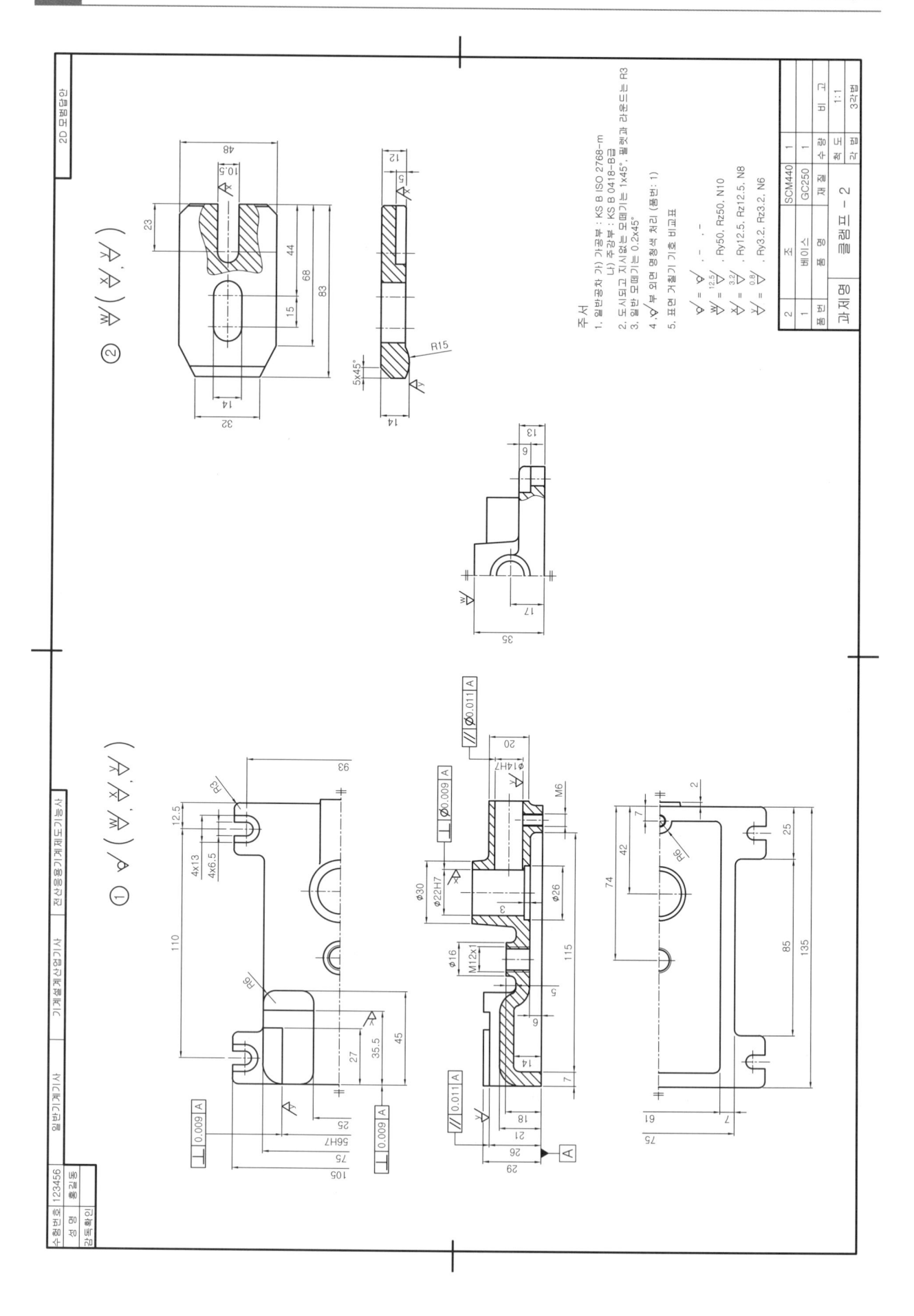

주서
1. 일반공차 가) 가공부 : KS B ISO 2768-m
　　　　 나) 주강부 : KS B 0418-B급
2. 도시되고 지시없는 모떼기는 1x45°, 필렛과 라운드는 R3
3. 일반 모떼기는 0.2x45°
4. ▽부 외면 명청색 처리 (품번: 1)
5. 표면 거칠기 기호 비교표

| ∀ | = | ∀̇ | , | - | . | - |
| ∀̇ | = | ∇ | 12.5/ | , | Ry50. Rz50. N10 |
| ∀̇ | = | ∇ | 3.2/ | , | Ry12.5. Rz12.5. N8 |
| ∀̇ | = | ∇ | 0.8/ | , | Ry3.2. Rz3.2. N6 |

| 2 | | 조 | | SCM440 | 1 | |
| 1 | | 베이스 | | GC250 | 1 | |
| 품번 | | 품 명 | | 재질 | 수량 | 비 고 |
| 과제명 | 클램프 − 2 | | | 척 도 | 1:1 | 3각법 |

(❷) ∀̇ ∀̇ ∀

(❶) ∀ (∀̇ ∀̇ ∀̇)

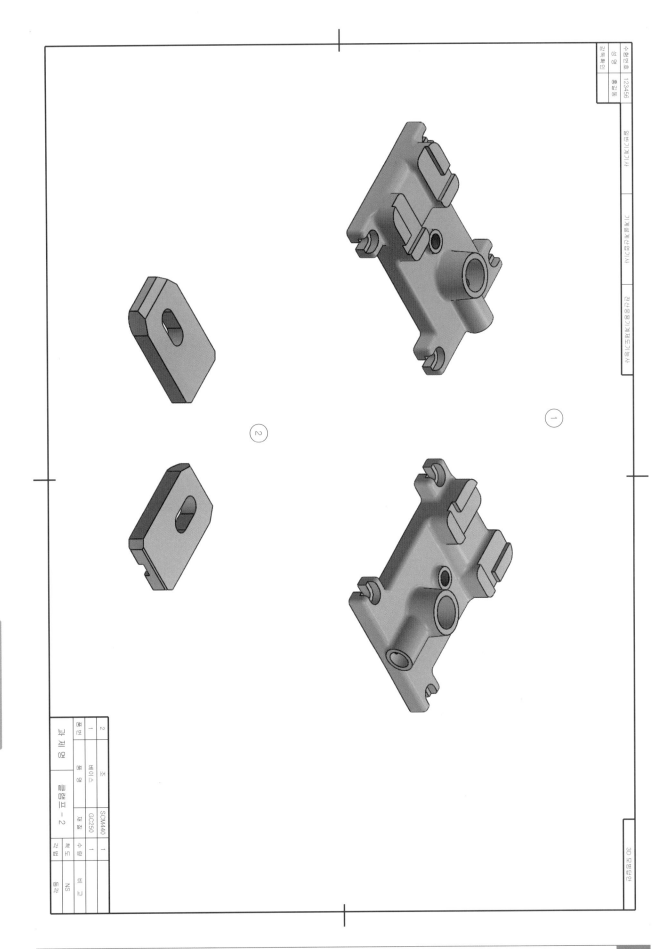

3D 조립도

# 국가기술자격 실기시험문제 (작업형)

| 종목명 | 일반기계기사, 기계설계산업기사, 전산응용기계제도기능사 | 과제명 | 탁상클램프 |
|---|---|---|---|

※ 문제지는 시험종료 후 반드시 반납하시기 바랍니다.

※ 시험시간: 5시간

## 1. 요구사항

※ 지급된 재료 및 시설을 사용하여 아래 작업을 완성하시오.

　가. 부품도(2D)의 제도

　　1) 주어진 문제의 조립도면에 표시된 부품번호(①, ③, ⑤, ⑥)의 부품도를 CAD 프로그램을 이용하여 A2 용지에 척도는 1:1로 하여, 투상법은 제3각법으로 제도하시오.

　　2) 각 부품들의 형상이 잘 나타나도록 투상도와 단면도 등을 빠짐없이 제도하고, 설계목적에 맞는 기능 및 작동을 할 수 있도록 치수 및 치수공차, 끼워 맞춤 공차와 기하공차 기호, 표면거칠기 기호, 표면처리, 열처리, 주서 등 부품 제작에 필요한 모든 사항을 기입하시오.

　　3) 제도 완료 후 지급된 A3(420×297) 크기의 용지(트레이싱지)에 수험자가 직접 흑백으로 출력하여 확인하고 제출하시오.

　나. 렌더링 등각 투상도(3D) 제도

　　1) 주어진 문제의 조립도면에 표시된 부품번호(①, ③, ⑤, ⑥)의 부품을 파라메트릭 솔리드 모델링을 하고, 모양과 윤곽을 알아보기 쉽도록 뚜렷한 음영, 렌더링 처리를 하여 A2 용지에 제도하시오.

　　2) 음영과 렌더링 처리는 예시 그림과 같이 형상이 잘 나타나도록 등각 축 2개를 정해 척도는 NS로 실물의 크기를 고려하여 제도하시오. (단, 형상은 단면하여 표시하지 않습니다)

　　3) 제도 완료 후, 지급된 A3(420×297) 크기의 용지(트레이싱지)에 수험자가 직접 흑백으로 출력하여 확인하고 제출하시오.

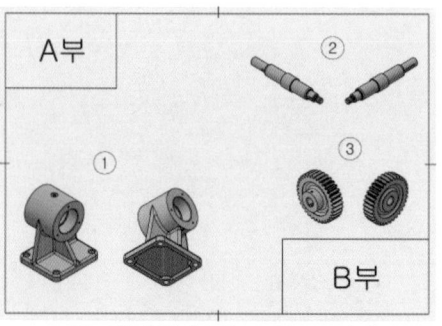

<3D 렌더링 등각 투상도 예시>

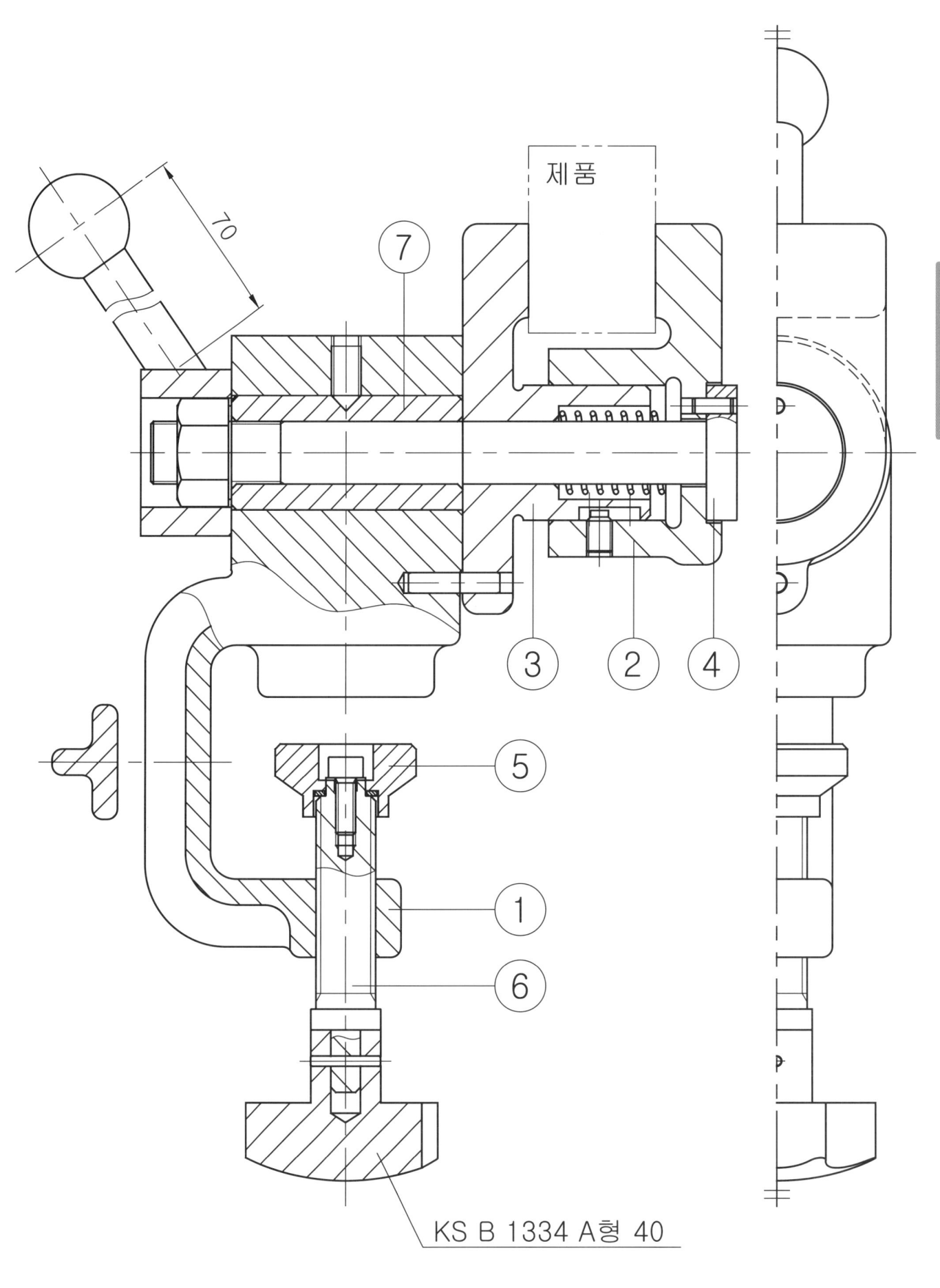

제품

70

⑦ ③ ② ④ ⑤ ① ⑥

KS B 1334 A형 40

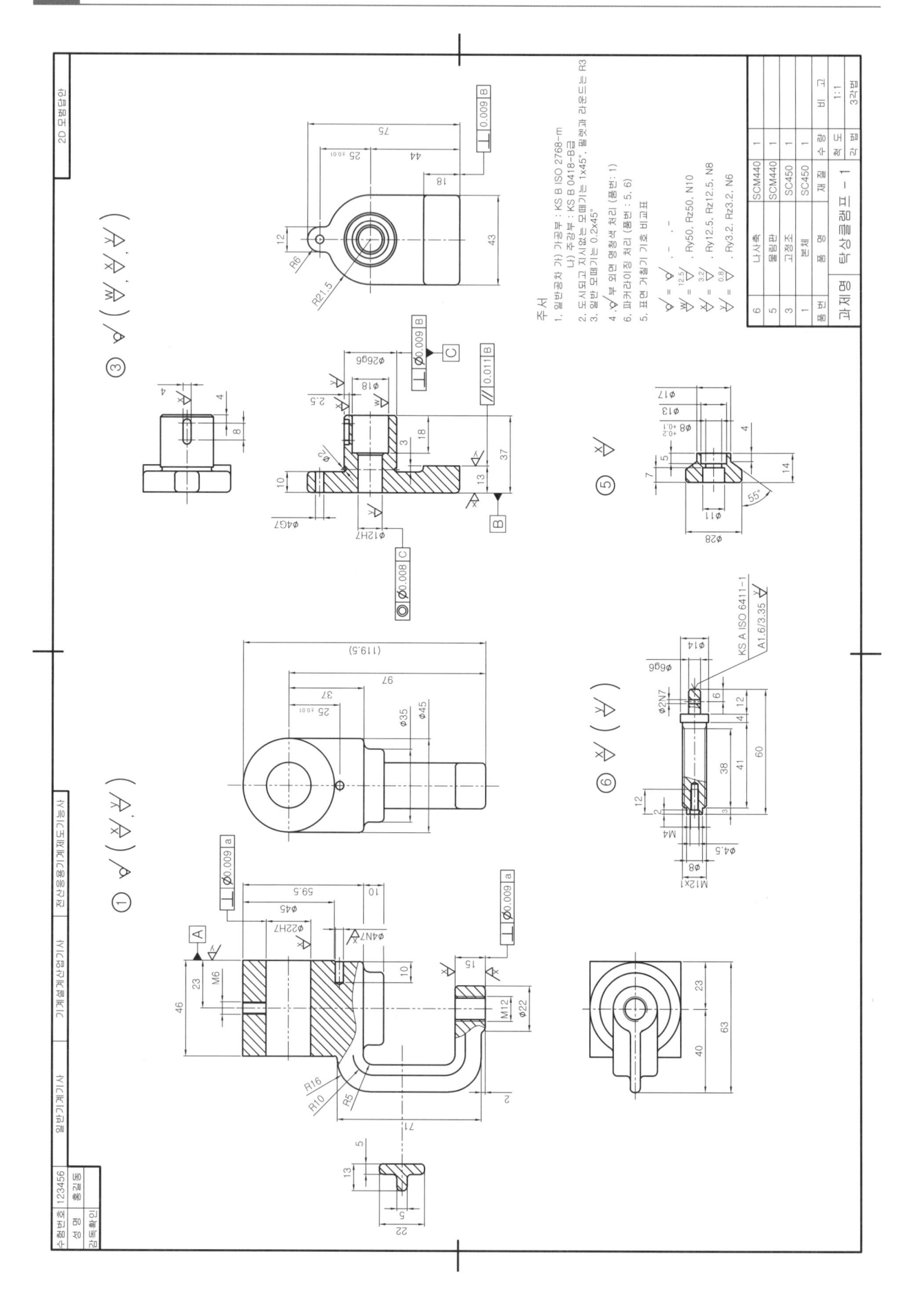

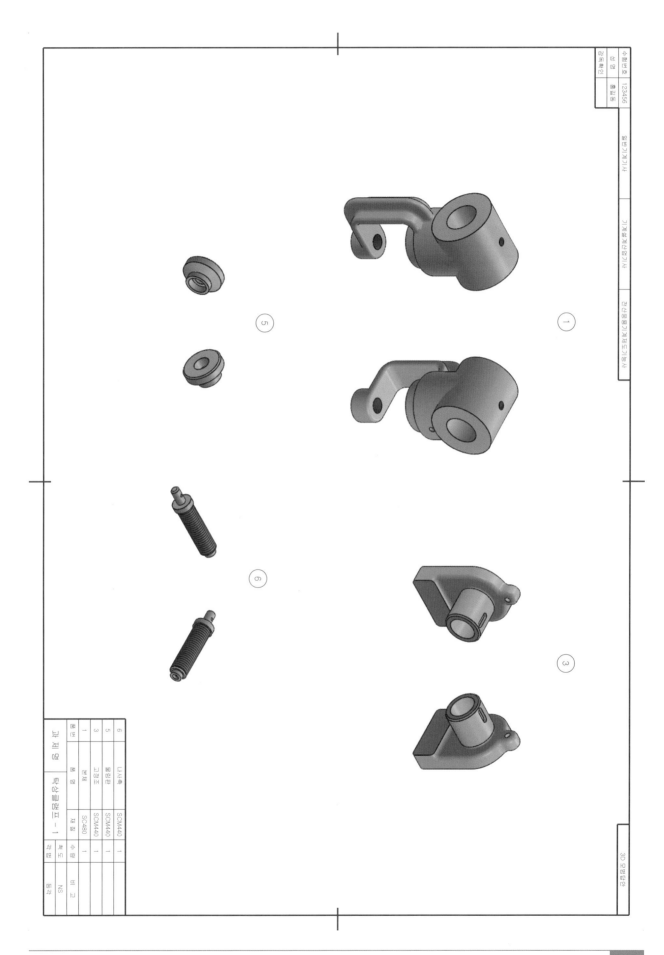

| 6 | 5 | 3 | 1 | 품번 |
|---|---|---|---|---|
| 나사못 | 풀림편 | 고정조 | 몸체 | 품명 |
| SCM440 | SCM440 | SCM440 | SC480 | 재질 |
| 1 | 1 | 1 | 1 | 수량 |
| NS | | | | 비고 |

특수클램프 - 1

3D 모델링인

일반기계기사 기계설계산업기사 전산응용기계제도기능사

수험번호 123456
성명 홍길동

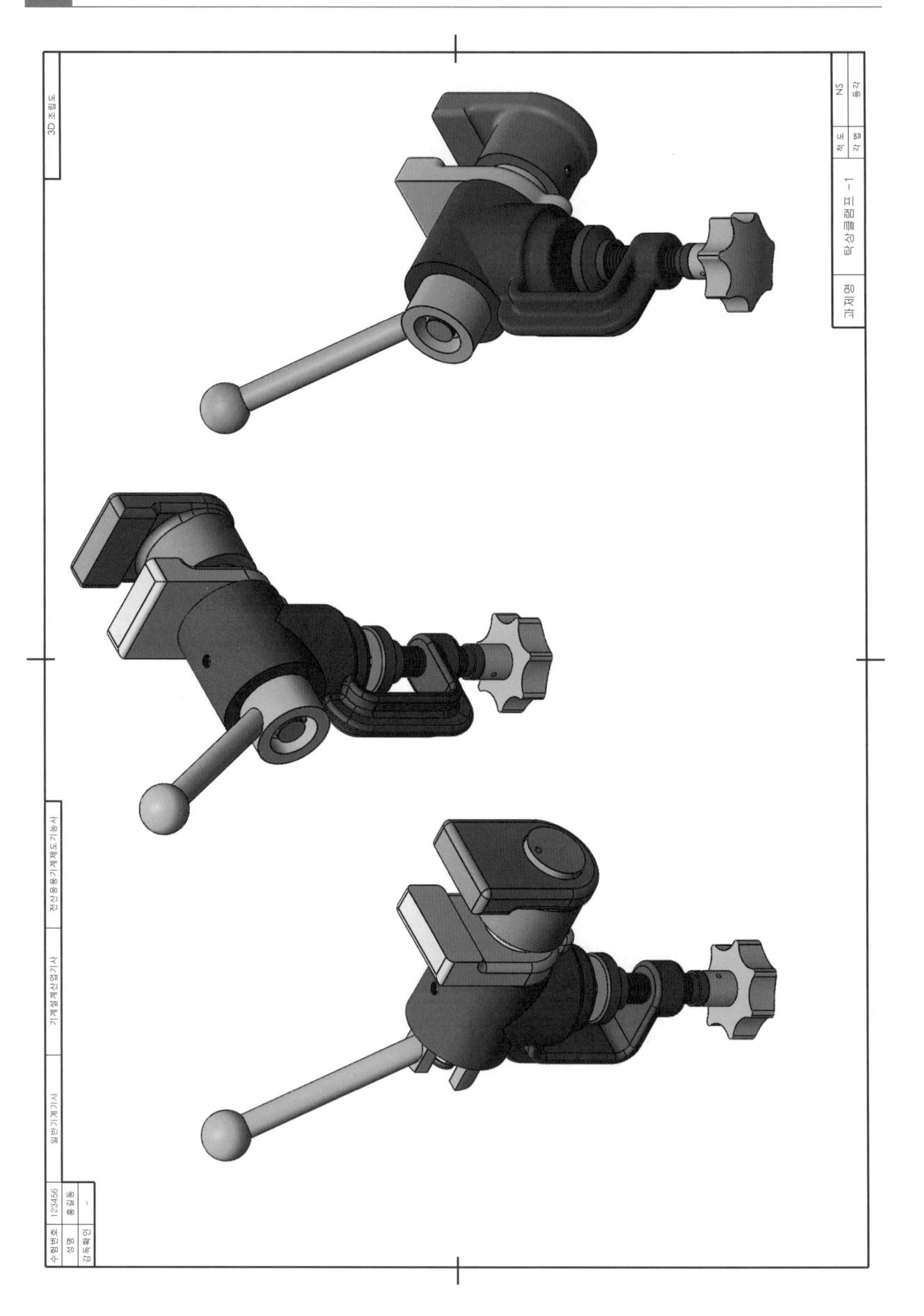

## 국가기술자격 실기시험문제 (작업형)

| 종목명 | 일반기계기사 | 과제명 | 동력전달 장치 1 |
|---|---|---|---|

※ 문제지는 시험종료 후 반드시 반납하시기 바랍니다.

※ 시험시간: 5시간

### 1. 요구사항

※ 지급된 재료 및 시설을 사용하여 아래 작업을 완성하시오.

  가. 부품도(2D)의 제도

    1) 주어진 문제의 조립도면에 표시된 부품번호(①, ②, ③, ④)의 부품도를 CAD 프로그램을 이용하여 A2 용지에 척도는 1:1로 하여, 투상법은 제3각법으로 제도하시오.

    2) 각 부품들의 형상이 잘 나타나도록 투상도와 단면도 등을 빠짐없이 제도하고, 설계목적에 맞는 기능 및 작동을 할 수 있도록 치수 및 치수공차, 끼워 맞춤 공차와 기하공차 기호, 표면거칠기 기호, 표면처리, 열처리, 주서 등 부품 제작에 필요한 모든 사항을 기입하시오.

    3) 제도 완료 후 지급된 A3(420×297) 크기의 용지(트레이싱지)에 수험자가 직접 흑백으로 출력하여 확인하고 제출하시오.

  나. 렌더링 등각 투상도(3D) 제도

    1) 주어진 문제의 조립도면에 표시된 부품번호(①, ②, ③, ④, ⑤)의 부품을 파라메트릭 솔리드 모델링을 하고, 모양과 윤곽을 알아보기 쉽도록 뚜렷한 음영, 렌더링 처리를 하여 A2 용지에 제도하시오.

    2) 음영과 렌더링 처리는 예시 그림과 같이 형상이 잘 나타나도록 등각 축 2개를 정해 척도는 NS로 실물의 크기를 고려하여 제도하시오. (단, 형상은 단면하여 표시하지 않습니다)

    3) 제도 완료 후, 지급된 A3(420×297) 크기의 용지(트레이싱지)에 수험자가 직접 흑백으로 출력하여 확인하고 제출하시오.

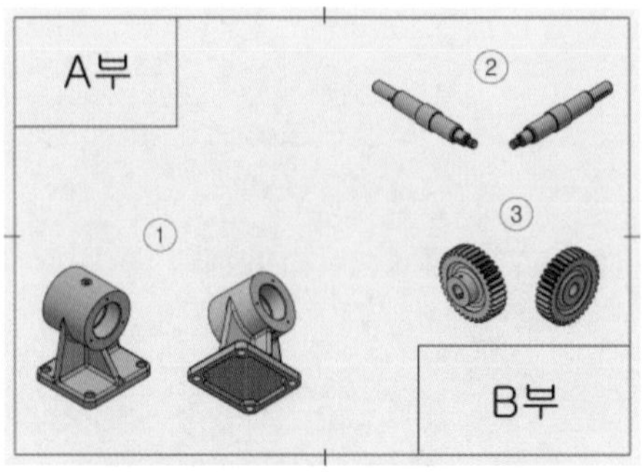

<3D 렌더링 등각 투상도 예시>

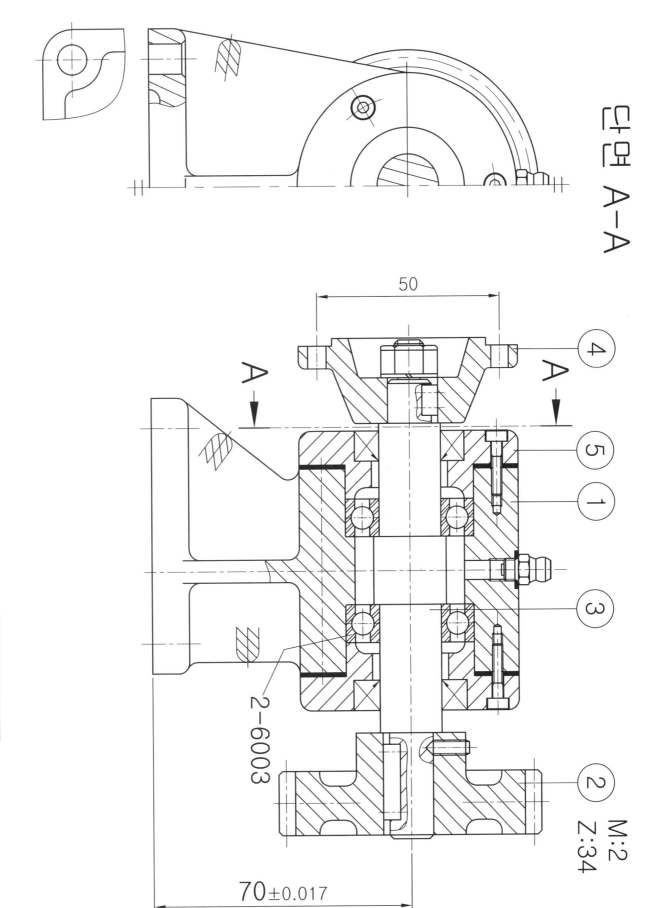

단면 A-A

2-6003

50

70±0.017

M:2
Z:34

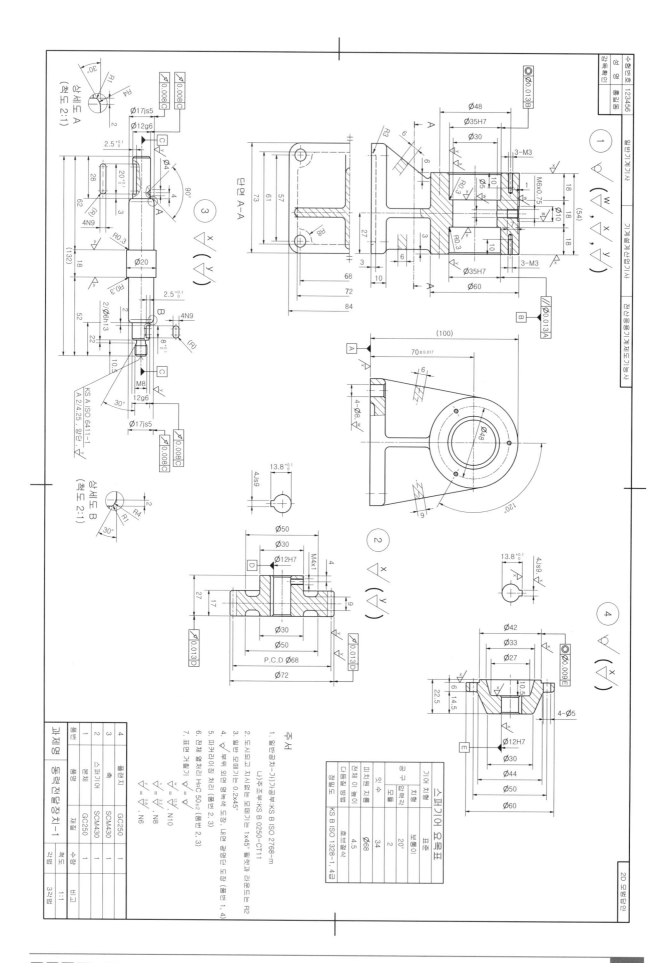

| 품번 | 품명 | 재질 | 수량 | 비고 |
|---|---|---|---|---|
| 5 | 커버 | GC250 | 1 | |
| 4 | 플랜지 | GC250 | 1 | |
| 3 | 축 | SCM430 | 1 | |
| 2 | 스퍼기어 | SCM430 | 1 | |
| 1 | 본체 | GC250 | 1 | |
| 품번 | 품명 | 재질 | 수량 | 비고 |

과제명 | 동력전달장치-1 | 척도 | NS | 각법 | 3각법

| 123456 | | 수험번호 | 제출 |
| 일반기계기사 | | 감독확인 | 인 |
| 기계설계산업기사 | | | |
| 전산응용기계제도기능사 | | | |
| | | 3D 모델링인 | |

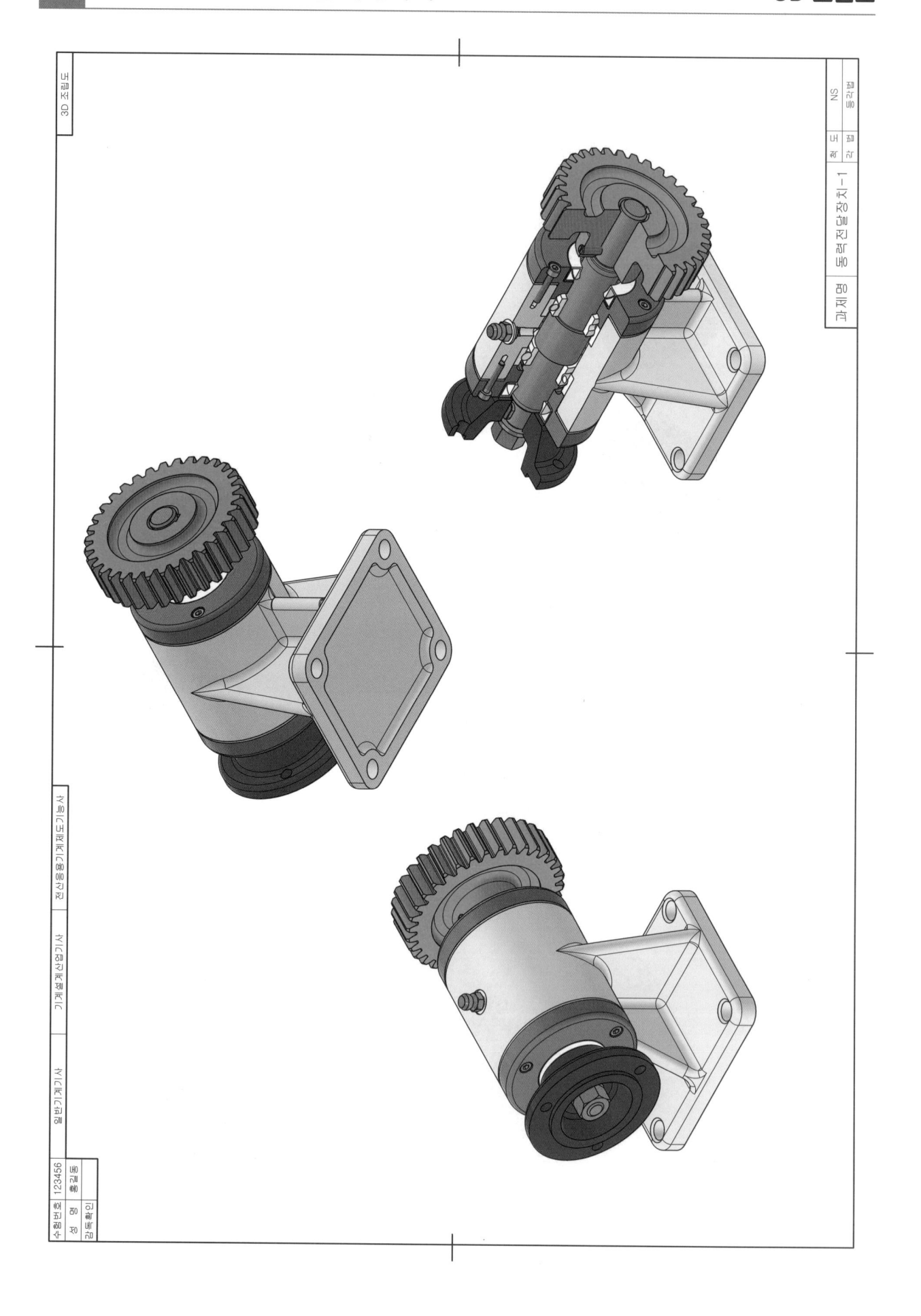

## 국가기술자격 실기시험문제 (작업형)

| 종목명 | 기계설계산업기사 | 과제명 | 동력전달 장치 1 |
|---|---|---|---|

※ 문제지는 시험종료 후 반드시 반납하시기 바랍니다.

※ 시험시간: 5시간 30분

### 1. 요구사항

※ 지급된 재료 및 시설을 사용하여 아래 작업을 완성하시오.

　가. 부품도(2D)의 제도

　　1) 주어진 문제의 조립도면에 표시된 부품번호(①, ②, ③, ④)의 부품도를 CAD 프로그램을 이용하여A2 용지에 척도는 1:1로 하여, 툭상법은 제3각법으로 제도하시오.

　　2) 각 부품들의 형상이 잘 나타나도록 투상도와 단면도 등을 빠짐없이 제도하고, 설계목적에 맞는 기능 및 작동을 할 수 있도록 치수 및 치수공차, 끼워 맞춤 공차와 기하공차 기호, 표면거칠기 기호, 표면처리, 열처리, 주서 등 부품 제작에 필요한 모든 사항을 기입하시오.

　　3) 제도 완료 후 지급된 A3(420×297) 크기의 용지(트레이싱지)에 수험자가 직접 흑백으로 출력하여 확인하고 제출하시오.

　나. 렌더링 등각 투상도(3D) 제도

　　1) 주어진 문제의 조립도면에 표시된 부품번호(①, ②, ③, ④, ⑤)의 부품을 파라메트릭 솔리드 모델링을 하고, 모양과 윤곽을 알아보기 쉽도록 뚜렷한 음영, 렌더링 처리를 하여 A2 용지에 제도하시오.

　　2) 음영과 렌더링 처리는 예시 그림과 같이 형상이 잘 나타나도록 등각 축 2개를 정해 척도는 NS로 실물의 크기를 고려하여 제도하시오. (단, 형상은 단면하여 표시하지 않습니다)

　　3) 제도 완료 후, 지급된 A3(420×297) 크기의 용지(트레이싱지)에 수험자가 직접 흑백으로 출력하여 확인하고 제출하시오

　　4) 아래의 설계변경 조건에 따라 변경 작업을 실시하시오.

　　　설계 변경할 부품이 변경될 경우 관련 부품 마찬가지로 조건에 맞게 설계 변경되어야 합니다.

　　　설계 변경 사항과 관계된 부분만 변경을 해야하며, 관련없는 부분은 변경하지 말아야 합니다.

> 1. 베어링 6003 → 6203 으로 변경
>
> 2. ① 본체 볼트구멍 4개로 변경
>
> 3. 스퍼기어 잇수 35 로 변경
>
> 4. 축 가장 가운데 폭 18 → 20 으로 변경

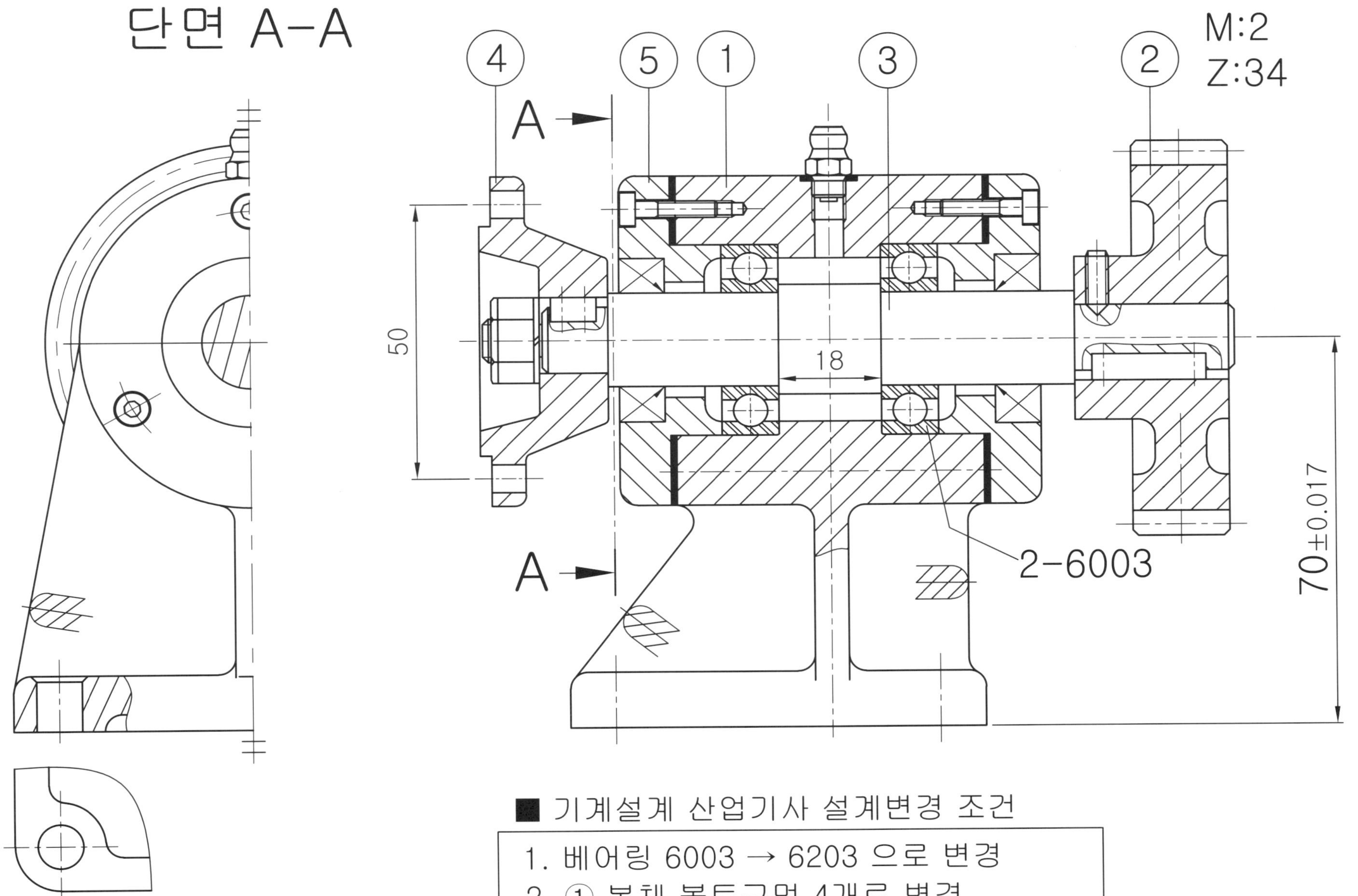

M:2
Z:34

70±0.017

2-6003

단면 A-A

Part 02

작업형 실기 예제 도면

해커스 한번에 합격하는 기계기사·산업기사 작업형 실기 출제 도면집

■ 기계설계 산업기사 설계변경 조건

1. 베어링 6003 → 6203 으로 변경
2. ① 본체 볼트구멍 4개로 변경
3. 스퍼기어 잇수 35 로 변경
4. 축 가장 가운데 폭 18 → 20 으로 변경

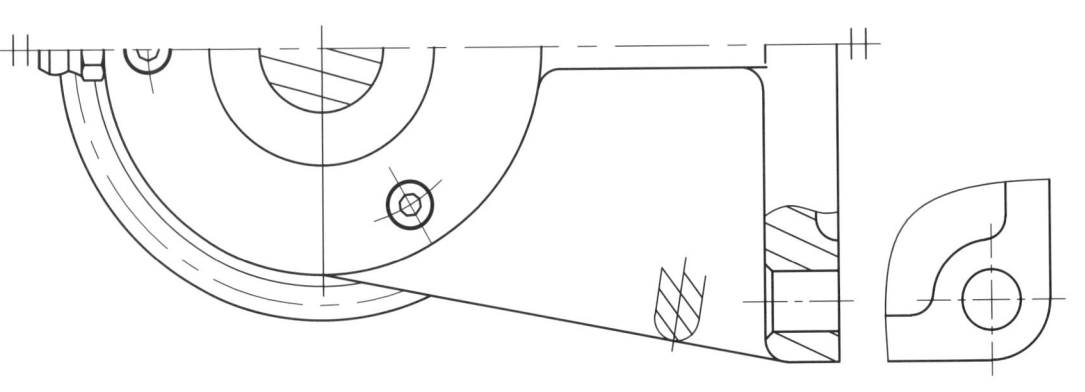

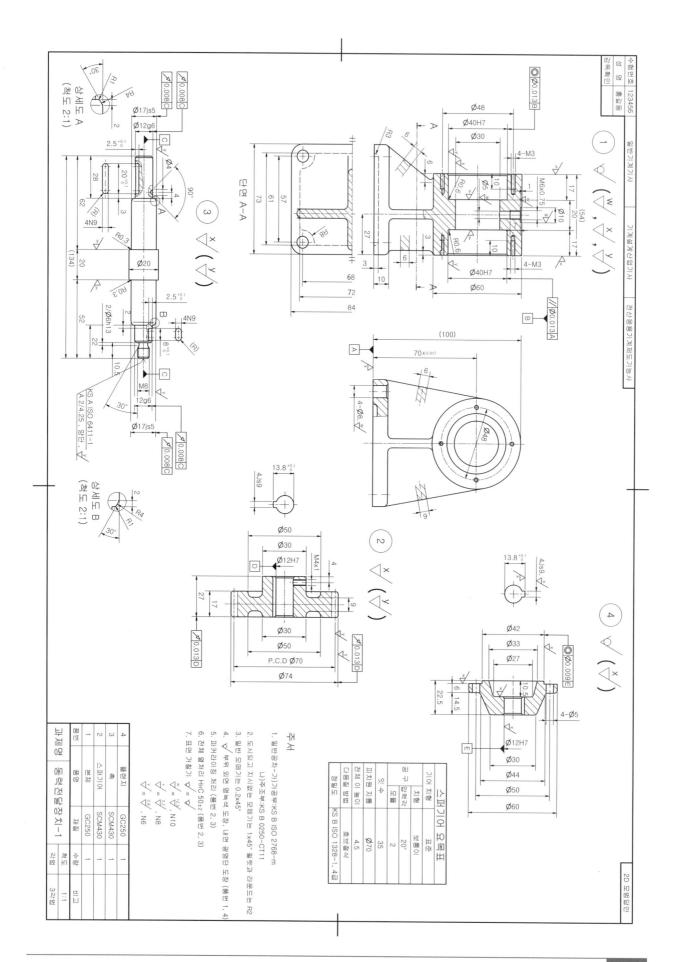

| 품번 | 품명 | 재질 | 수량 | 비고 |
|---|---|---|---|---|
| 5 | 커버 | GC250 | 1 | |
| 4 | 플랜지 | GC250 | 1 | |
| 3 | 축 | SCM430 | 1 | |
| 2 | 스퍼기어 | SCM430 | 1 | |
| 1 | 본체 | GC250 | 1 | |
| 품번 | 품명 | 재질 | 수량 | 비고 |
| 과제명 | 동력전달장치-1 | | 척도 | NS |

| 수험번호 | 12345 | 일반기계기사 | 기계설계산업기사 | 전산응용기계제도기능사 | 3D 모델링인 |
|---|---|---|---|---|---|
| 성명 | | | | | |
| 감독확인 | | | | | |

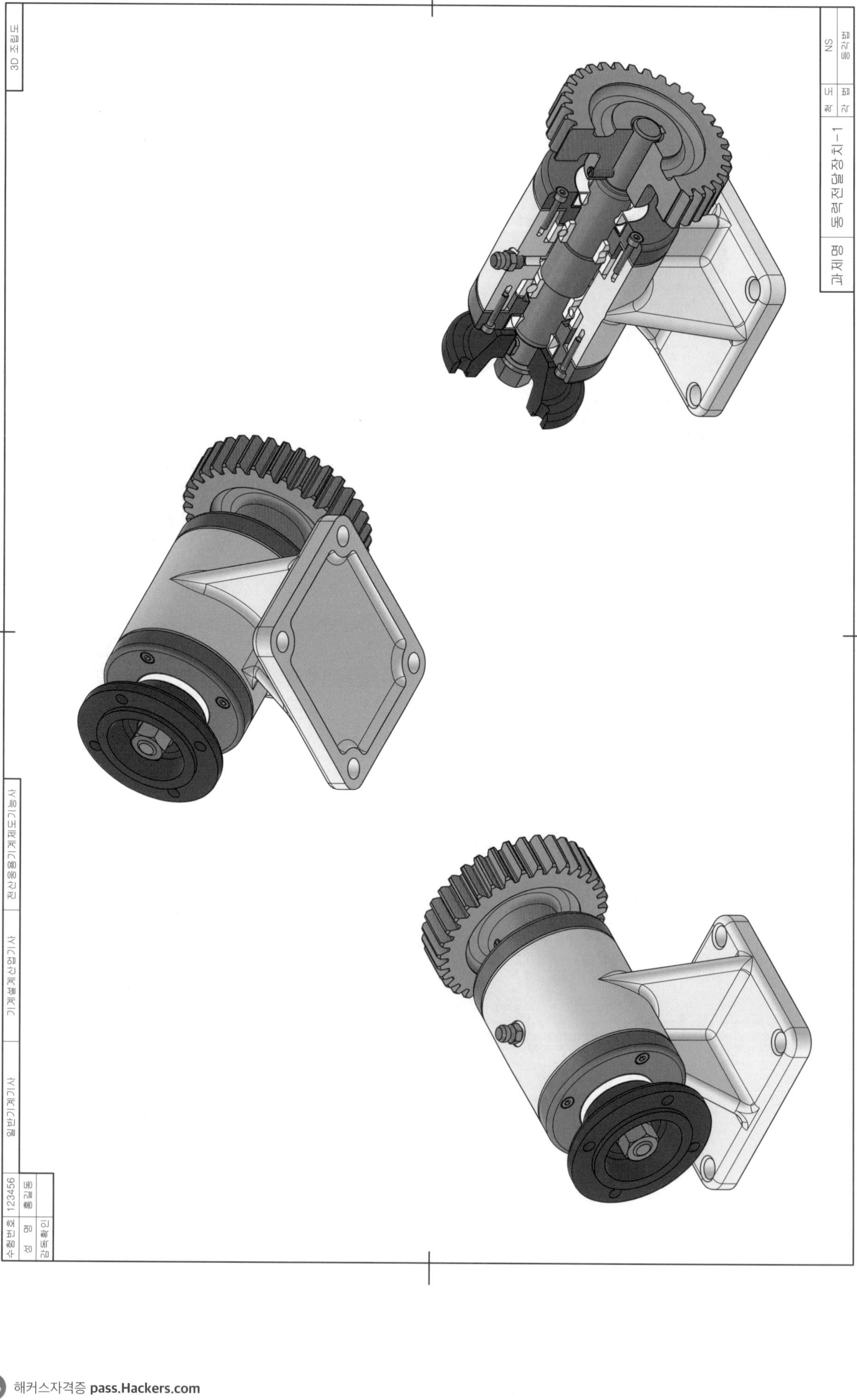

# 11-2 동력전달장치 1 - 전산응용기계제도기능사

## 국가기술자격 실기시험문제 (작업형)

| 종목명 | 전산응용기계제도기능사 | 과제명 | 동력전달 장치 1 |
|---|---|---|---|

※ 문제지는 시험종료 후 반드시 반납하시기 바랍니다.

※ 시험시간: 5시간

1. 요구사항

※ 지급된 재료 및 시설을 사용하여 아래 작업을 완성하시오.

가. 부품도(2D)의 제도

1) 주어진 문제의 조립도면에 표시된 부품번호(①, ②, ③, ④)의 부품도를 CAD 프로그램을 이용하여A2 용지에 척도는 1:1로 하여, 투상법은 제3각법으로 제도하시오.

2) 각 부품들의 형상이 잘 나타나도록 투상도와 단면도 등을 빠짐없이 제도하고, 설계목적에 맞는 기능 및 작동을 할 수 있도록 치수 및 치수공차, 끼워 맞춤 공차와 기하공차 기호, 표면거칠기 기호, 표면처리, 열처리, 주서 등 부품 제작에 필요한 모든 사항을 기입하시오.

3) 제도 완료 후 지급된 A3(420×297) 크기의 용지(트레이싱지)에 수험자가 직접 흑백으로 출력하여 확인하고 제출하시오.

나. 렌더링 등각 투상도(3D) 제도

1) 주어진 문제의 조립도면에 표시된 부품번호(①, ②, ③, ④, ⑤)의 부품을 파라메트릭 솔리드 모델링을 하고, 모양과 윤곽을 알아보기 쉽도록 뚜렷한 음영, 렌더링 처리를 하여 A2 용지에 제도하시오.

2) 음영과 렌더링 처리는 예시 그림과 같이 형상이 잘 나타나도록 등각 축 2개를 정해 척도는 NS로 실물의 크기를 고려하여 제도하시오. (단, 형상은 단면하여 표시하지 않습니다)

3) 제도 완료 후, 지급된 A3(420×297) 크기의 용지(트레이싱지)에 수험자가 직접 흑백으로 출력하여 확인하고 제출하시오

4) 부품란 "비고"에는 모델링한 부품 중 ( ①, ②, ③, ④, ⑤ ) 부품의 질량을 g 단위로 소수점 첫째자리에서 반올림하여 기입하시오.

- 질량은 렌더링 등각 투상도(3D) 부품란의 비고에 기입하며, 반드시 재질과 상관없이 비중을 7.85 로 하여 계산하시기 바랍니다.

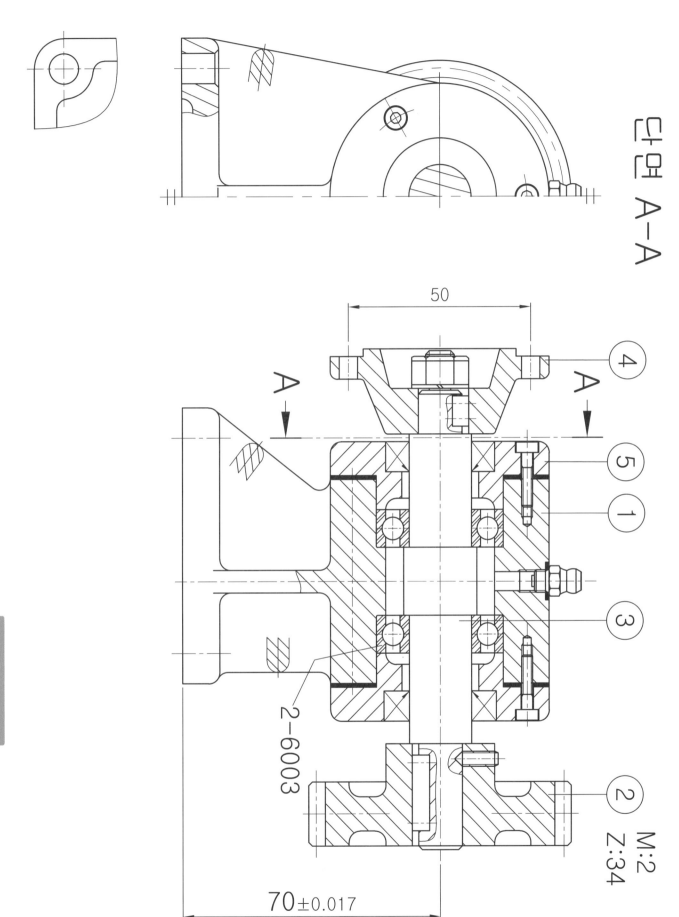

단면 A-A

50

70±0.017

M:2
Z:34

2-6003

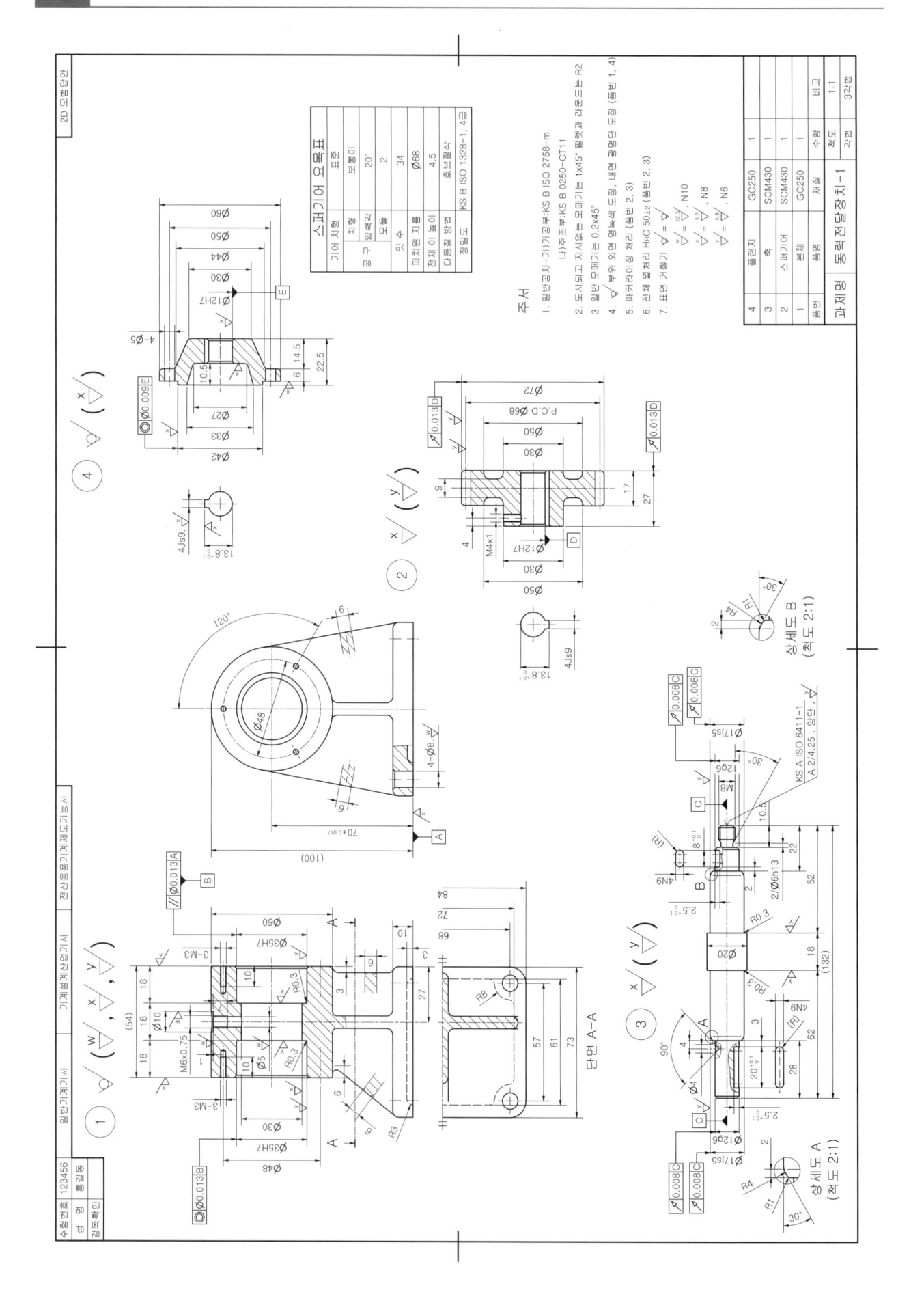

스퍼기어 요목표

| 기어 치형 | | 표준 |
|---|---|---|
| 공 구 | 치형 | 보통이 |
| | 압력각 | 20° |
| | 모듈 | 2 |
| 잇 수 | | 34 |
| 피치원 지름 | | Ø68 |
| 전체 이 높이 | | 4.5 |
| 다듬질 방법 | | 호브절삭 |
| 정밀도 | | KS B ISO 1328-1, 4급 |

주서

1. 일반공차-가) 가공부:KS B ISO 2768-m
   나) 주조부:KS B 0250-CT11
2. 도시되고 지시없는 모깎기는 1x45° 밀링컷과 라운드는 R2
3. 일반 모떼기는 0.2x45°
4. 부위 외면 명녹색 도장, 내면 광명단 도장 (품번 1, 4)
5. 파커라이징 처리 (품번 2, 3)
6. 전체 열처리 HRC 50±2 (품번 2, 3)
7. 표면 거칠기 $\sqrt{}$ = N10
   $\sqrt[w]{}$ = $\frac{12.5}{}$ , N10
   $\sqrt[x]{}$ = $\frac{3.2}{}$ , N8
   $\sqrt[y]{}$ = $\frac{0.8}{}$ , N6

| 4 | 플랜지 | | GC250 | 1 | |
|---|---|---|---|---|---|
| 3 | 축 | | SCM430 | 1 | |
| 2 | 스퍼기어 | | SCM430 | 1 | |
| 1 | 본체 | | GC250 | 1 | |
| 품번 | 품명 | | 재질 | 수량 | 비고 |
| 과제명 | 동력전달장치-1 | | 척도 | 1:1 | |
| | | | 각법 | 3각법 | |

# 11-2 동력전달장치 1 - 전산응용기계제도기능사

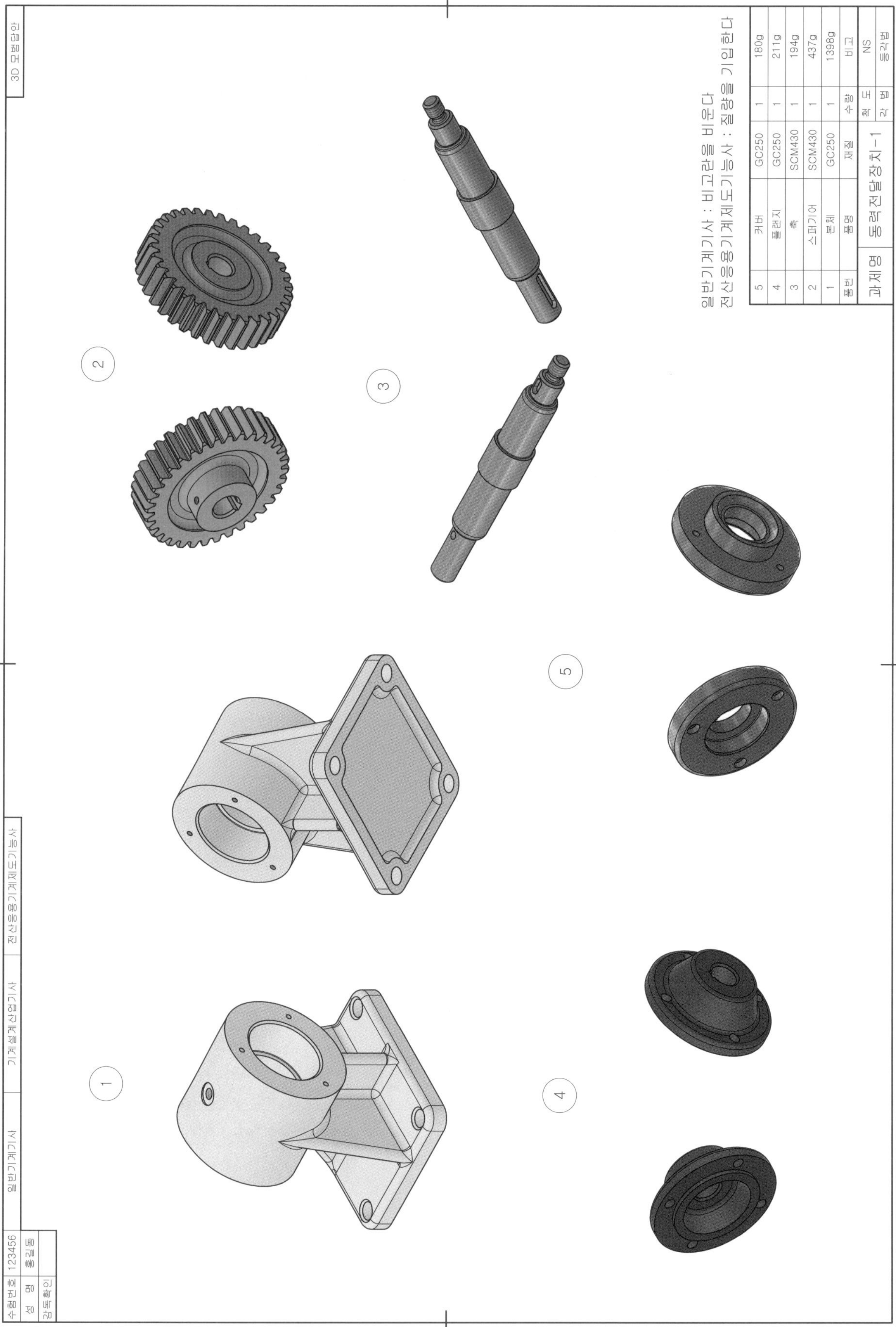

3D 모범답안
일반기계기사
기계설계산업기사
전산응용기계제도기능사
수험번호 123456
성 명 홍길동
감독확인
1
2
3
4
5
일반기계기사 : 비고란을 비운다
전산응용기계제도기능사 : 질량을 기입한다
5 커버 GC250 1 180g
4 플랜지 GC250 1 211g
3 축 SCM430 1 194g
2 스퍼기어 SCM430 1 437g
1 본체 GC250 1 1398g
품번 품명 재질 수량 비고
과제명 동력전달장치-1
척도 NS
각법 등각법

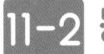

## 11-2 동력전달장치 1 - 전산응용기계제도기능사

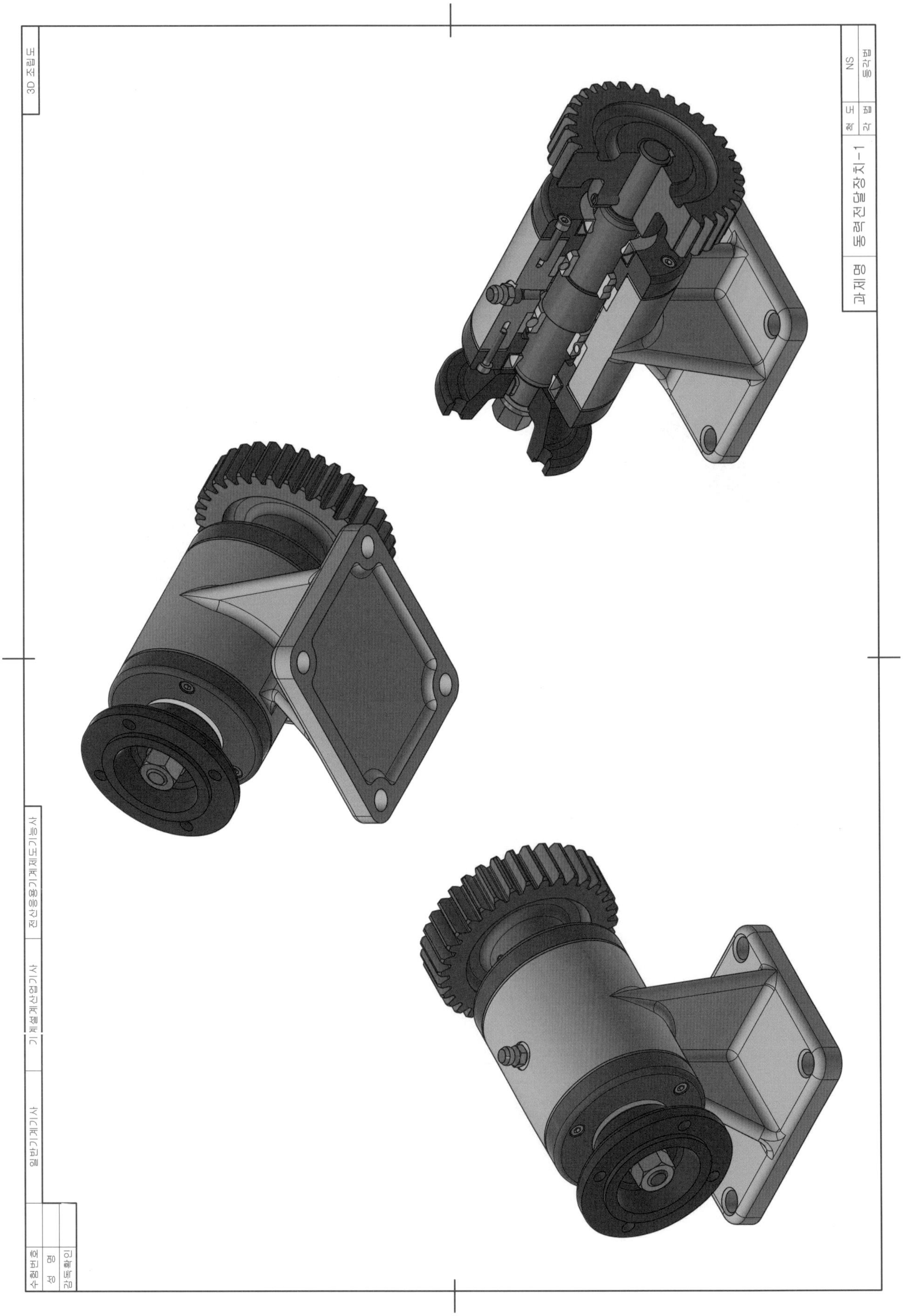
3D 조립도
과제명
동력전달장치-1
척 도
NS
각 법
등각법
수험번호
성 명
감독확인
일반기계기사
기계설계산업기사
전산응용기계제도기능사

# 국가기술자격 실기시험문제 (작업형)

| 종목명 | 일반기계기사, 기계설계산업기사, 전산응용기계제도기능사 | 과제명 | 동력전달 장치 2 |
|---|---|---|---|

※ 문제지는 시험종료 후 반드시 반납하시기 바랍니다.

※ 시험시간: 5시간

**1. 요구사항**

※ 지급된 재료 및 시설을 사용하여 아래 작업을 완성하시오.

　가. 부품도(2D)의 제도

　　1) 주어진 문제의 조립도면에 표시된 부품번호(①, ②, ③, ⑤)의 부품도를 CAD 프로그램을 이용하여 A2 용지에 척도는 1:1로 하여, 투상법은 제3각법으로 제도하시오.

　　2) 각 부품들의 형상이 잘 나타나도록 투상도와 단면도 등을 빠짐없이 제도하고, 설계목적에 맞는 기능 및 작동을 할 수 있도록 치수 및 치수공차, 끼워 맞춤 공차와 기하공차 기호, 표면거칠기 기호, 표면처리, 열처리, 주서 등 부품 제작에 필요한 모든 사항을 기입하시오.

　　3) 제도 완료 후 지급된 A3(420×297) 크기의 용지(트레이싱지)에 수험자가 직접 흑백으로 출력하여 확인하고 제출하시오.

　나. 렌더링 등각 투상도(3D) 제도

　　1) 주어진 문제의 조립도면에 표시된 부품번호(①, ②, ③, ⑤)의 부품을 파라메트릭 솔리드 모델링을 하고, 모양과 윤곽을 알아보기 쉽도록 뚜렷한 음영, 렌더링 처리를 하여 A2 용지에 제도하시오.

　　2) 음영과 렌더링 처리는 예시 그림과 같이 형상이 잘 나타나도록 등각 축 2개를 정해 척도는 NS로 실물의 크기를 고려하여 제도하시오. (단, 형상은 단면하여 표시하지 않습니다)

　　3) 제도 완료 후, 지급된 A3(420×297) 크기의 용지(트레이싱지)에 수험자가 직접 흑백으로 출력하여 확인하고 제출하시오.

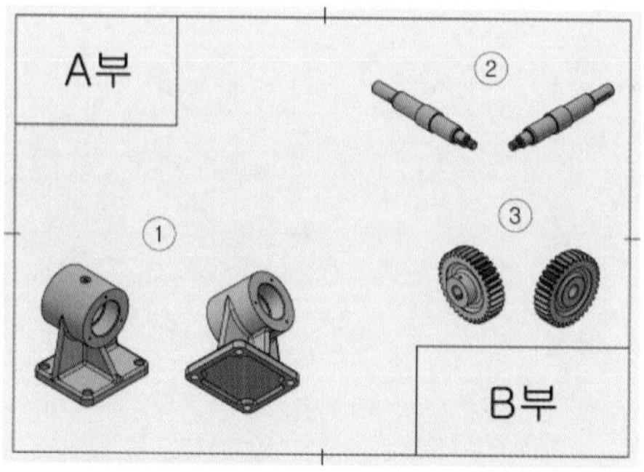

<3D 렌더링 등각 투상도 예시>

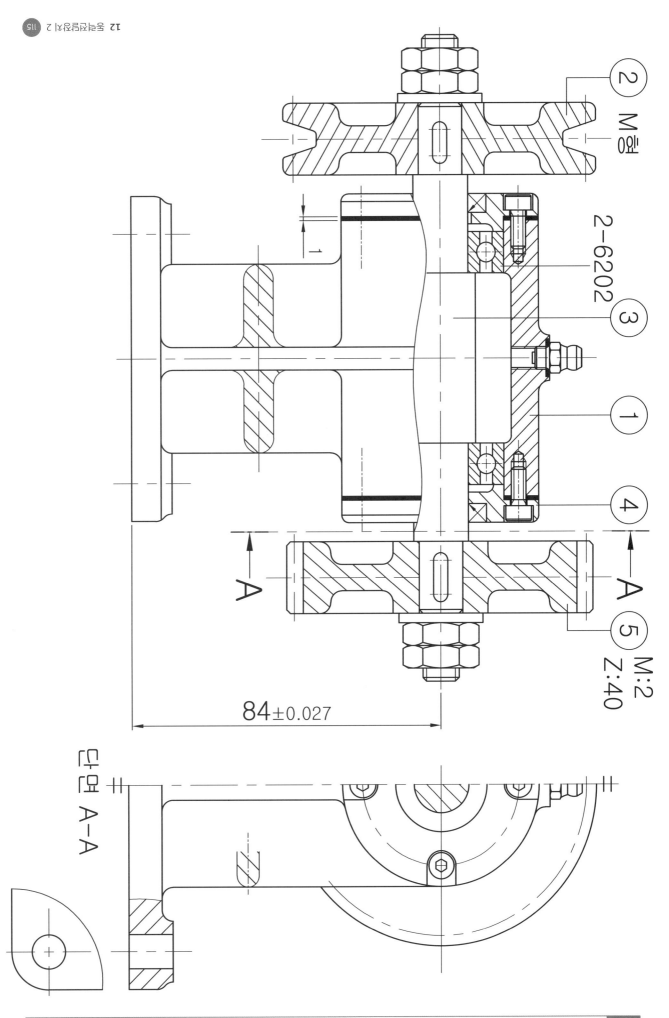

2

M8형

2-6202

3

1

4

A

A

5

M:2

Z:40

84±0.027

단면 A-A

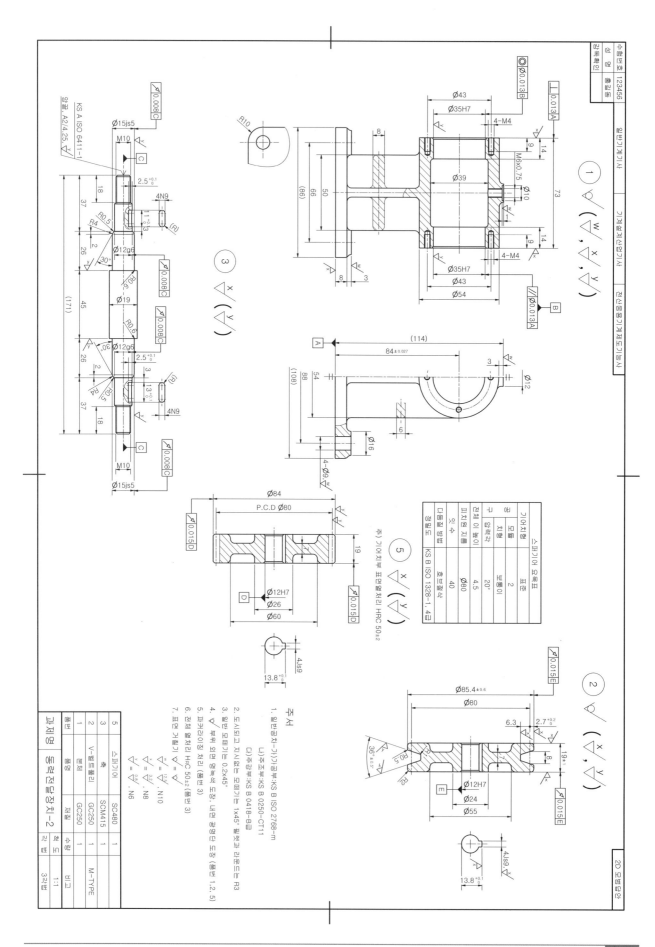

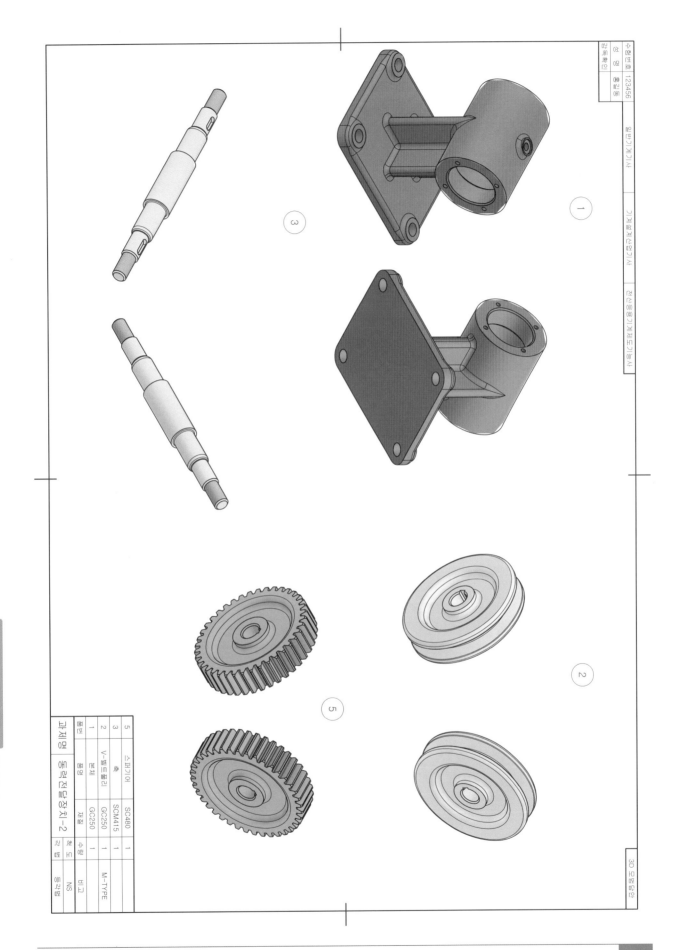

| 품번 | 품명 | 재질 | 수량 | 비고 |
|---|---|---|---|---|
| 5 | 스퍼기어 | SC480 | 1 | |
| 3 | 축 | SCM415 | 1 | NS |
| 2 | V-벨트풀리 | GC250 | 1 | M-TYPE |
| 1 | 본체 | GC250 | 1 | |

| 품번 | 품명 | 재질 | 수량 | 비고 |

과제명 : 동력전달장치-2

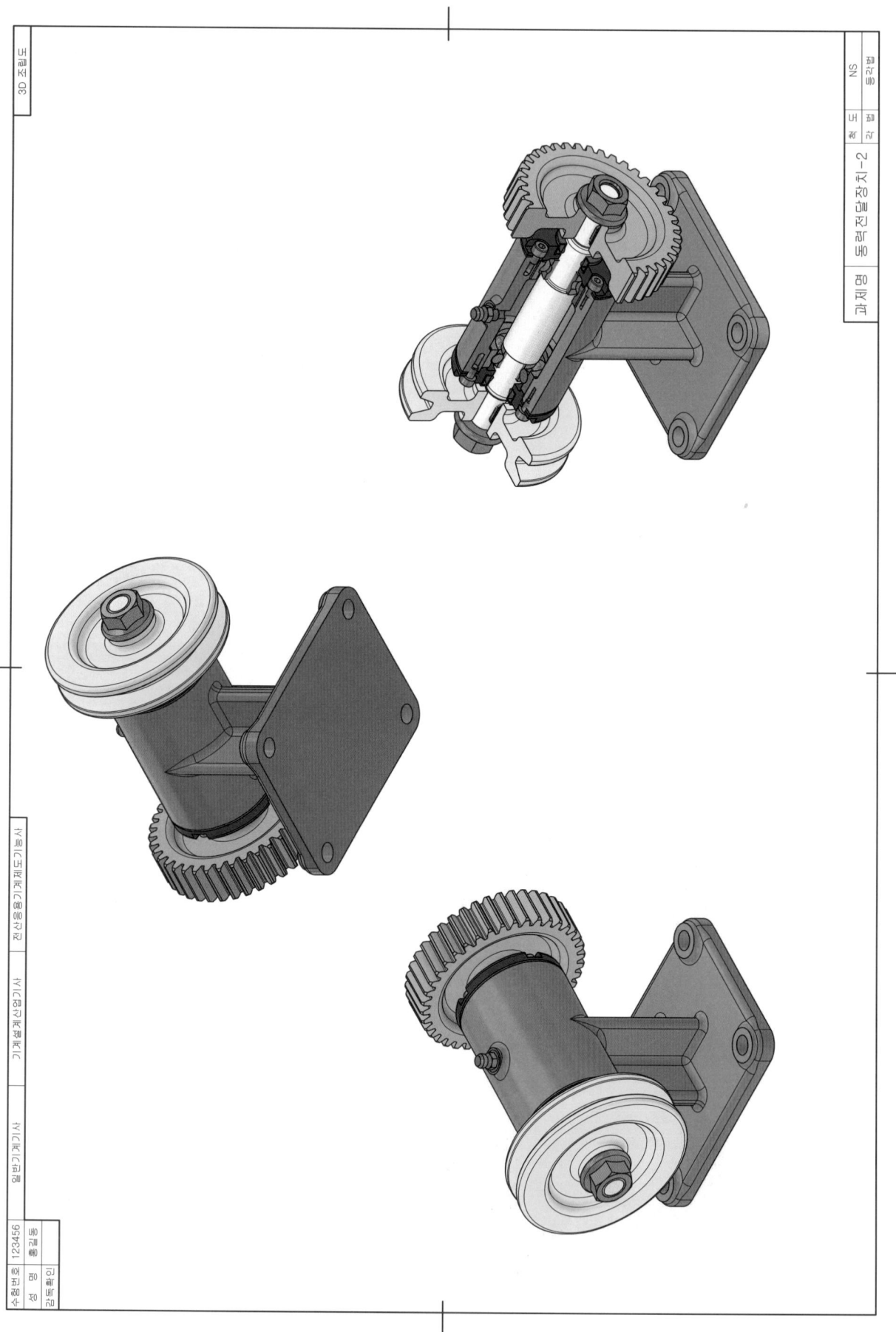

# 국가기술자격 실기시험문제 (작업형)

| 종목명 | 일반기계기사, 기계설계산업기사,<br>전산응용기계제도기능사 | 과제명 | 동력전달<br>장치 3 |
|--------|------|------|------|

※ 문제지는 시험종료 후 반드시 반납하시기 바랍니다.

※ 시험시간: 5시간

1. 요구사항

※ 지급된 재료 및 시설을 사용하여 아래 작업을 완성하시오.

  가. 부품도(2D)의 제도

    1) 주어진 문제의 조립도면에 표시된 부품번호(①, ②, ③, ⑤)의 부품도를 CAD 프로그램을 이용하여 A2 용지에 척도는 1:1로 하여, 투상법은 제3각법으로 제도하시오.

    2) 각 부품들의 형상이 잘 나타나도록 투상도와 단면도 등을 빠짐없이 제도하고, 설계목적에 맞는 기능 및 작동을 할 수 있도록 치수 및 치수공차, 끼워 맞춤 공차와 기하공차 기호, 표면거칠기 기호, 표면처리, 열처리, 주서 등 부품 제작에 필요한 모든 사항을 기입하시오.

    3) 제도 완료 후 지급된 A3(420×297) 크기의 용지(트레이싱지)에 수험자가 직접 흑백으로 출력하여 확인하고 제출하시오.

  나. 렌더링 등각 투상도(3D) 제도

    1) 주어진 문제의 조립도면에 표시된 부품번호(①, ②, ③, ⑤)의 부품을 파라메트릭 솔리드 모델링을 하고, 모양과 윤곽을 알아보기 쉽도록 뚜렷한 음영, 렌더링 처리를 하여 A2 용지에 제도하시오.

    2) 음영과 렌더링 처리는 예시 그림과 같이 형상이 잘 나타나도록 등각 축 2개를 정해 척도는 NS로 실물의 크기를 고려하여 제도하시오. (단, 형상은 단면하여 표시하지 않습니다)

    3) 제도 완료 후, 지급된 A3(420×297) 크기의 용지(트레이싱지)에 수험자가 직접 흑백으로 출력하여 확인하고 제출하시오.

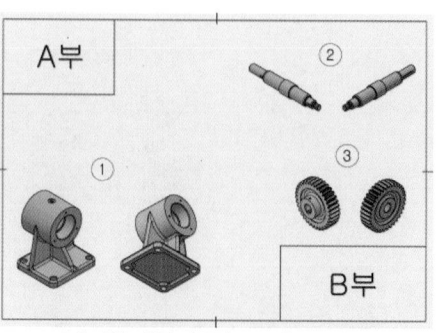

&lt;3D 렌더링 등각 투상도 예시&gt;

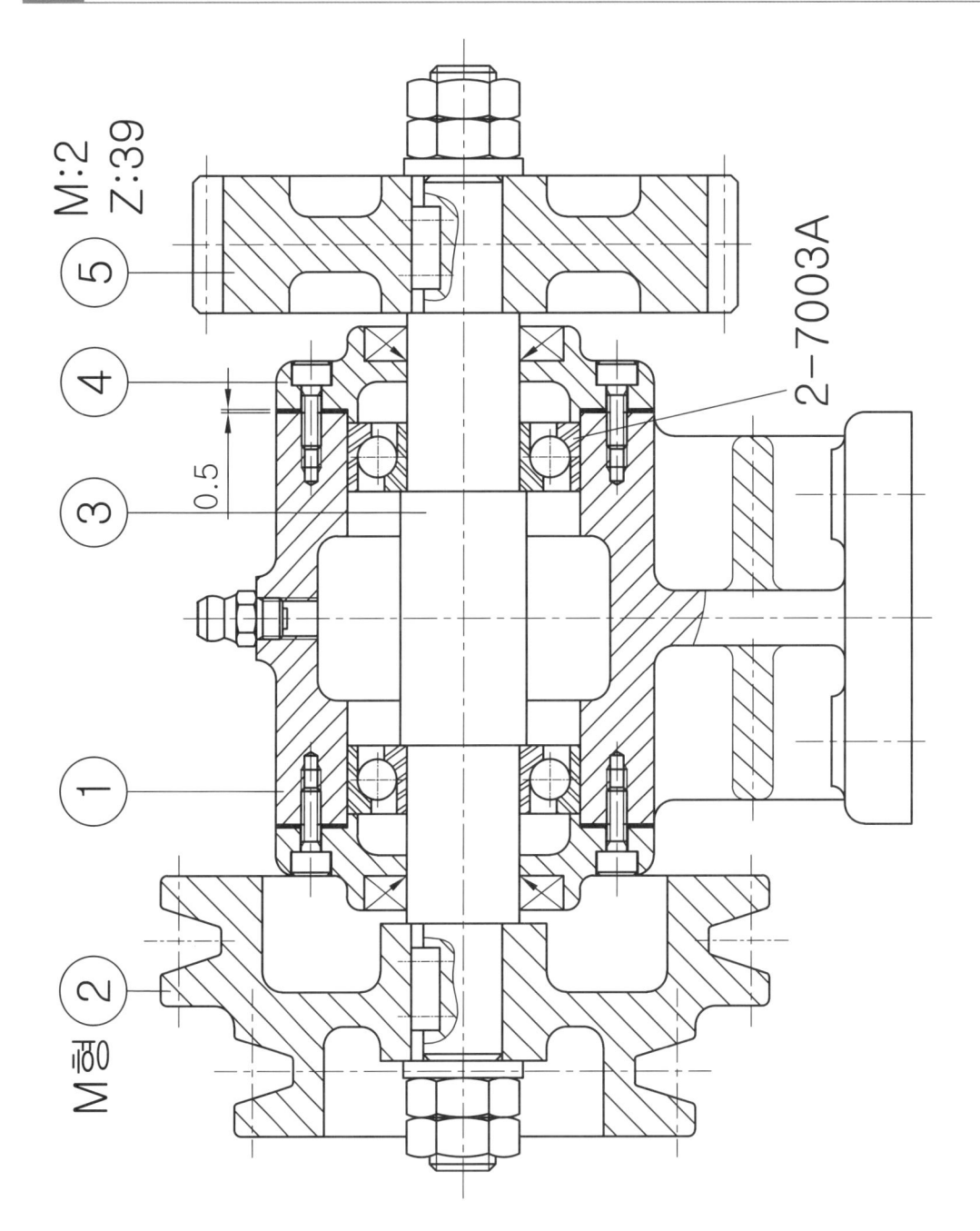

M:2
Z:39

⑤

④

③ 0.5

① ② M형

2-7003A

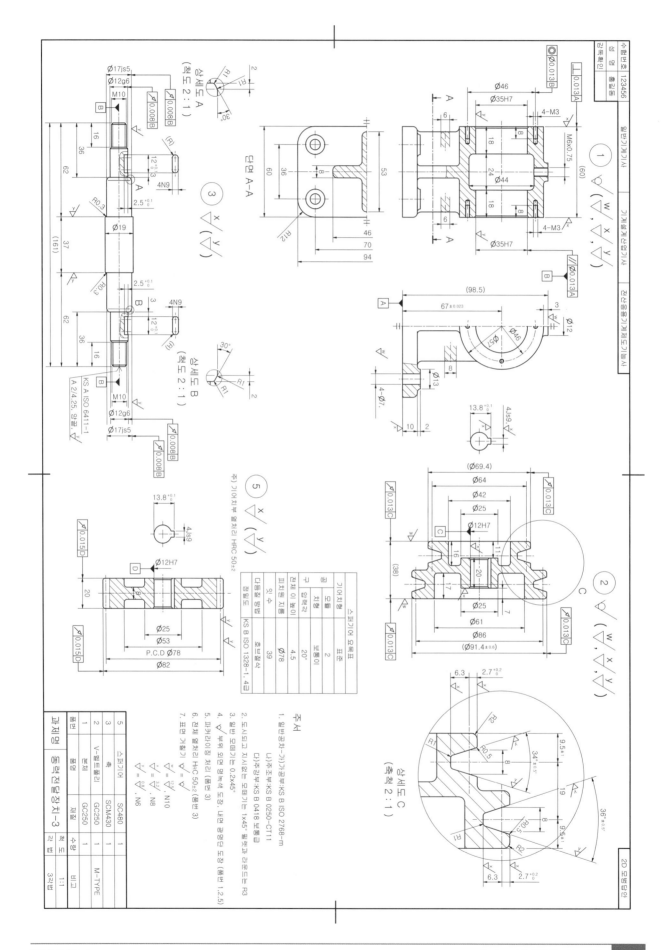

| 5 | 스퍼기어 | SC480 | 1 | |
| 3 | 축 | SCM430 | 1 | |
| 2 | V-벨트풀리 | GC250 | 1 | M-TYPE |
| 1 | 본체 | GC250 | 1 | |
| 품번 | 품명 | 재질 | 수량 | 비고 |
| 과제명 | 동력전달장치-3 | 척도 | NS | 투상법 |

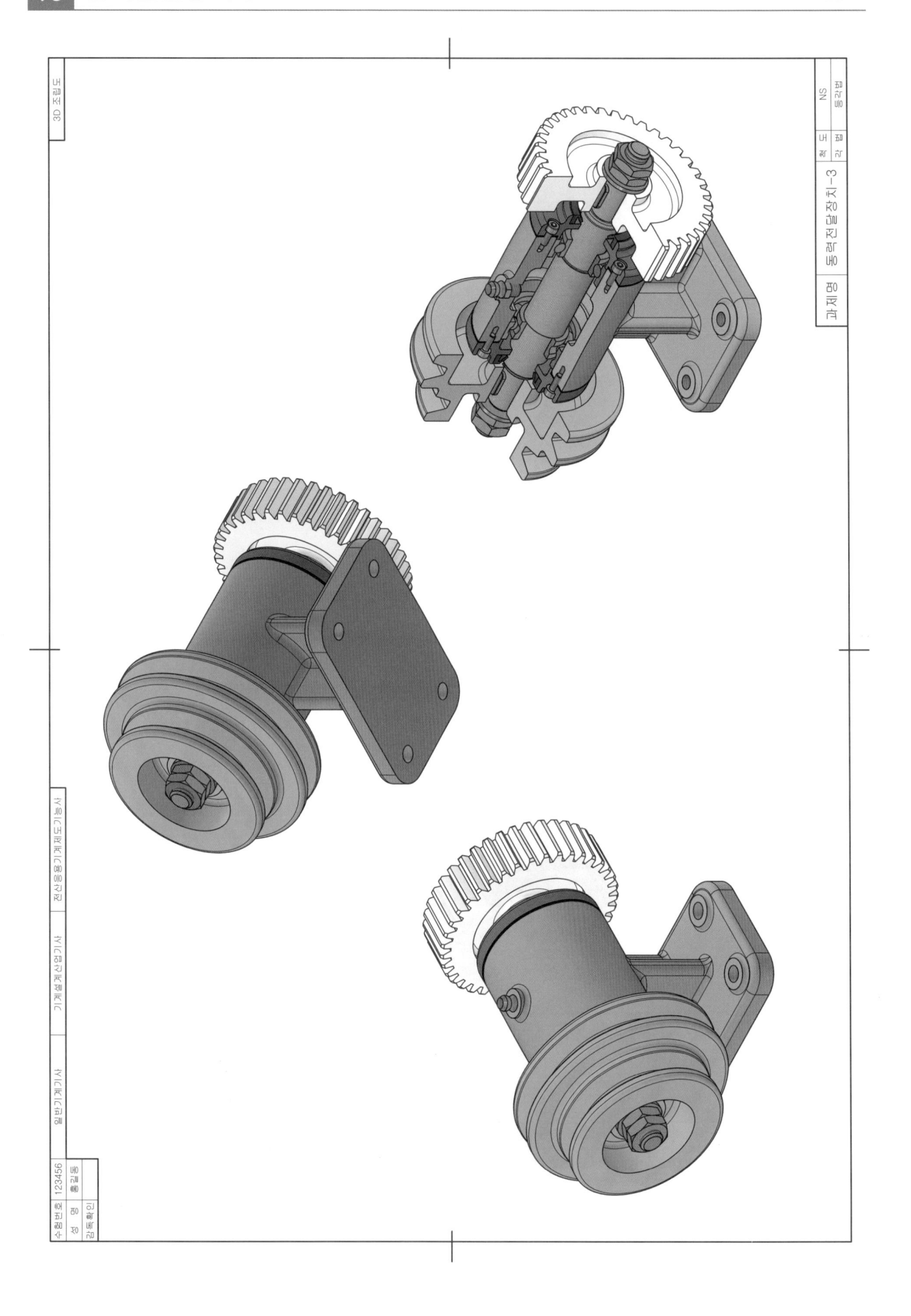

## 국가기술자격 실기시험문제 (작업형)

| 종목명 | 일반기계기사, 기계설계산업기사,<br>전산응용기계제도기능사 | 과제명 | 동력전달<br>장치 4 |
|---|---|---|---|

※ 문제지는 시험종료 후 반드시 반납하시기 바랍니다.

※ 시험시간: 5시간

### 1. 요구사항

※ 지급된 재료 및 시설을 사용하여 아래 작업을 완성하시오.

가. 부품도(2D)의 제도

1) 주어진 문제의 조립도면에 표시된 부품번호(①, ③, ④, ⑤)의 부품도를 CAD 프로그램을 이용하여 A2 용지에 척도는 1:1로 하여, 투상법은 제3각법으로 제도하시오.

2) 각 부품들의 형상이 잘 나타나도록 투상도와 단면도 등을 빠짐없이 제도하고, 설계목적에 맞는 기능 및 작동을 할 수 있도록 치수 및 치수공차, 끼워 맞춤 공차와 기하공차 기호, 표면거칠기 기호, 표면처리, 열처리, 주서 등 부품 제작에 필요한 모든 사항을 기입하시오.

3) 제도 완료 후 지급된 A3(420×297) 크기의 용지(트레이싱지)에 수험자가 직접 흑백으로 출력하여 확인하고 제출하시오.

나. 렌더링 등각 투상도(3D) 제도

1) 주어진 문제의 조립도면에 표시된 부품번호(①, ③, ④, ⑤)의 부품을 파라메트릭 솔리드 모델링을 하고, 모양과 윤곽을 알아보기 쉽도록 뚜렷한 음영, 렌더링 처리를 하여 A2 용지에 제도하시오.

2) 음영과 렌더링 처리는 예시 그림과 같이 형상이 잘 나타나도록 등각 축 2개를 정해 척도는 NS로 실물의 크기를 고려하여 제도하시오. (단, 형상은 단면하여 표시하지 않습니다)

3) 제도 완료 후, 지급된 A3(420×297) 크기의 용지(트레이싱지)에 수험자가 직접 흑백으로 출력하여 확인하고 제출하시오.

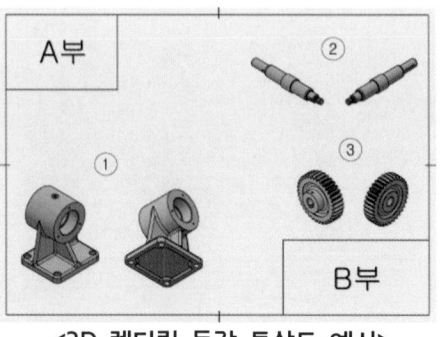

<3D 렌더링 등각 투상도 예시>

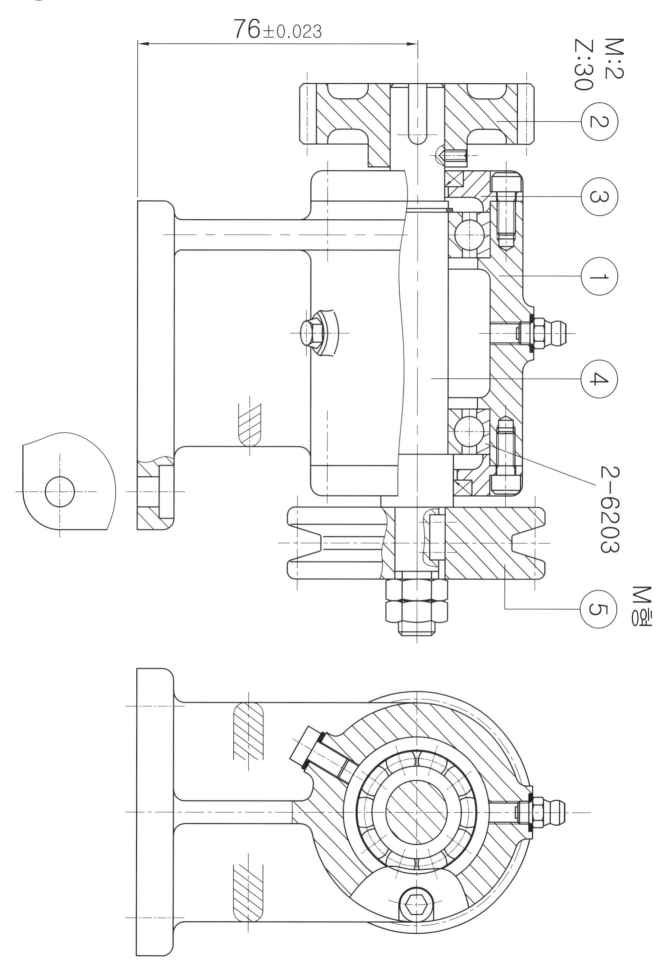

76±0.023

M:2
Z:30

② ③ ① ④

2-6203

⑤ M형

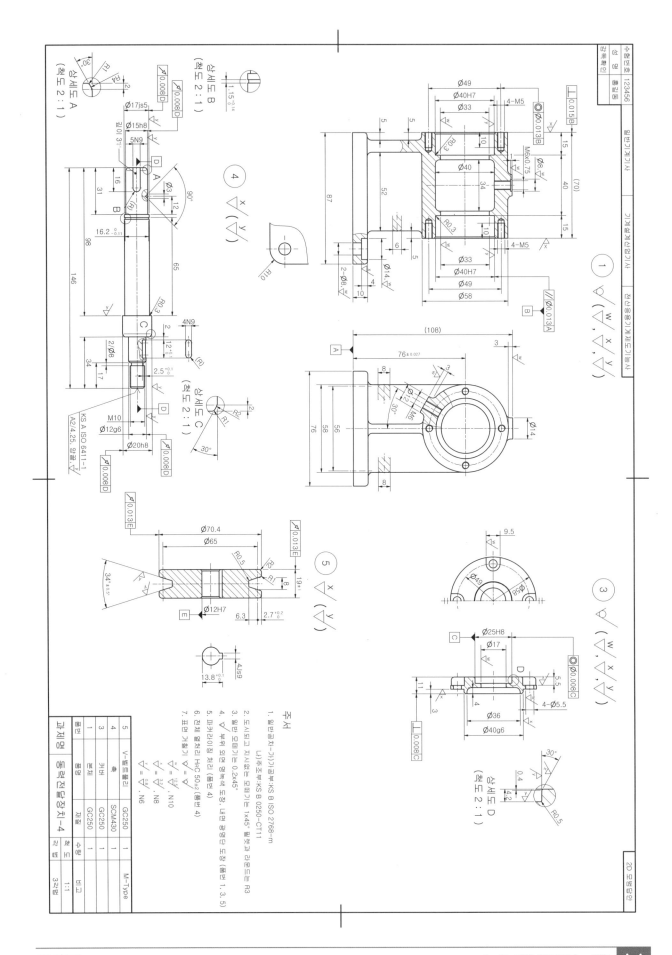

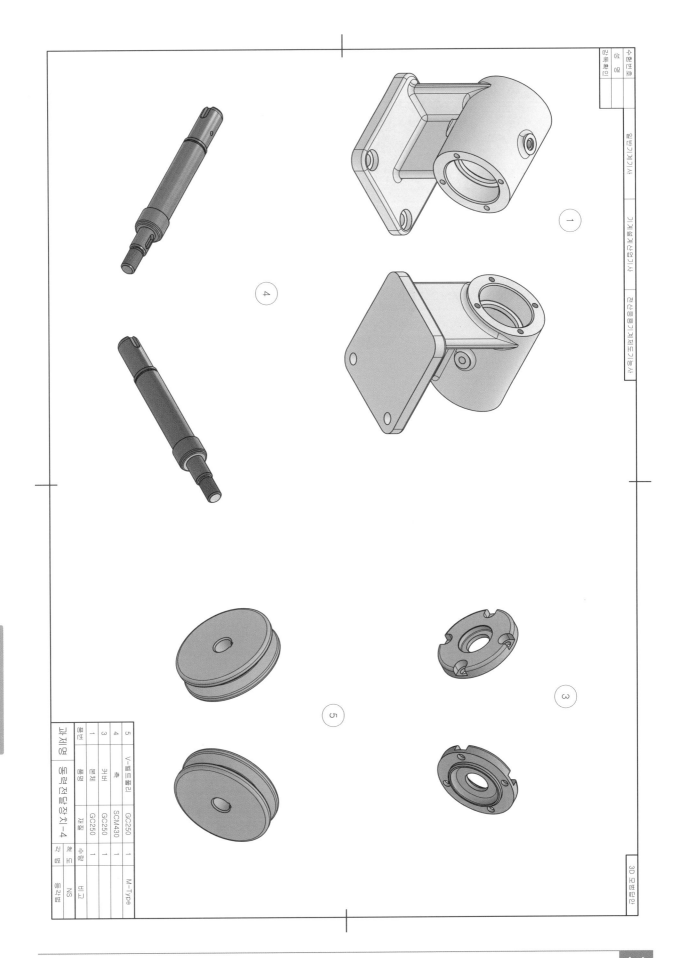

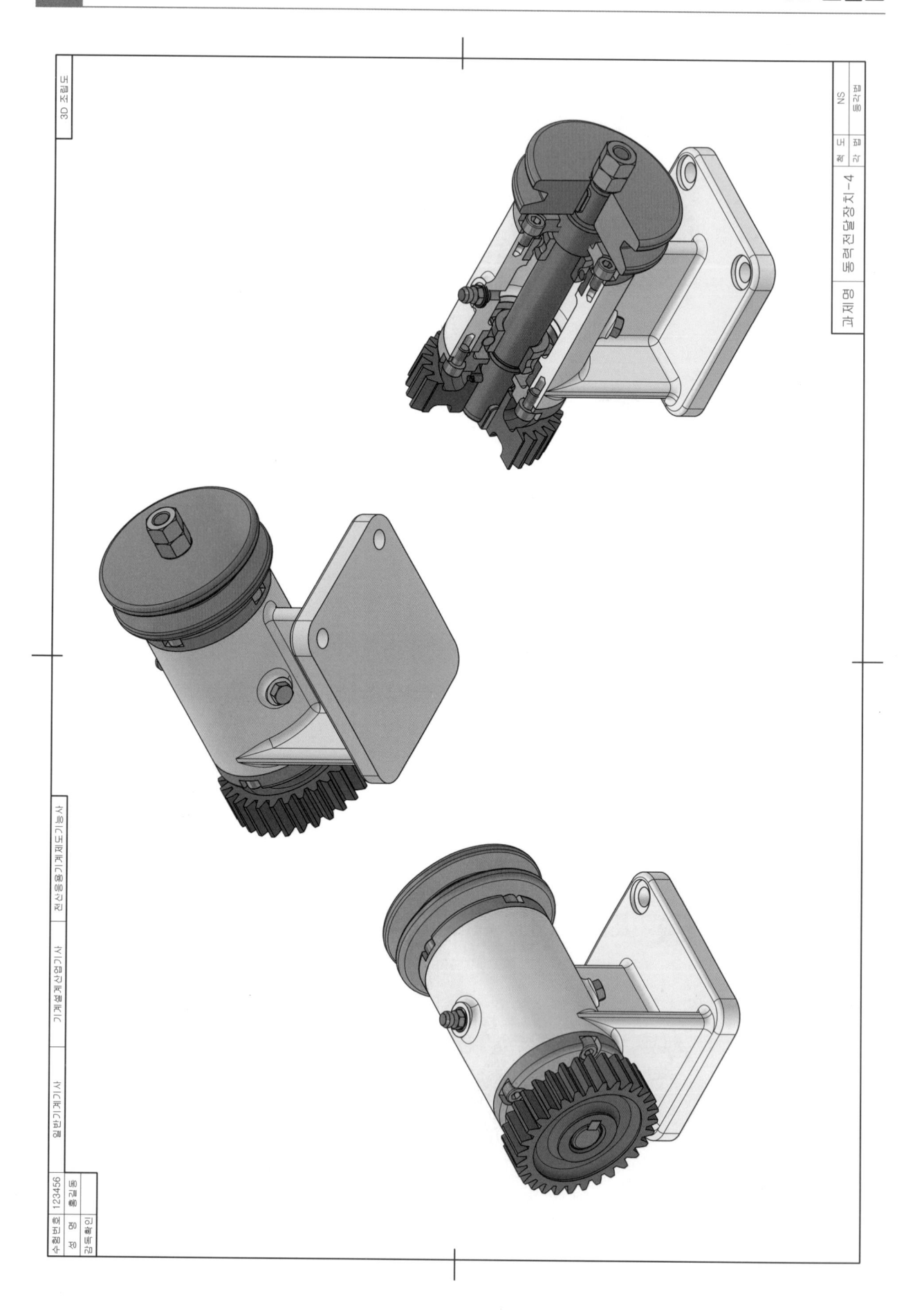

## 국가기술자격 실기시험문제 (작업형)

| 종목명 | 일반기계기사, 기계설계산업기사, 전산응용기계제도기능사 | 과제명 | 동력전달 장치 5 |
|---|---|---|---|

※ 문제지는 시험종료 후 반드시 반납하시기 바랍니다.

※ 시험시간: 5시간

1. 요구사항

※ 지급된 재료 및 시설을 사용하여 아래 작업을 완성하시오.

　가. 부품도(2D)의 제도

　　1) 주어진 문제의 조립도면에 표시된 부품번호(①, ③, ④, ⑤)의 부품도를 CAD 프로그램을 이용하여 A2 용지에 척도는 1:1로 하여, 투상법은 제3각법으로 제도하시오.

　　2) 각 부품들의 형상이 잘 나타나도록 투상도와 단면도 등을 빠짐없이 제도하고, 설계목적에 맞는 기능 및 작동을 할 수 있도록 치수 및 치수공차, 끼워 맞춤 공차와 기하공차 기호, 표면거칠기 기호, 표면처리, 열처리, 주서 등 부품 제작에 필요한 모든 사항을 기입하시오.

　　3) 제도 완료 후 지급된 A3(420×297) 크기의 용지(트레이싱지)에 수험자가 직접 흑백으로 출력하여 확인하고 제출하시오.

　나. 렌더링 등각 투상도(3D) 제도

　　1) 주어진 문제의 조립도면에 표시된 부품번호(①, ③, ④, ⑤)의 부품을 파라메트릭 솔리드 모델링을 하고, 모양과 윤곽을 알아보기 쉽도록 뚜렷한 음영, 렌더링 처리를 하여 A2 용지에 제도하시오.

　　2) 음영과 렌더링 처리는 예시 그림과 같이 형상이 잘 나타나도록 등각 축 2개를 정해 척도는 NS로 실물의 크기를 고려하여 제도하시오. (단, 형상은 단면하여 표시하지 않습니다)

　　3) 제도 완료 후, 지급된 A3(420×297) 크기의 용지(트레이싱지)에 수험자가 직접 흑백으로 출력하여 확인하고 제출하시오.

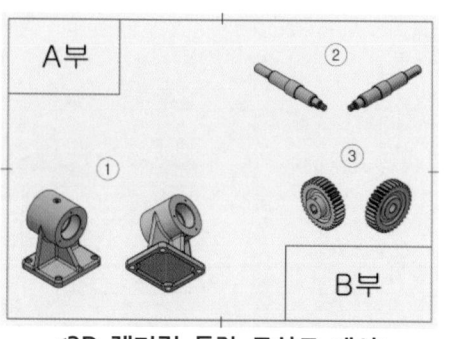

<3D 렌더링 등각 투상도 예시>

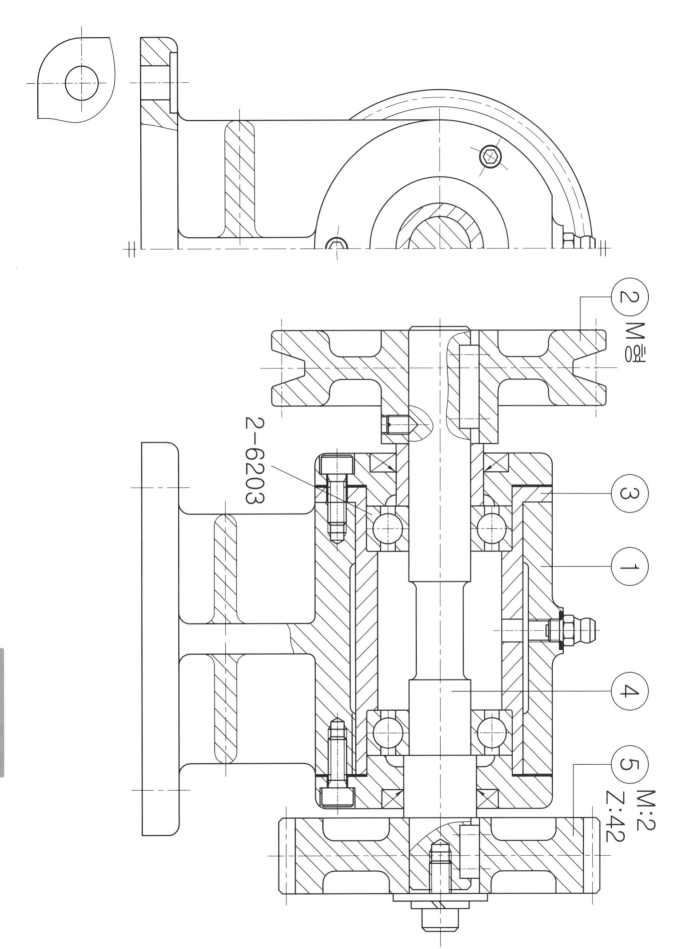

2-6203

M:2
Z:42

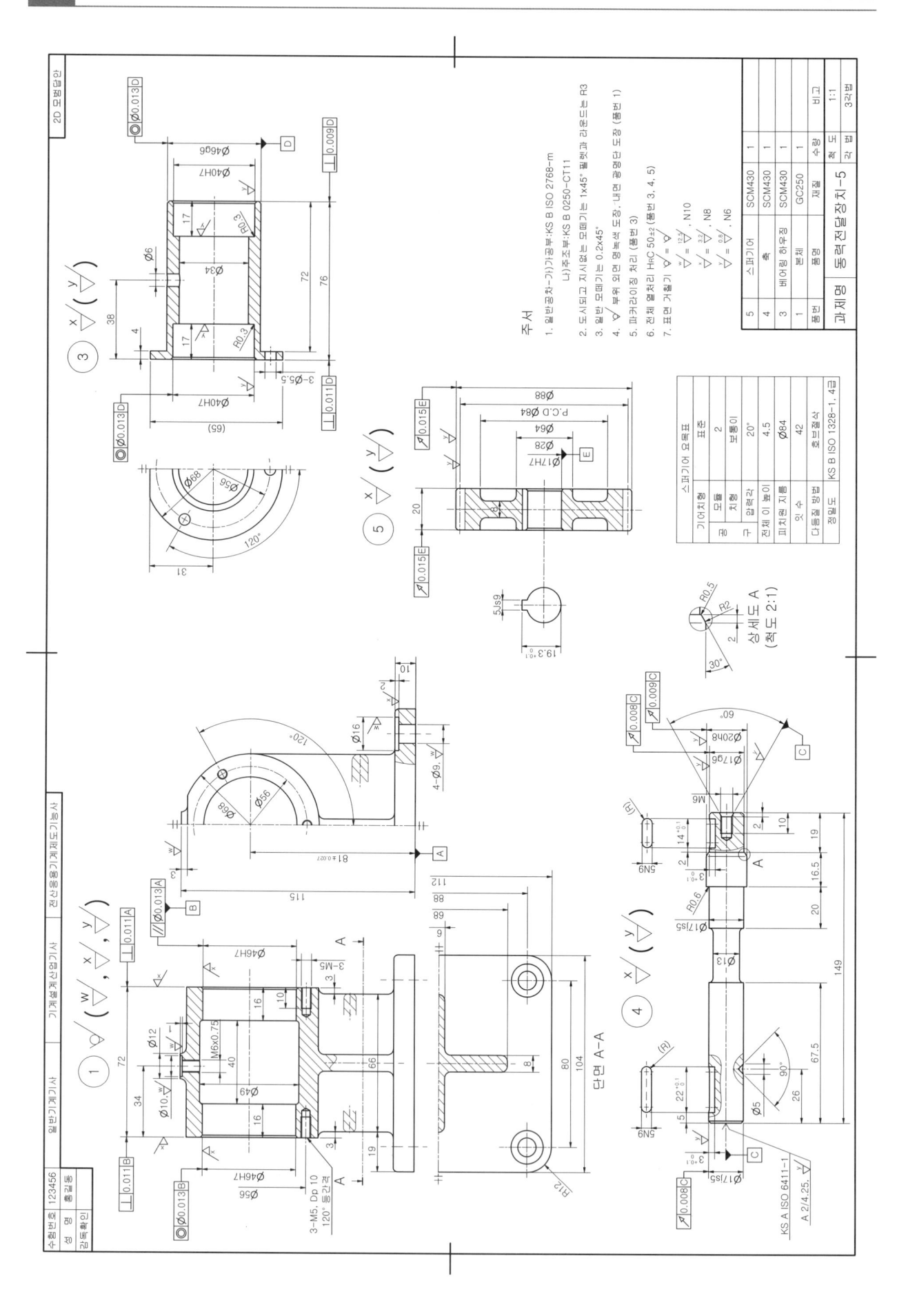

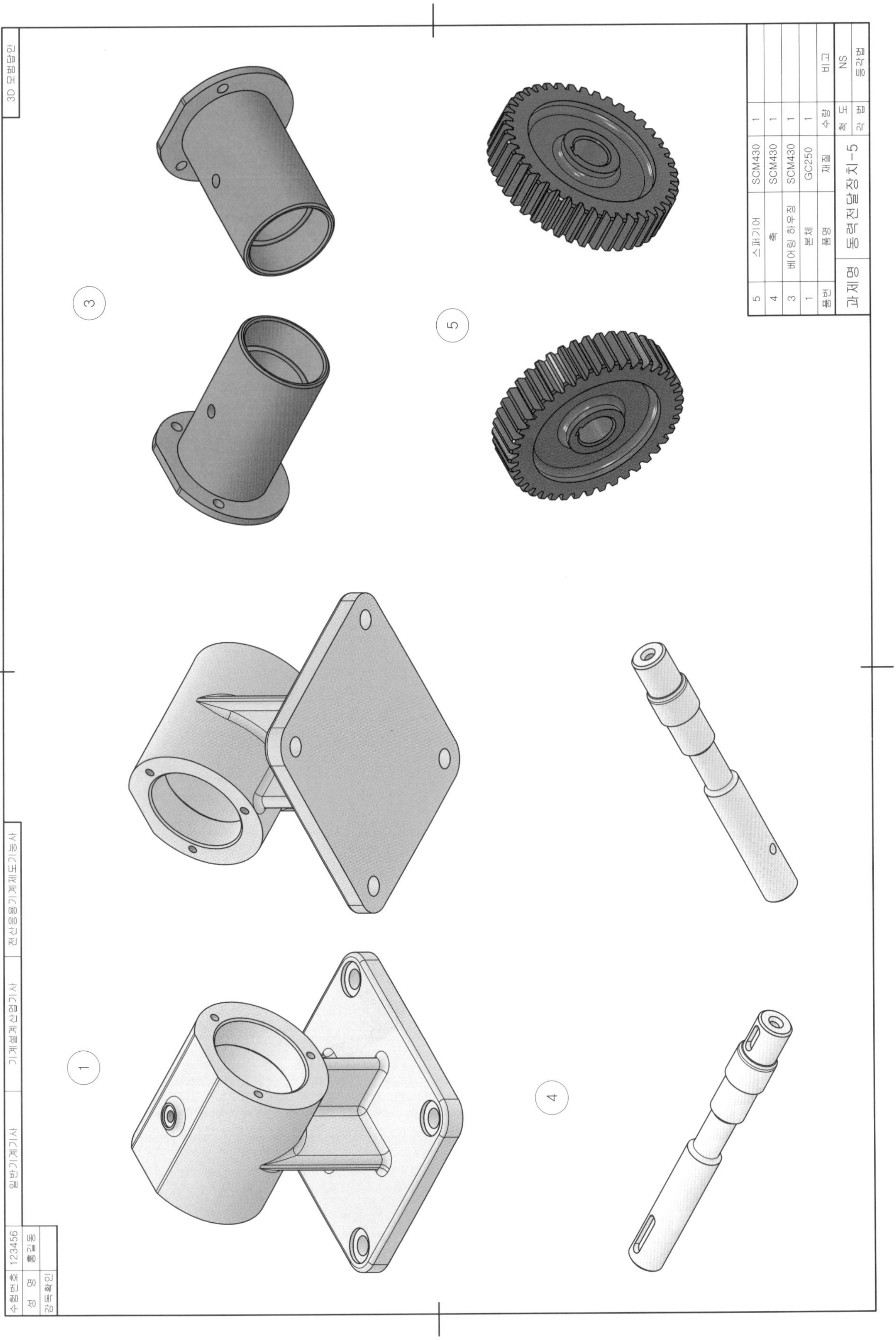

| 품번 | 품명 | 재질 | 수량 | 비고 |
|---|---|---|---|---|
| 1 | 본체 | GC250 | 1 | |
| 3 | 베어링 하우징 | SCM430 | 1 | |
| 4 | 축 | SCM430 | 1 | |
| 5 | 스퍼기어 | SCM430 | 1 | |

동력전달장치-5

척도 NS
각법 3각법

일반기계기사　기계설계산업기사　전산응용기계제도기능사

수험번호 123456　성명 홍길동

3D 모범답안

③　⑤　①　④

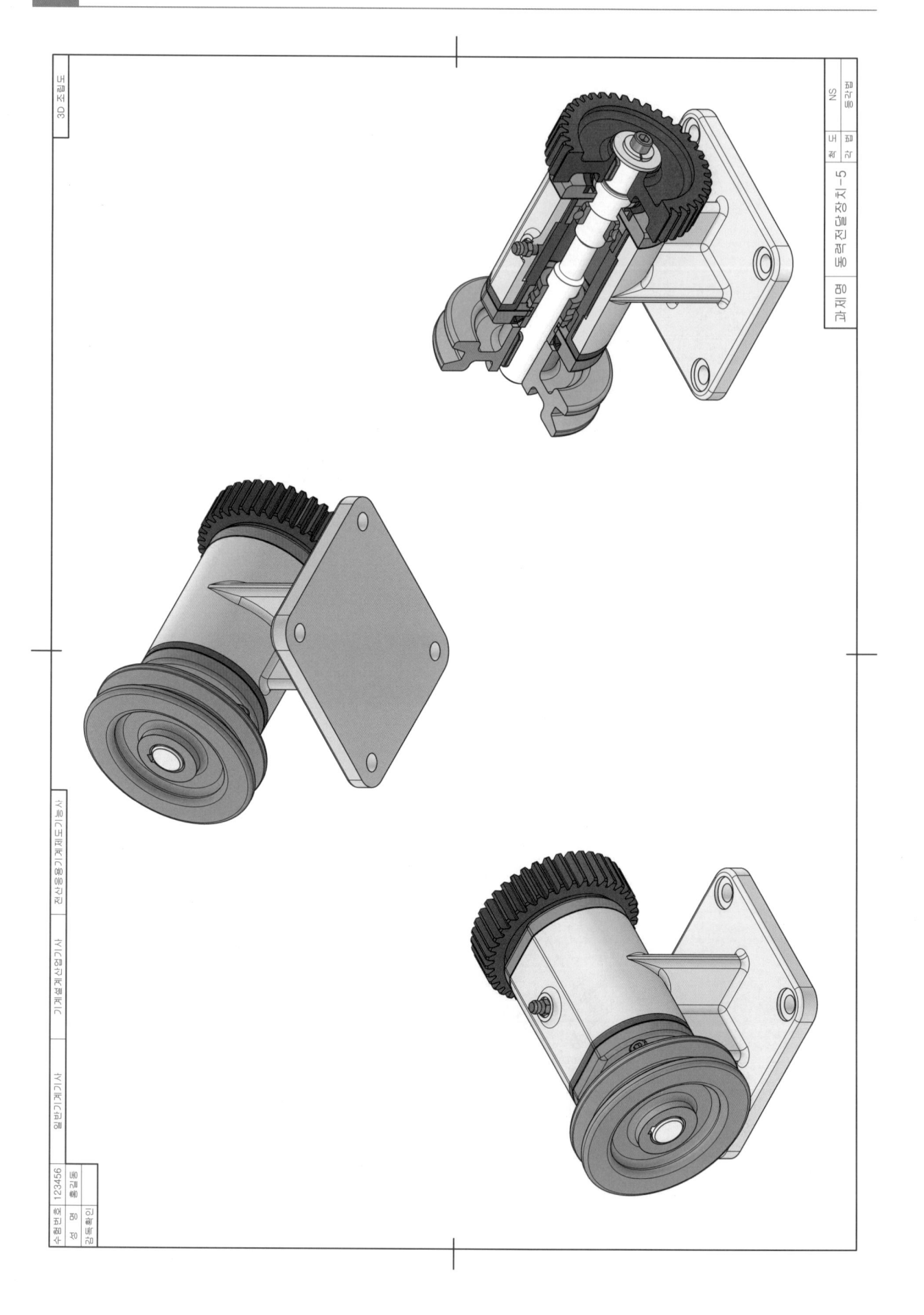

## 국가기술자격 실기시험문제 (작업형)

| 종목명 | 일반기계기사, 기계설계산업기사,<br>전산응용기계제도기능사 | 과제명 | 동력전달<br>장치 6 |
|---|---|---|---|

※ 문제지는 시험종료 후 반드시 반납하시기 바랍니다.

※ 시험시간: 5시간

### 1. 요구사항

※ 지급된 재료 및 시설을 사용하여 아래 작업을 완성하시오.

가. 부품도(2D)의 제도

　1) 주어진 문제의 조립도면에 표시된 부품번호(①, ②, ③, ⑤)의 부품도를 CAD 프로그램을 이용하여 A2 용지에 척도는 1:1로 하여, 투상법은 제3각법으로 제도하시오.

　2) 각 부품들의 형상이 잘 나타나도록 투상도와 단면도 등을 빠짐없이 제도하고, 설계목적에 맞는 기능 및 작동을 할 수 있도록 치수 및 치수공차, 끼워 맞춤 공차와 기하공차 기호, 표면거칠기 기호, 표면처리, 열처리, 주서 등 부품 제작에 필요한 모든 사항을 기입하시오.

　3) 제도 완료 후 지급된 A3(420×297) 크기의 용지(트레이싱지)에 수험자가 직접 흑백으로 출력하여 확인하고 제출하시오.

나. 렌더링 등각 투상도(3D) 제도

　1) 주어진 문제의 조립도면에 표시된 부품번호(①, ②, ③, ⑤)의 부품을 파라메트릭 솔리드 모델링을 하고, 모양과 윤곽을 알아보기 쉽도록 뚜렷한 음영, 렌더링 처리를 하여 A2 용지에 제도하시오.

　2) 음영과 렌더링 처리는 예시 그림과 같이 형상이 잘 나타나도록 등각 축 2개를 정해 척도는 NS로 실물의 크기를 고려하여 제도하시오. (단, 형상은 단면하여 표시하지 않습니다)

　3) 제도 완료 후, 지급된 A3(420×297) 크기의 용지(트레이싱지)에 수험자가 직접 흑백으로 출력하여 확인하고 제출하시오.

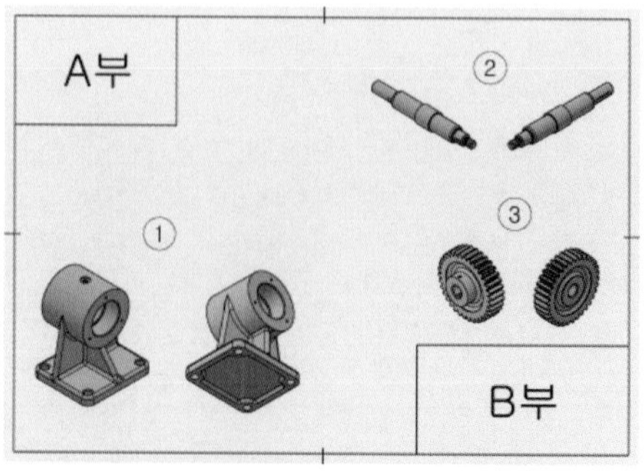

&lt;3D 렌더링 등각 투상도 예시&gt;

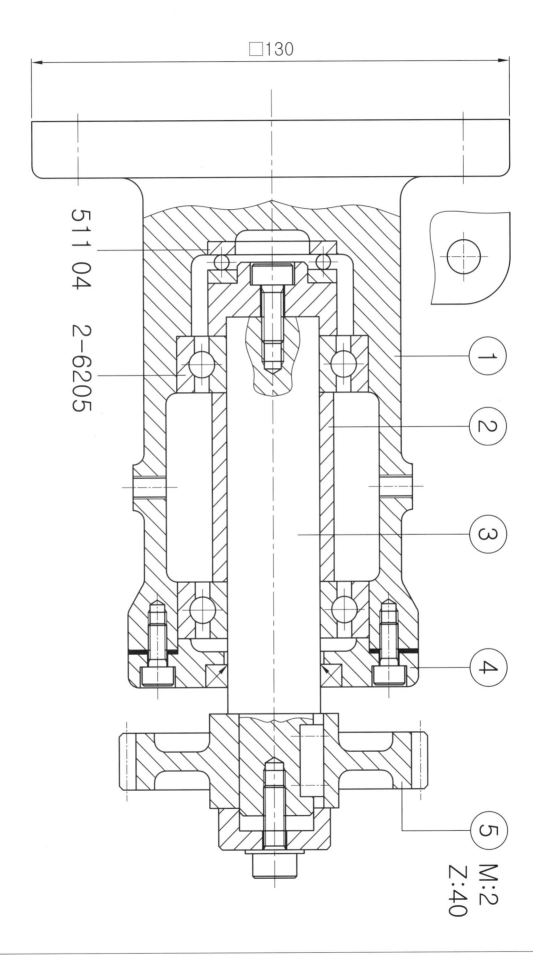

□130

51104    2-6205

1
2
3
4
5

M:2
Z:40

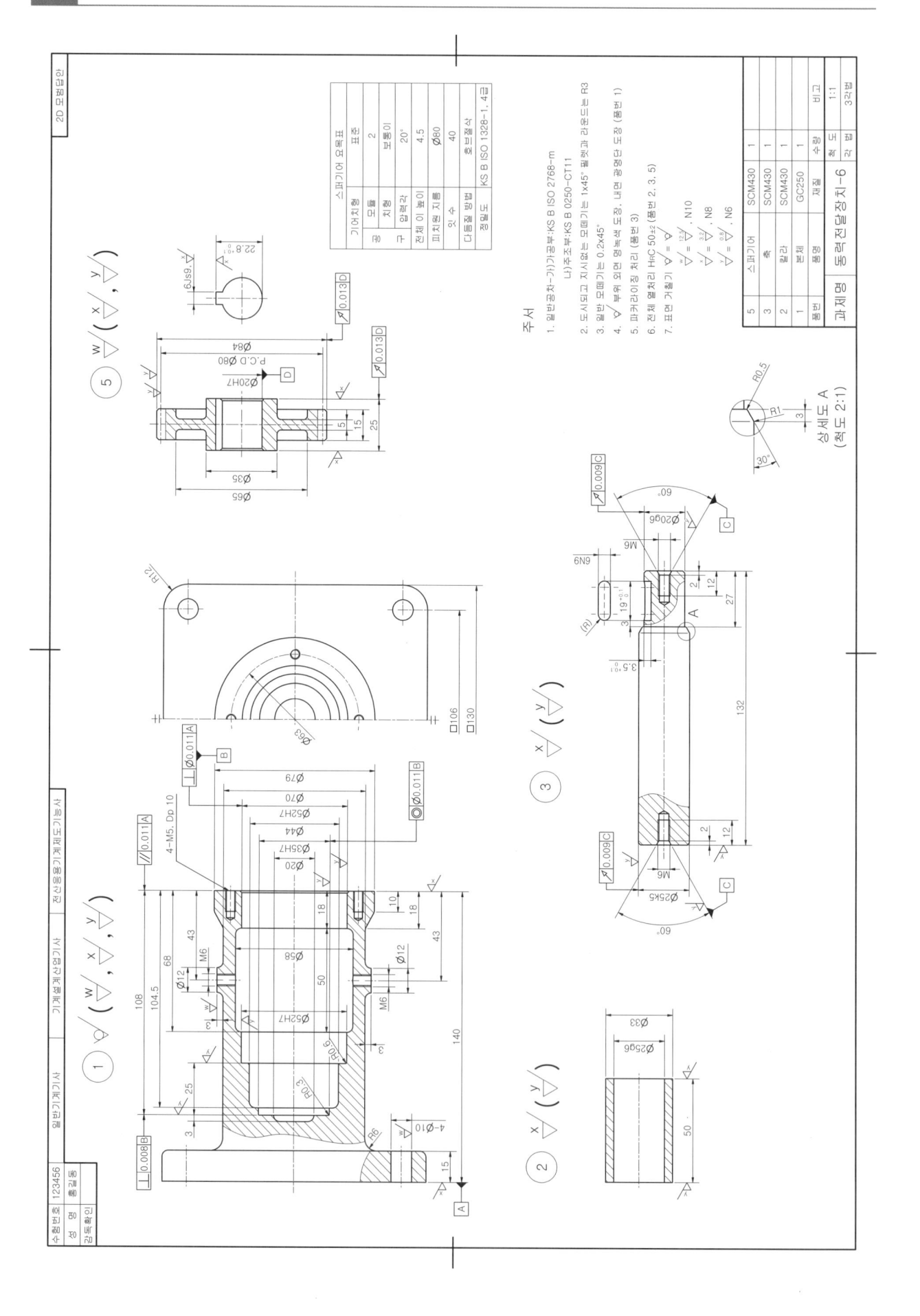

스퍼기어 요목표

| 기어치형 | | 표준 |
|---|---|---|
| | 모듈 | 2 |
| 공구 | 치형 | 보통이 |
| | 압력각 | 20° |
| 전체 이높이 | | 4.5 |
| 피치원 지름 | | Ø80 |
| 잇수 | | 40 |
| 다듬질방법 | | 호브절삭 |
| 정밀도 | | KS B ISO 1328-1, 4급 |

주서

1. 일반공차-가) 가공부:KS B ISO 2768-m
   나) 주조부:KS B 0250-CT11
2. 도시되고 지시없는 모떼기는 1x45° 필렛과 라운드는 R3
3. 일반 모떼기는 0.2x45°
4. ▽부위 외면 명녹색 도장, 내면 광명단 도장 (품번 1)
5. 파커라이징 처리 (품번 3)
6. 전체 열처리 HrC 50±2 (품번 2, 3, 5)
7. 표면 거칠기 ▽ = ▽ , N10
   ▽ = 12.5/, N8
   ▽ = 0.8/, N6

| 품번 | 품명 | 재질 | 수량 | 비고 |
|---|---|---|---|---|
| 5 | 스퍼기어 | SCM430 | 1 | |
| 3 | 축 | SCM430 | 1 | |
| 2 | 칼라 | SCM430 | 1 | |
| 1 | 본체 | GC250 | 1 | |
| 과제명 | 동력전달장치-6 | | | |
| 척도 | 1:1 | | | |
| 각법 | 3각법 | | | |

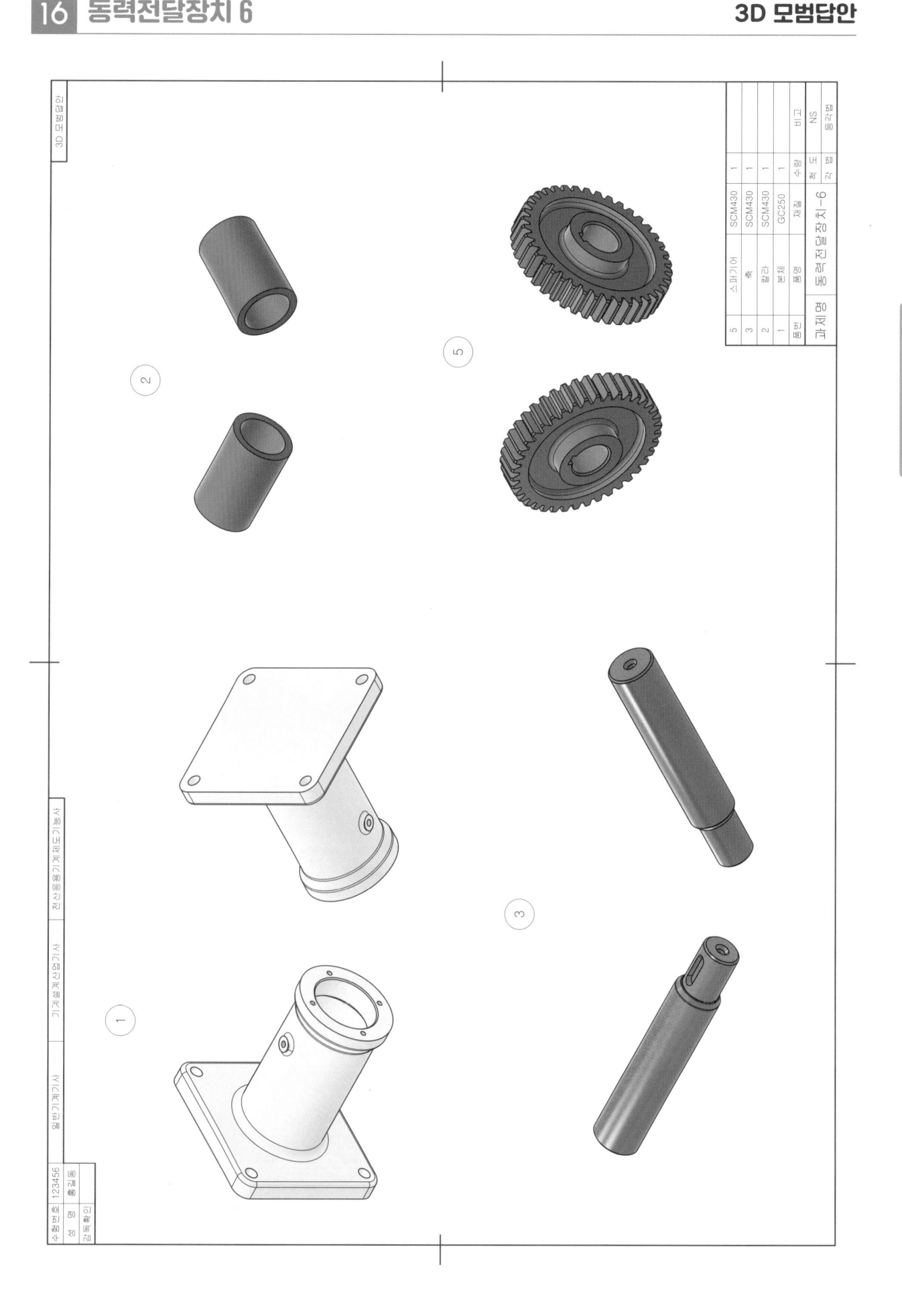

| 품번 | 품명 | 재질 | 수량 | 비고 |
|---|---|---|---|---|
| 1 | 본체 | GC250 | 1 | |
| 2 | 칼라 | SCM430 | 2 | |
| 3 | 축 | SCM430 | 1 | |
| 5 | 스퍼기어 | SCM430 | 1 | |

동력전달장치-6 | 척도 | NS
품 | 판번호

3D 모범답안

전산응용기계제도기능사 | 기계설계산업기사 | 일반기계기사

수험번호 123456 | 성명 | 감독위원 확인

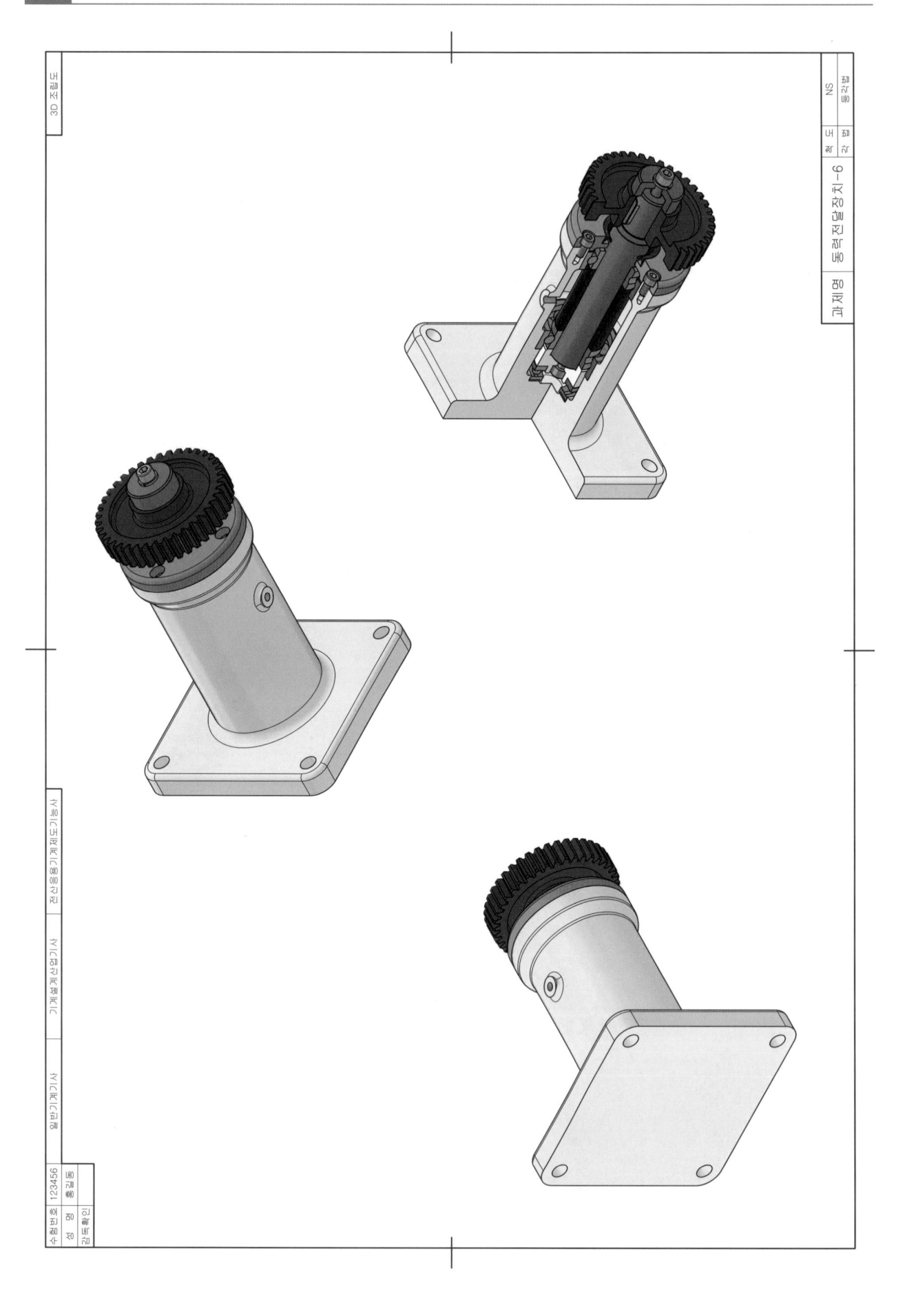

## 국가기술자격 실기시험문제 (작업형)

| 종목명 | 일반기계기사, 기계설계산업기사, 전산응용기계제도기능사 | 과제명 | 동력전달 장치 7 |
|---|---|---|---|

※ 문제지는 시험종료 후 반드시 반납하시기 바랍니다.

※ 시험시간: 5시간

### 1. 요구사항

※ 지급된 재료 및 시설을 사용하여 아래 작업을 완성하시오.

  **가. 부품도(2D)의 제도**

    1) 주어진 문제의 조립도면에 표시된 부품번호(①, ②, ③, ⑤)의 부품도를 CAD 프로그램을 이용하여 A2 용지에 척도는 1:1로 하여, 투상법은 제3각법으로 제도하시오.

    2) 각 부품들의 형상이 잘 나타나도록 투상도와 단면도 등을 빠짐없이 제도하고, 설계목적에 맞는 기능 및 작동을 할 수 있도록 치수 및 치수공차, 끼워 맞춤 공차와 기하공차 기호, 표면거칠기 기호, 표면처리, 열처리, 주서 등 부품 제작에 필요한 모든 사항을 기입하시오.

    3) 제도 완료 후 지급된 A3(420×297) 크기의 용지(트레이싱지)에 수험자가 직접 흑백으로 출력하여 확인하고 제출하시오.

  **나. 렌더링 등각 투상도(3D) 제도**

    1) 주어진 문제의 조립도면에 표시된 부품번호(①, ②, ③, ⑤)의 부품을 파라메트릭 솔리드 모델링을 하고, 모양과 윤곽을 알아보기 쉽도록 뚜렷한 음영, 렌더링 처리를 하여 A2 용지에 제도하시오.

    2) 음영과 렌더링 처리는 예시 그림과 같이 형상이 잘 나타나도록 등각 축 2개를 정해 척도는 NS로 실물의 크기를 고려하여 제도하시오. (단, 형상은 단면하여 표시하지 않습니다)

    3) 제도 완료 후, 지급된 A3(420×297) 크기의 용지(트레이싱지)에 수험자가 직접 흑백으로 출력하여 확인하고 제출하시오.

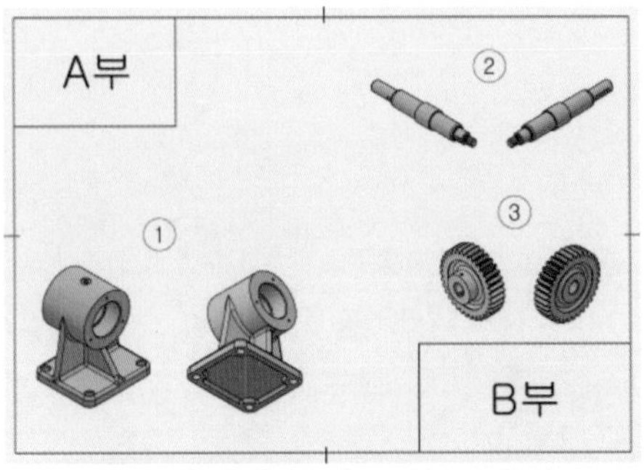

<3D 렌더링 등각 투상도 예시>

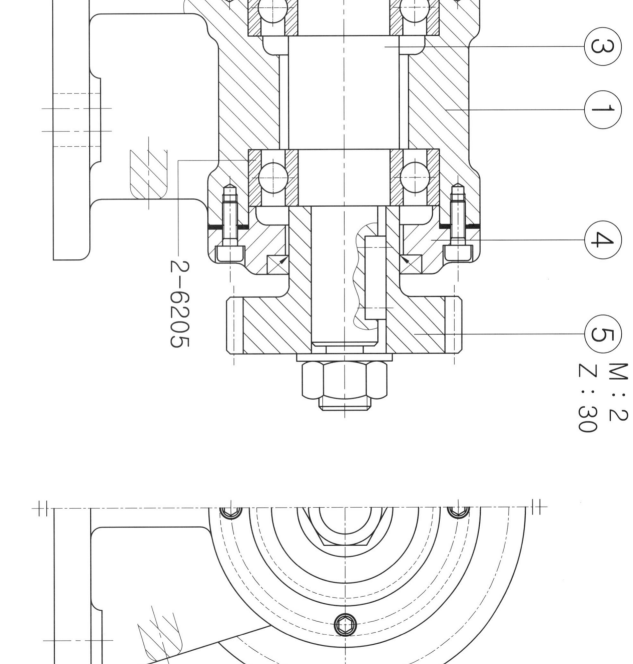

2-6205

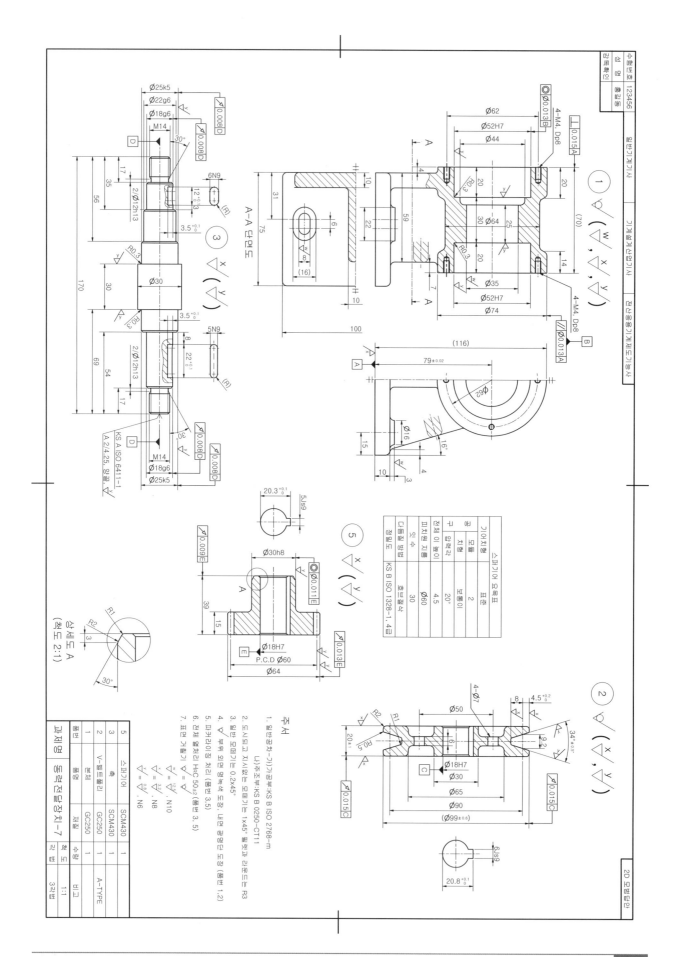

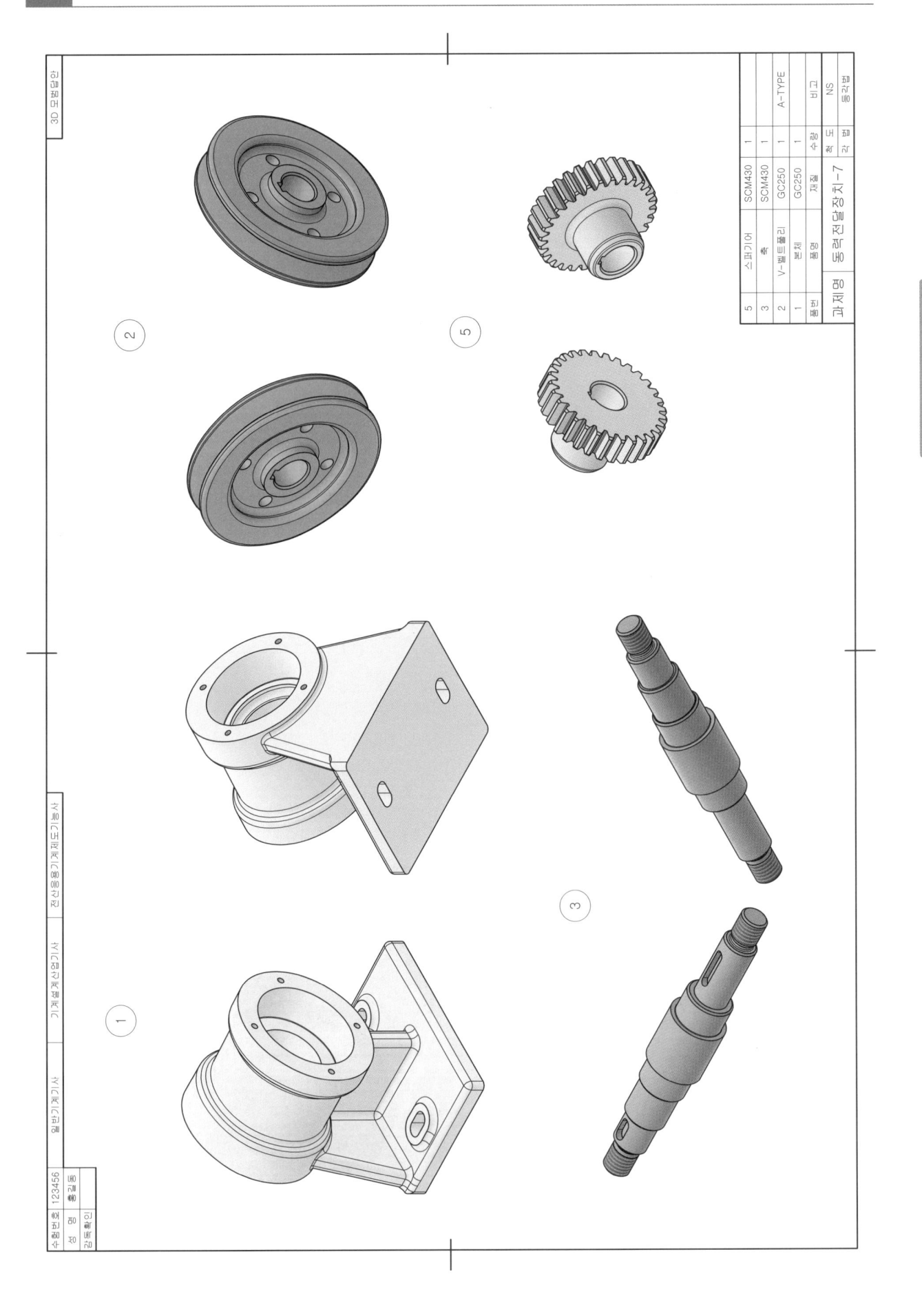

| 품번 | 품명 | 재질 | 수량 | 비고 |
|---|---|---|---|---|
| 5 | 스퍼기어 | SCM430 | 1 | |
| 3 | 축 | SCM430 | 1 | |
| 2 | V-벨트풀리 | GC250 | 1 | A-TYPE |
| 1 | 본체 | GC250 | 1 | |
| 품번 | 품명 | 재질 | 수량 | 비고 |

동력전달장치 7　NS

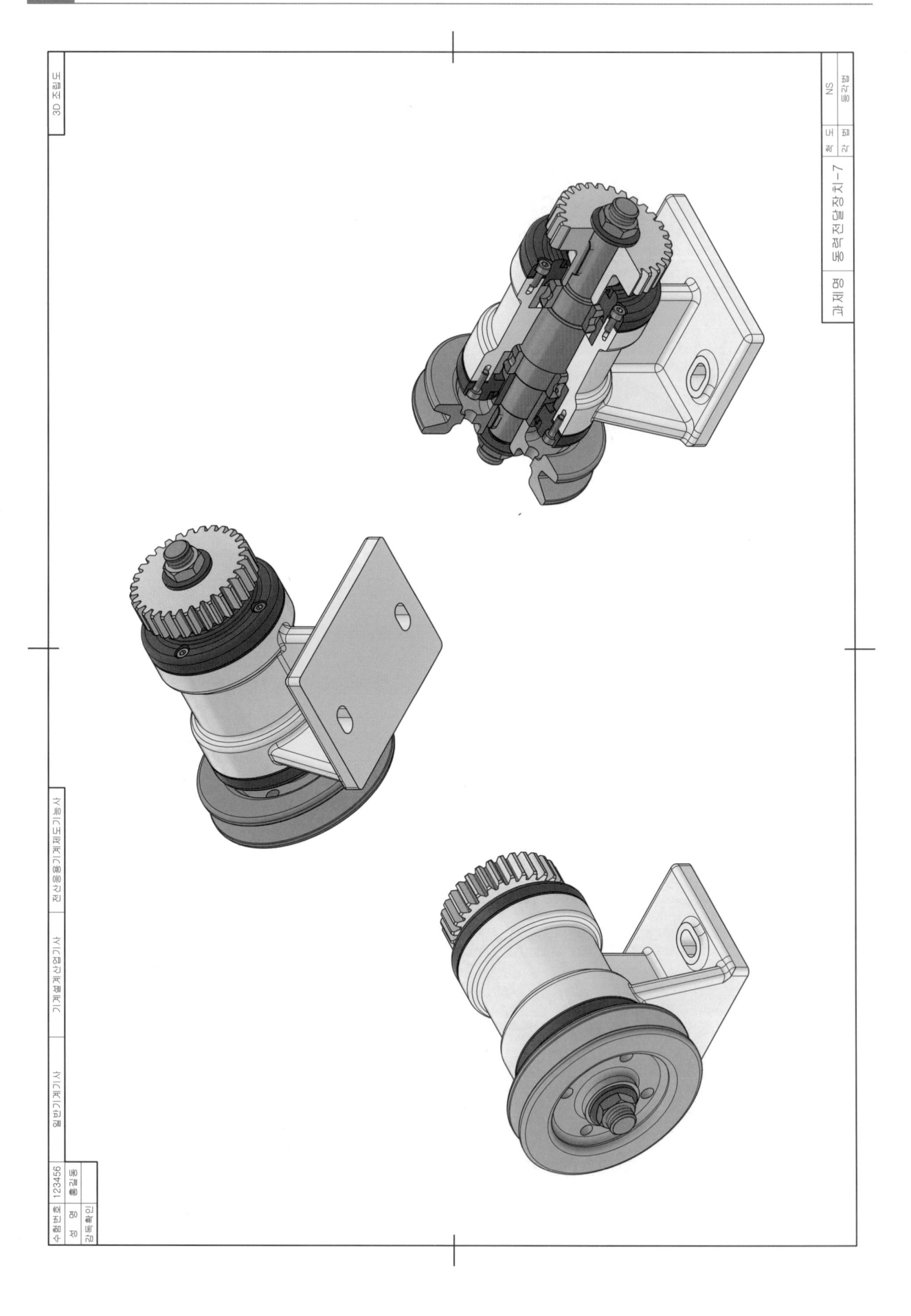

# 국가기술자격 실기시험문제 (작업형)

| 종목명 | 일반기계기사, 기계설계산업기사,<br>전산응용기계제도기능사 | 과제명 | 공구대 |
|---|---|---|---|

※ 문제지는 시험종료 후 반드시 반납하시기 바랍니다.

※ 시험시간: 5시간

1. 요구사항

※ 지급된 재료 및 시설을 사용하여 아래 작업을 완성하시오.

　가. 부품도(2D)의 제도

　　1) 주어진 문제의 조립도면에 표시된 부품번호(①, ②, ③, ④)의 부품도를 CAD 프로그램을 이용하여 A2 용지에 척도는 1:1로 하여, 투상법은 제3각법으로 제도하시오.

　　2) 각 부품들의 형상이 잘 나타나도록 투상도와 단면도 등을 빠짐없이 제도하고, 설계목적에 맞는 기능 및 작동을 할 수 있도록 치수 및 치수공차, 끼워 맞춤 공차와 기하공차 기호, 표면거칠기 기호, 표면처리, 열처리, 주서 등 부품 제작에 필요한 모든 사항을 기입하시오.

　　3) 제도 완료 후 지급된 A3(420×297) 크기의 용지(트레이싱지)에 수험자가 직접 흑백으로 출력하여 확인하고 제출하시오.

　나. 렌더링 등각 투상도(3D) 제도

　　1) 주어진 문제의 조립도면에 표시된 부품번호(①, ②, ③, ④)의 부품을 파라메트릭 솔리드 모델링을 하고, 모양과 윤곽을 알아보기 쉽도록 뚜렷한 음영, 렌더링 처리를 하여 A2 용지에 제도하시오.

　　2) 음영과 렌더링 처리는 예시 그림과 같이 형상이 잘 나타나도록 등각 축 2개를 정해 척도는 NS로 실물의 크기를 고려하여 제도하시오. (단, 형상은 단면하여 표시하지 않습니다)

　　3) 제도 완료 후, 지급된 A3(420×297) 크기의 용지(트레이싱지)에 수험자가 직접 흑백으로 출력하여 확인하고 제출하시오.

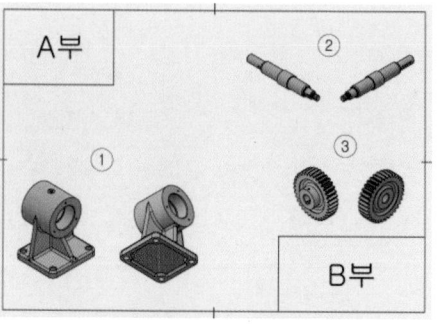

<3D 렌더링 등각 투상도 예시>

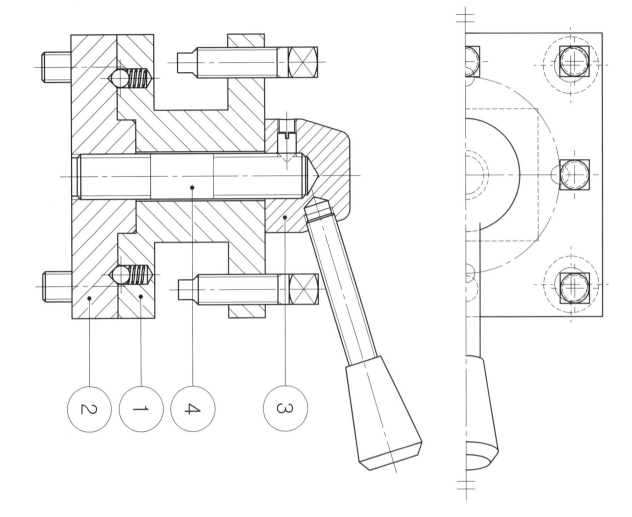

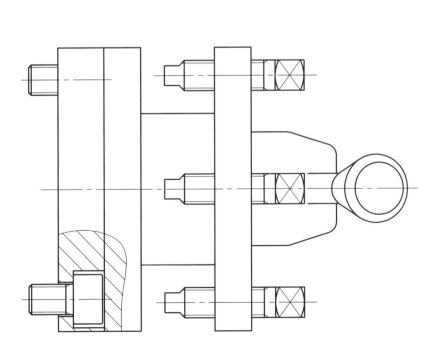

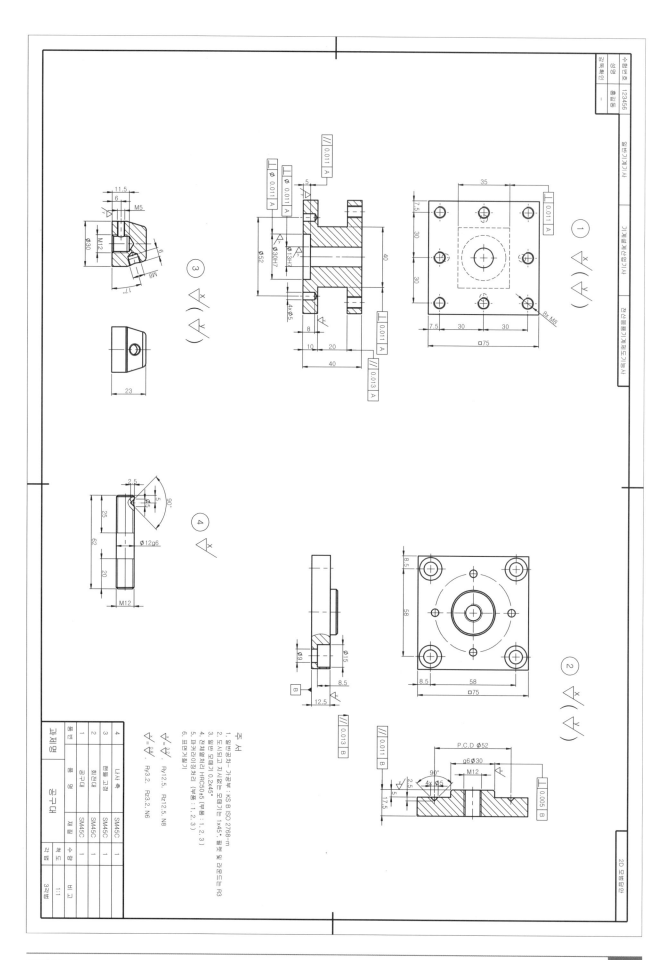

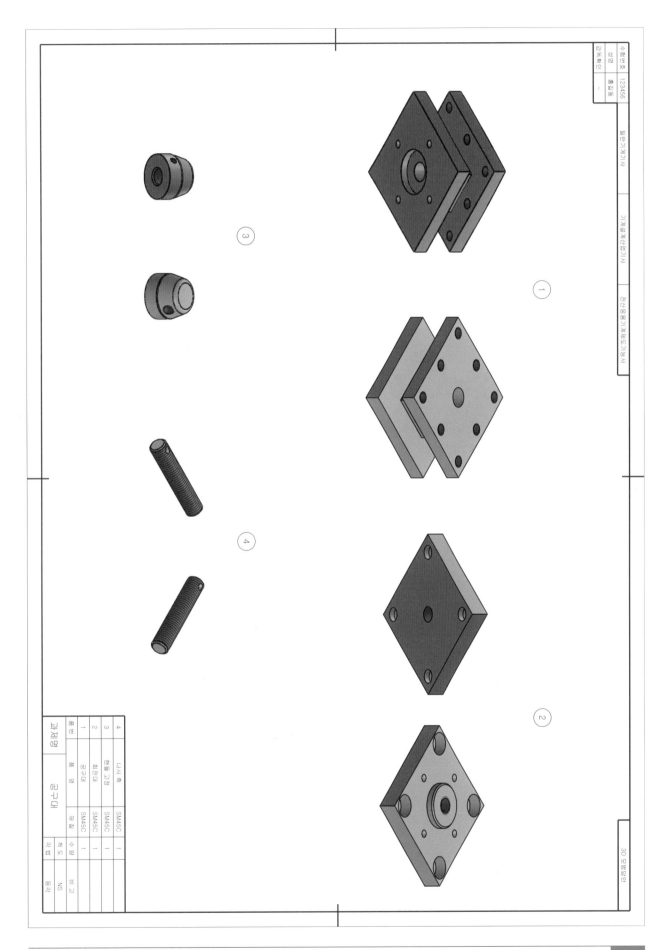

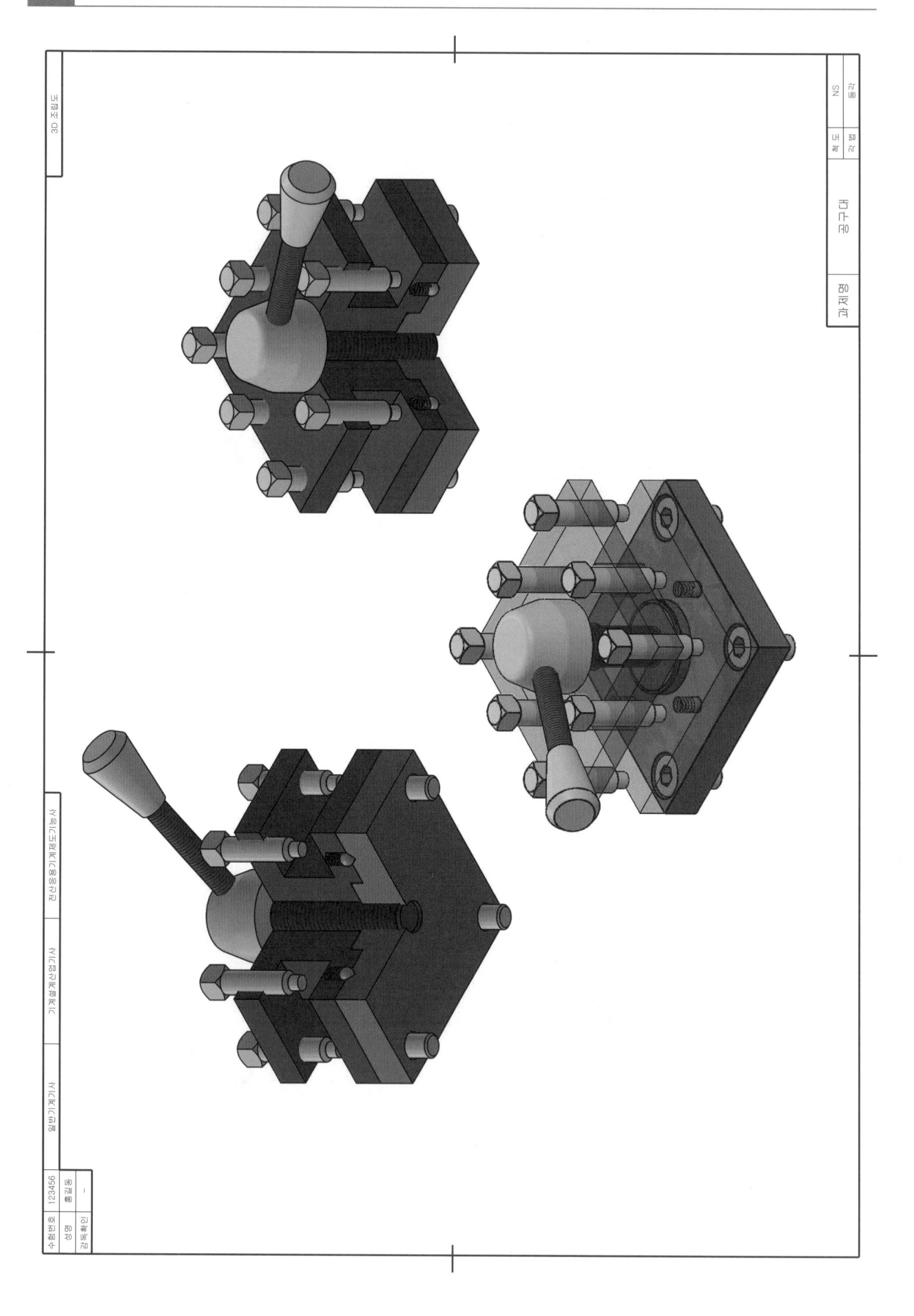

## 국가기술자격 실기시험문제 (작업형)

| 종목명 | 일반기계기사, 기계설계산업기사, 전산응용기계제도기능사 | 과제명 | 심압대 |
|---|---|---|---|

※ 문제지는 시험종료 후 반드시 반납하시기 바랍니다.

※ 시험시간: 5시간

1. 요구사항

※ 지급된 재료 및 시설을 사용하여 아래 작업을 완성하시오.

  가. 부품도(2D)의 제도

    1) 주어진 문제의 조립도면에 표시된 부품번호(①, ②, ③, ④)의 부품도를 CAD 프로그램을 이용하여 A2 용지에 척도는 1:1로 하여, 투상법은 제3각법으로 제도하시오.

    2) 각 부품들의 형상이 잘 나타나도록 투상도와 단면도 등을 빠짐없이 제도하고, 설계목적에 맞는 기능 및 작동을 할 수 있도록 치수 및 치수공차, 끼워 맞춤 공차와 기하공차 기호, 표면거칠기 기호, 표면처리, 열처리, 주서 등 부품 제작에 필요한 모든 사항을 기입하시오.

    3) 제도 완료 후 지급된 A3(420×297) 크기의 용지(트레이싱지)에 수험자가 직접 흑백으로 출력하여 확인하고 제출하시오.

  나. 렌더링 등각 투상도(3D) 제도

    1) 주어진 문제의 조립도면에 표시된 부품번호(①, ②, ③, ④)의 부품을 파라메트릭 솔리드 모델링을 하고, 모양과 윤곽을 알아보기 쉽도록 뚜렷한 음영, 렌더링 처리를 하여 A2 용지에 제도하시오.

    2) 음영과 렌더링 처리는 예시 그림과 같이 형상이 잘 나타나도록 등각 축 2개를 정해 척도는 NS로 실물의 크기를 고려하여 제도하시오. (단, 형상은 단면하여 표시하지 않습니다)

    3) 제도 완료 후, 지급된 A3(420×297) 크기의 용지(트레이싱지)에 수험자가 직접 흑백으로 출력하여 확인하고 제출하시오.

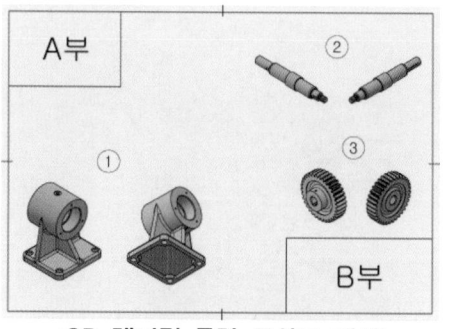

&lt;3D 렌더링 등각 투상도 예시&gt;

해커스 일반기계기사 실기 작업형 출제 도면집

Part 02 작업형 실기 예제 도면

단면 A-A

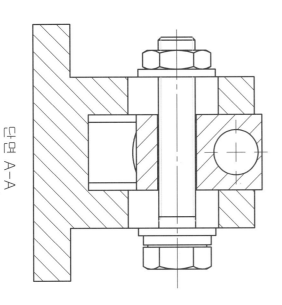

A
A

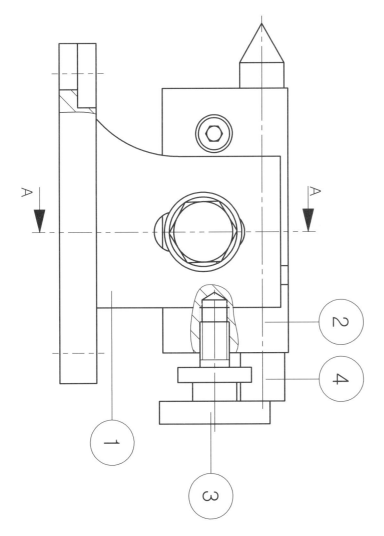

1
3
2
4

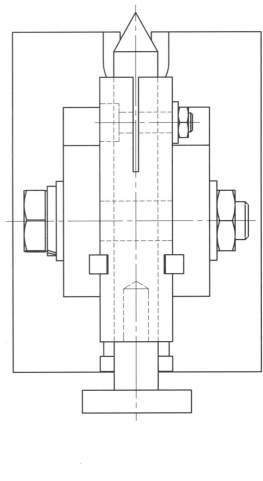

과년도문제

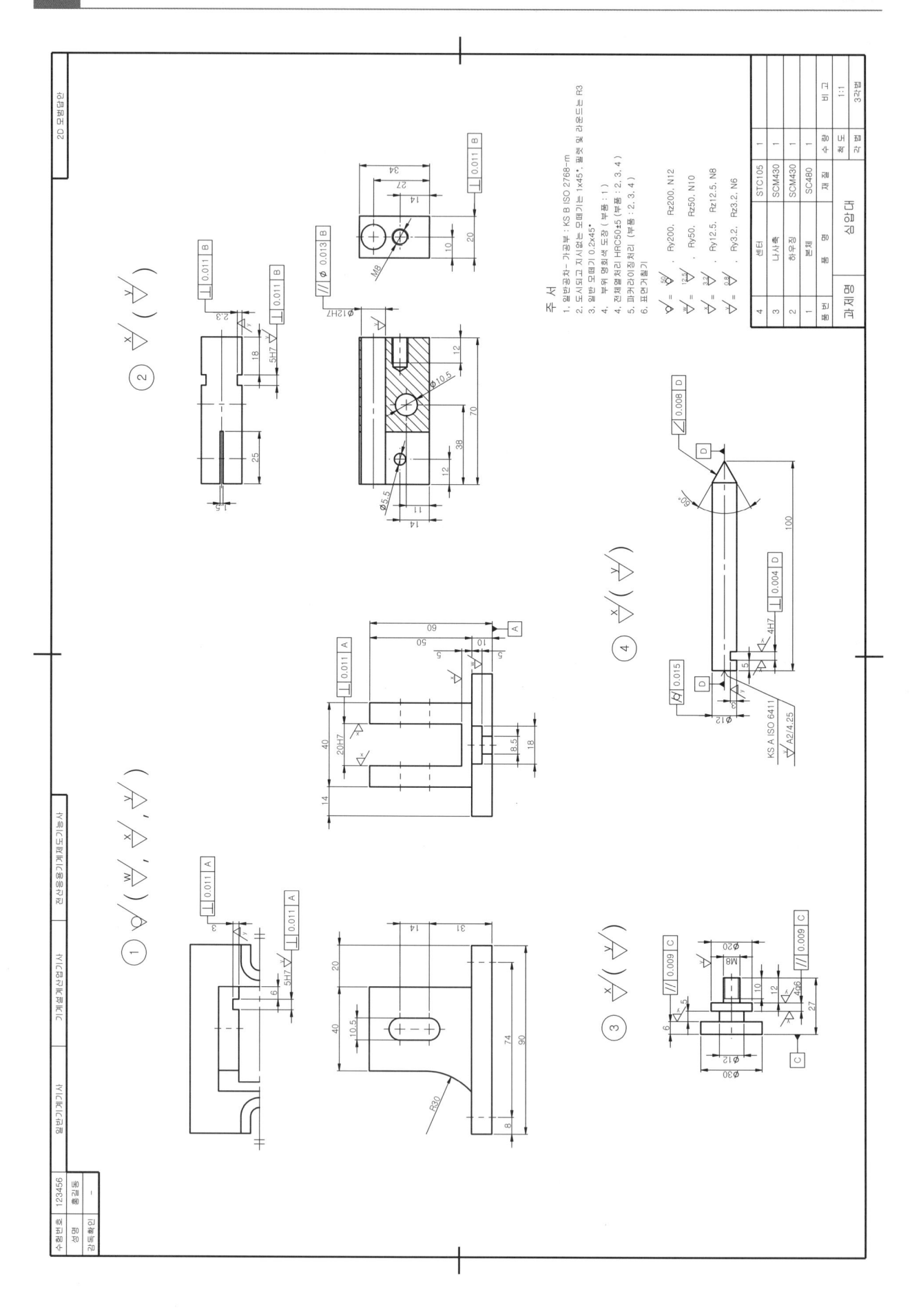

주 서
1. 일반공차 - 가공부 : KS B ISO 2768-m
2. 도시되고 지시없는 모떼기는 1x45°, 필렛 및 라운드는 R3
3. 일반 모떼기 0.2x45°
4. 부위 명령색 도장 ( 부품 : 1 )
5. 전체열처리 HRC50±5 (부품 : 2, 3, 4 )
6. 파카라이징처리 (부품 : 2, 3, 4 )
6. 표면거칠기

| 번호 | 품명 | 재질 | 수량 | 비고 |
|---|---|---|---|---|
| 4 | 센터 | STC105 | 1 | |
| 3 | 나사축 | SCM430 | 1 | |
| 2 | 하우징 | SCM430 | 1 | |
| 1 | 본체 | SC480 | 1 | |

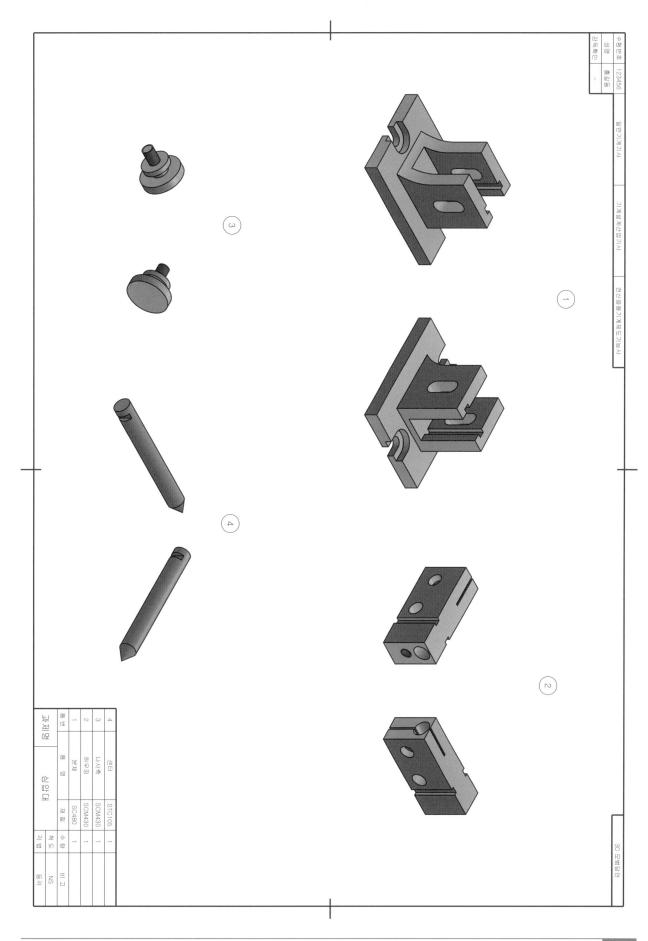

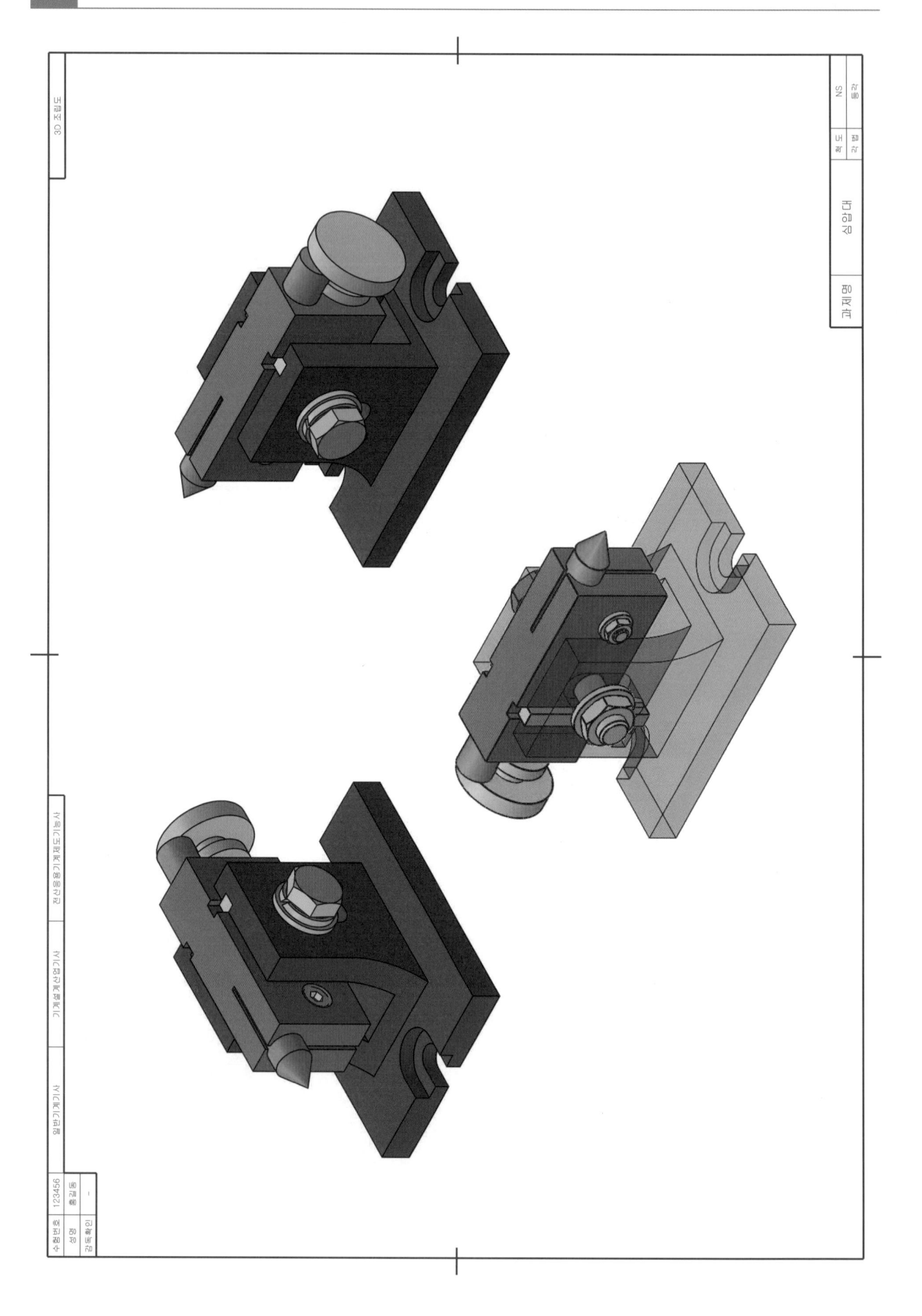

# 국가기술자격 실기시험문제 (작업형)

| 종목명 | 일반기계기사, 기계설계산업기사,<br>전산응용기계제도기능사 | 과제명 | 테이크업<br>유니트 |
|---|---|---|---|

※ 문제지는 시험종료 후 반드시 반납하시기 바랍니다.

※ 시험시간: 5시간

## 1. 요구사항

※ 지급된 재료 및 시설을 사용하여 아래 작업을 완성하시오.

가. 부품도(2D)의 제도

1) 주어진 문제의 조립도면에 표시된 부품번호(①, ②, ④, ⑥)의 부품도를 CAD 프로그램을 이용하여 A2 용지에 척도는 1:1로 하여, 투상법은 제3각법으로 제도하시오.

2) 각 부품들의 형상이 잘 나타나도록 투상도와 단면도 등을 빠짐없이 제도하고, 설계목적에 맞는 기능 및 작동을 할 수 있도록 치수 및 치수공차, 끼워 맞춤 공차와 기하공차 기호, 표면거칠기 기호, 표면처리, 열처리, 주서 등 부품 제작에 필요한 모든 사항을 기입하시오.

3) 제도 완료 후 지급된 A3(420×297) 크기의 용지(트레이싱지)에 수험자가 직접 흑백으로 출력하여 확인하고 제출하시오.

나. 렌더링 등각 투상도(3D) 제도

1) 주어진 문제의 조립도면에 표시된 부품번호(①, ②, ④, ⑥)의 부품을 파라메트릭 솔리드 모델링을 하고, 모양과 윤곽을 알아보기 쉽도록 뚜렷한 음영, 렌더링 처리를 하여 A2 용지에 제도하시오.

2) 음영과 렌더링 처리는 예시 그림과 같이 형상이 잘 나타나도록 등각 축 2개를 정해 척도는 NS로 실물의 크기를 고려하여 제도하시오. (단, 형상은 단면하여 표시하지 않습니다)

3) 제도 완료 후, 지급된 A3(420×297) 크기의 용지(트레이싱지)에 수험자가 직접 흑백으로 출력하여 확인하고 제출하시오.

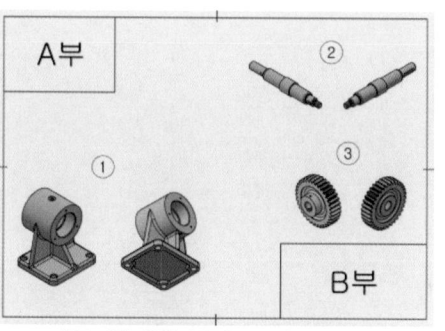

<3D 렌더링 등각 투상도 예시>

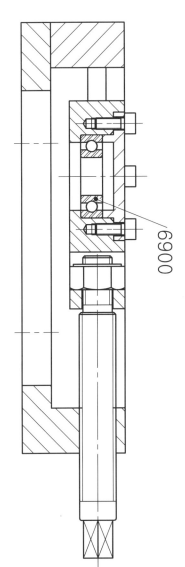

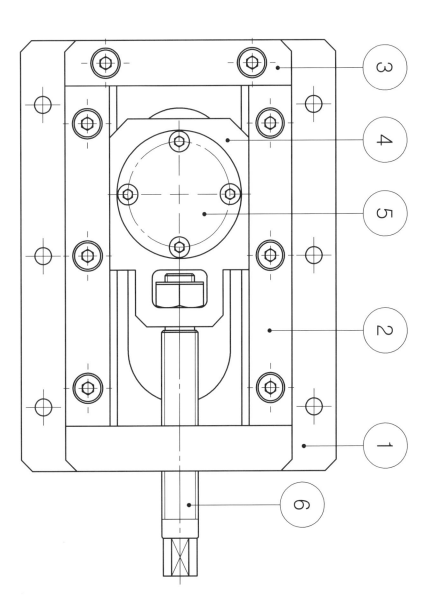

6900

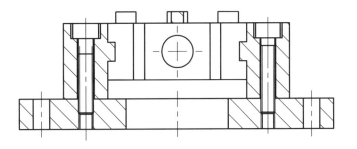

1 2 3 4 5 6

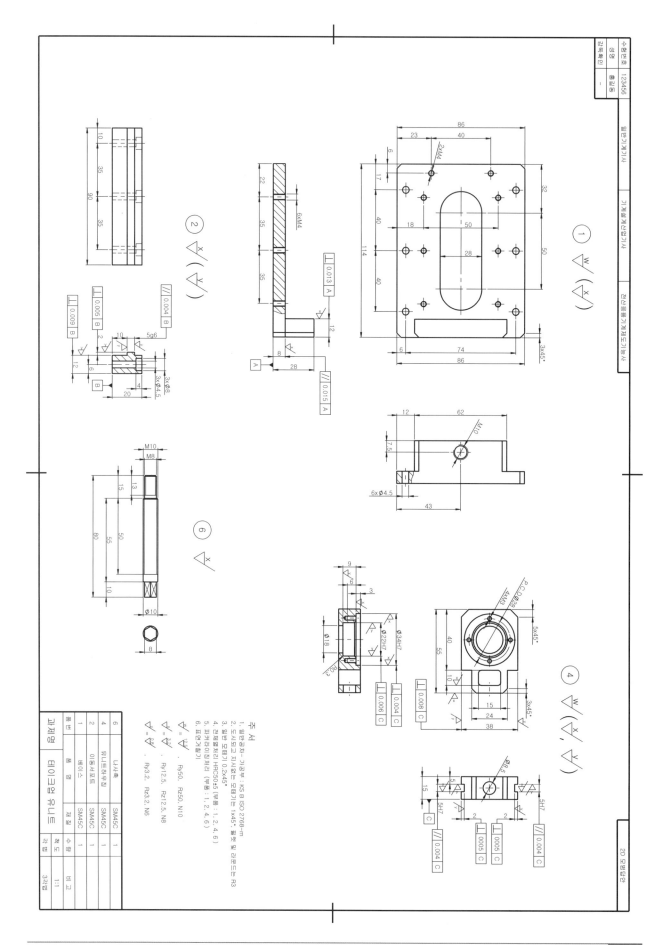

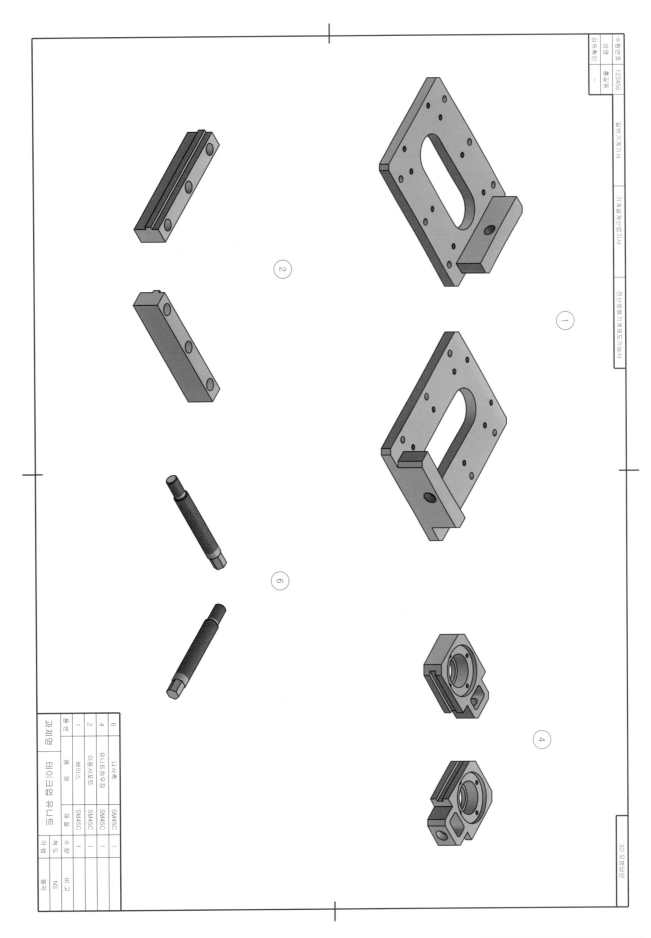

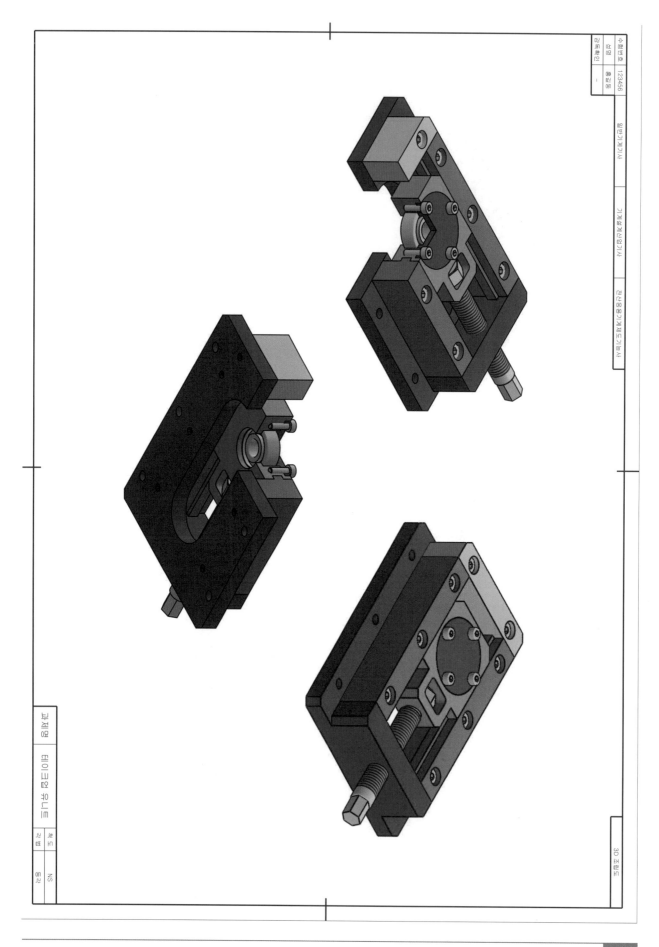

20 테이퍼형 유니트

## 국가기술자격 실기시험문제 (작업형)

| 종목명 | 일반기계기사, 기계설계산업기사, 전산응용기계제도기능사 | 과제명 | 축 받침장치 |
|---|---|---|---|

※ 문제지는 시험종료 후 반드시 반납하시기 바랍니다.

※ 시험시간: 5시간

### 1. 요구사항

※ 지급된 재료 및 시설을 사용하여 아래 작업을 완성하시오.

  가. 부품도(2D)의 제도

    1) 주어진 문제의 조립도면에 표시된 부품번호(①, ③, ④, ⑤)의 부품도를 CAD 프로그램을 이용하여 A2 용지에 척도는 1:1로 하여, 투상법은 제3각법으로 제도하시오.

    2) 각 부품들의 형상이 잘 나타나도록 투상도와 단면도 등을 빠짐없이 제도하고, 설계목적에 맞는 기능 및 작동을 할 수 있도록 치수 및 치수공차, 끼워 맞춤 공차와 기하공차 기호, 표면거칠기 기호, 표면처리, 열처리, 주서 등 부품 제작에 필요한 모든 사항을 기입하시오.

    3) 제도 완료 후 지급된 A3(420×297) 크기의 용지(트레이싱지)에 수험자가 직접 흑백으로 출력하여 확인하고 제출하시오.

  나. 렌더링 등각 투상도(3D) 제도

    1) 주어진 문제의 조립도면에 표시된 부품번호(①, ③, ④, ⑤)의 부품을 파라메트릭 솔리드 모델링을 하고, 모양과 윤곽을 알아보기 쉽도록 뚜렷한 음영, 렌더링 처리를 하여 A2 용지에 제도하시오.

    2) 음영과 렌더링 처리는 예시 그림과 같이 형상이 잘 나타나도록 등각 축 2개를 정해 척도는 NS로 실물의 크기를 고려하여 제도하시오. (단, 형상은 단면하여 표시하지 않습니다)

    3) 제도 완료 후, 지급된 A3(420×297) 크기의 용지(트레이싱지)에 수험자가 직접 흑백으로 출력하여 확인하고 제출하시오.

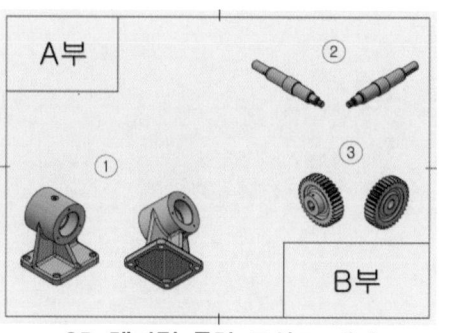

<3D 렌더링 등각 투상도 예시>

해커 일반기계기사 실기 작업형 출제도면

작업형 기계제도 편

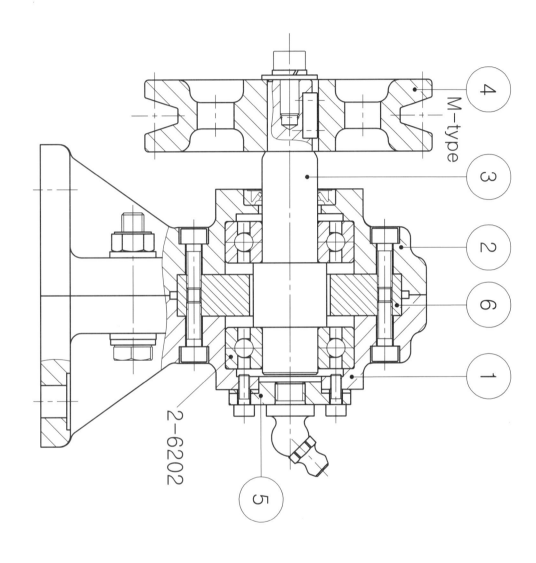

4 M-type
3
2
6
1
5
2-6202

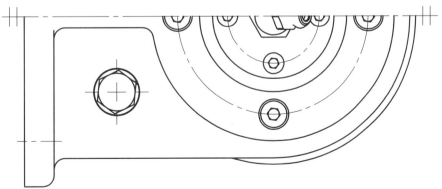

기계제도

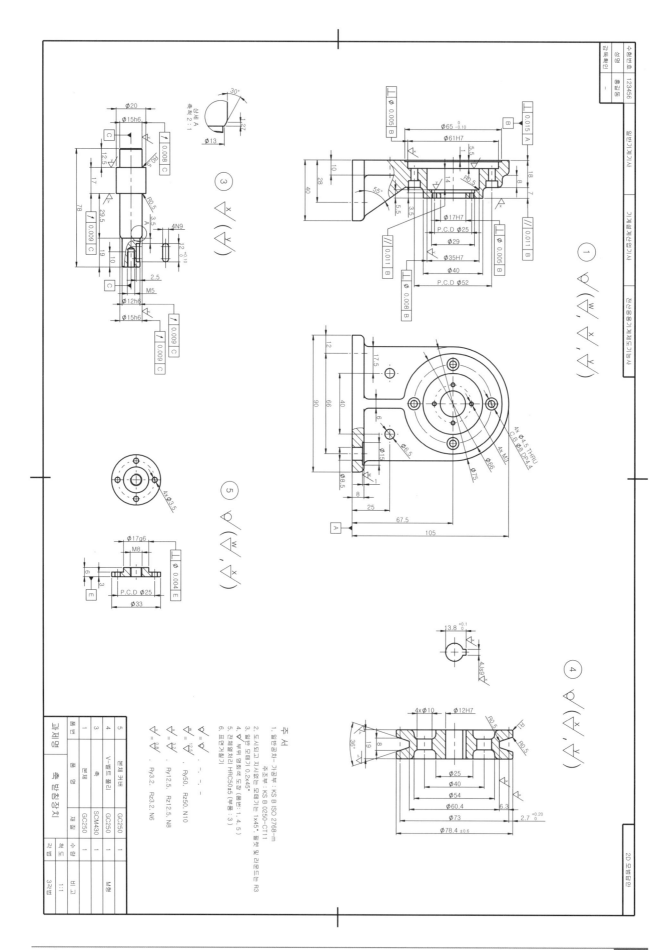

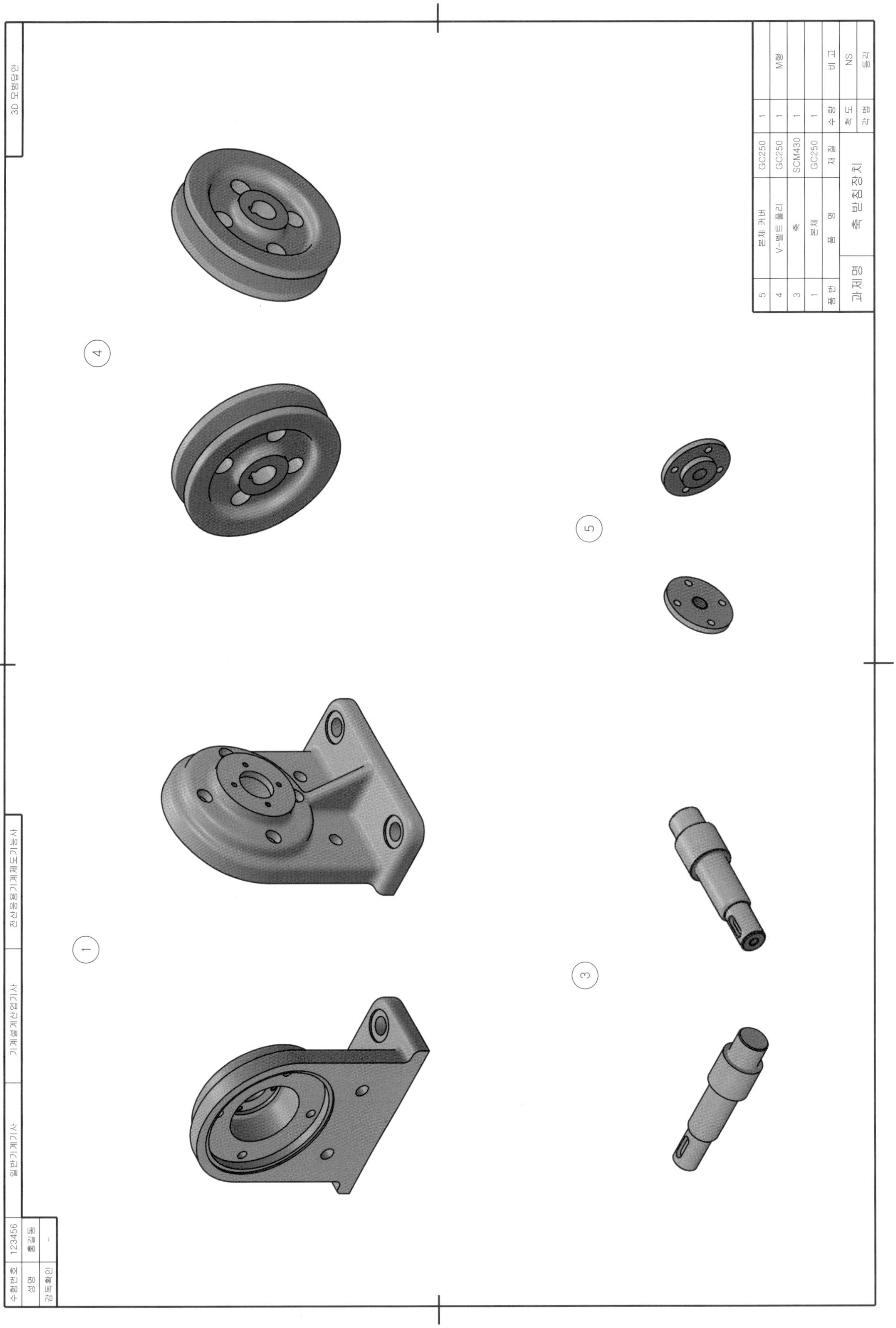

3D 모델링

21 축 밑받침장치

| 과제명 | 부품명 | 재질 | 수량 | 비고 | 등급 | |
|---|---|---|---|---|---|---|
| | 5 | 로크 커버 | GC250 | 1 | | |
| | 4 | V-벨트 풀리 | GC250 | 1 | M형 | |
| | 3 | 축 | SCM430 | 1 | | |
| 축 밑받침장치 | 1 | 몸체 | GC250 | 1 | 비 고 | NS |
| | 품번 | 품 명 | 재 질 | 수량 | 비 고 | 등급 |

| 123456 | 일반기계기사 | 기계설계산업기사 | 건설기계설비기사 | 3D 모델링연 |
|---|---|---|---|---|
| 성명 | | | 1 | |
| 감독확인 | | | | |
| 수험번호 | | | | |

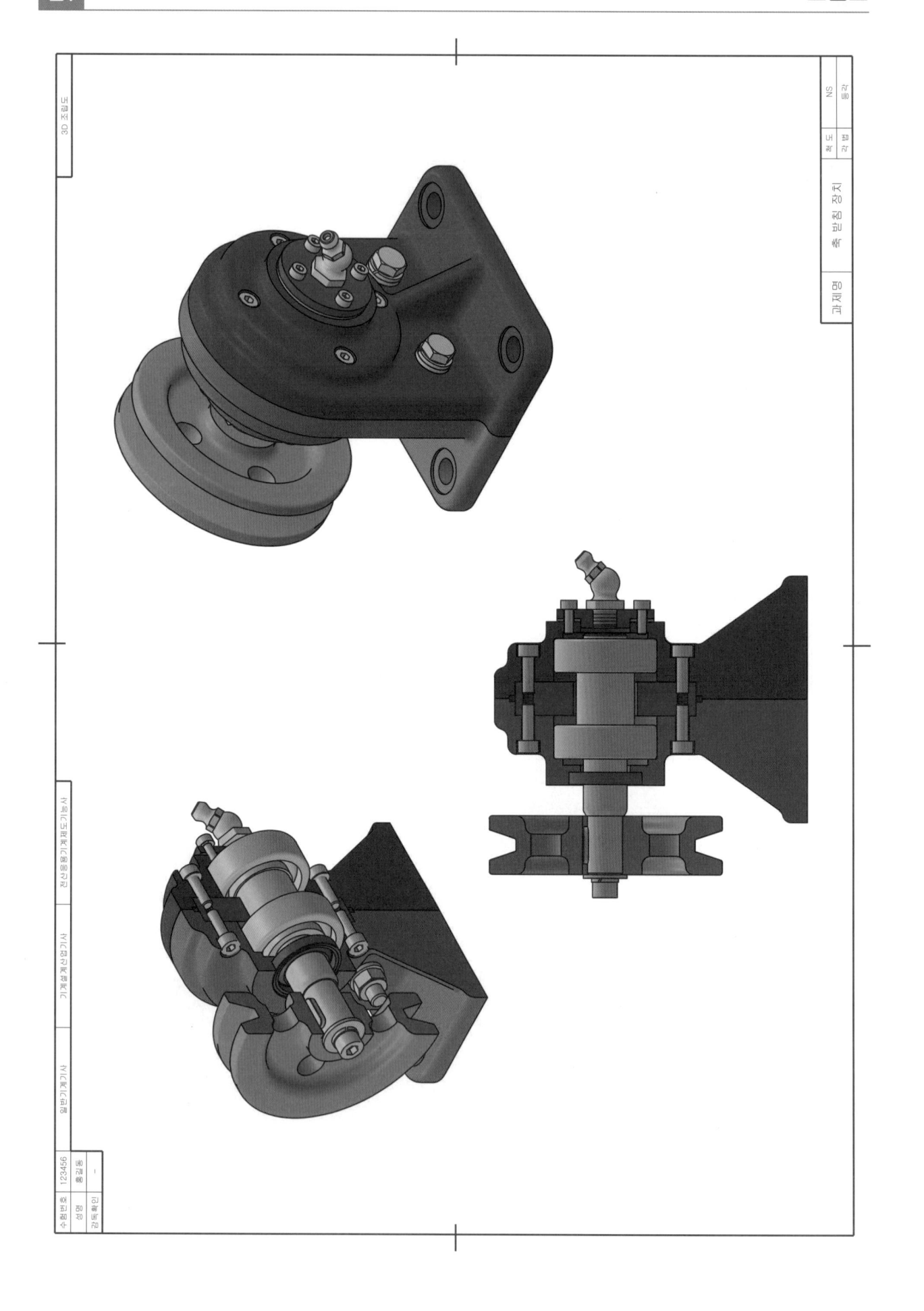

# 국가기술자격 실기시험문제 (작업형)

| 종목명 | 일반기계기사, 기계설계산업기사, 전산응용기계제도기능사 | 과제명 | 삼지형 에어척 |
|---|---|---|---|

※ 문제지는 시험종료 후 반드시 반납하시기 바랍니다.

※ 시험시간: 5시간

### 1. 요구사항

※ 지급된 재료 및 시설을 사용하여 아래 작업을 완성하시오.

　가. 부품도(2D)의 제도

　　1) 주어진 문제의 조립도면에 표시된 부품번호(①, ②, ③, ④)의 부품도를 CAD 프로그램을 이용하여 A2 용지에 척도는 1:1로 하여, 투상법은 제3각법으로 제도하시오.

　　2) 각 부품들의 형상이 잘 나타나도록 투상도와 단면도 등을 빠짐없이 제도하고, 설계목적에 맞는 기능 및 작동을 할 수 있도록 치수 및 치수공차, 끼워 맞춤 공차와 기하공차 기호, 표면거칠기 기호, 표면처리, 열처리, 주서 등 부품 제작에 필요한 모든 사항을 기입하시오.

　　3) 제도 완료 후 지급된 A3(420×297) 크기의 용지(트레이싱지)에 수험자가 직접 흑백으로 출력하여 확인하고 제출하시오.

　나. 렌더링 등각 투상도(3D) 제도

　　1) 주어진 문제의 조립도면에 표시된 부품번호(①, ②, ③, ④, ⑤)의 부품을 파라메트릭 솔리드 모델링을 하고, 모양과 윤곽을 알아보기 쉽도록 뚜렷한 음영, 렌더링 처리를 하여 A2 용지에 제도하시오.

　　2) 음영과 렌더링 처리는 예시 그림과 같이 형상이 잘 나타나도록 등각 축 2개를 정해 척도는 NS로 실물의 크기를 고려하여 제도하시오. (단, 형상은 단면하여 표시하지 않습니다)

　　3) 제도 완료 후, 지급된 A3(420×297) 크기의 용지(트레이싱지)에 수험자가 직접 흑백으로 출력하여 확인하고 제출하시오.

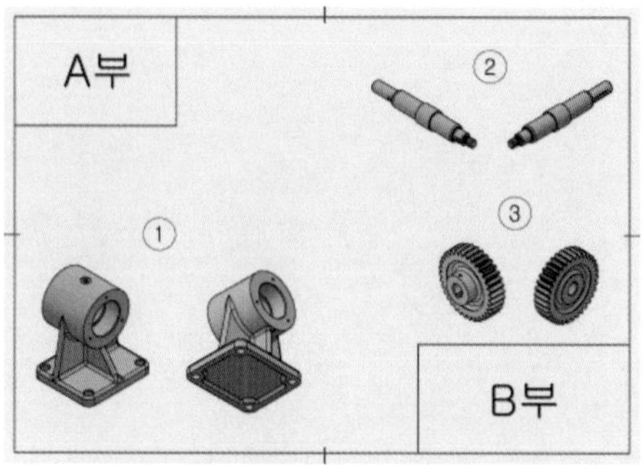

<3D 렌더링 등각 투상도 예시>

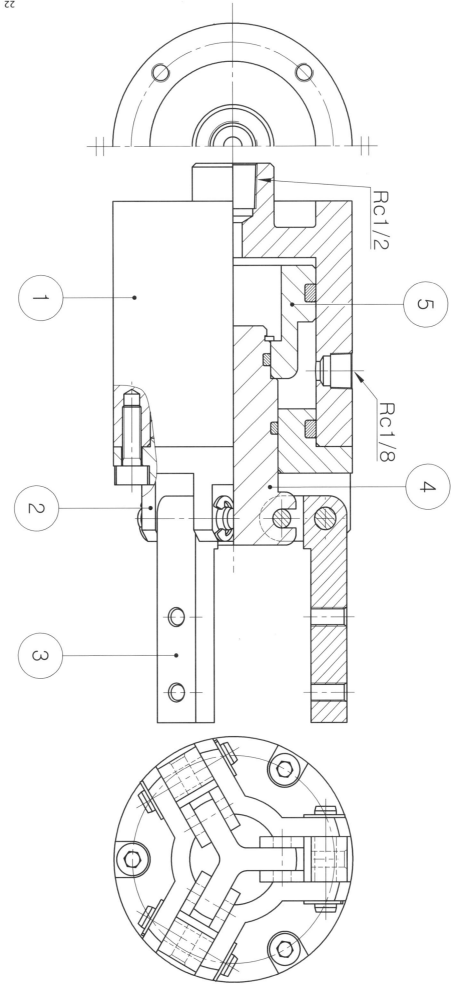

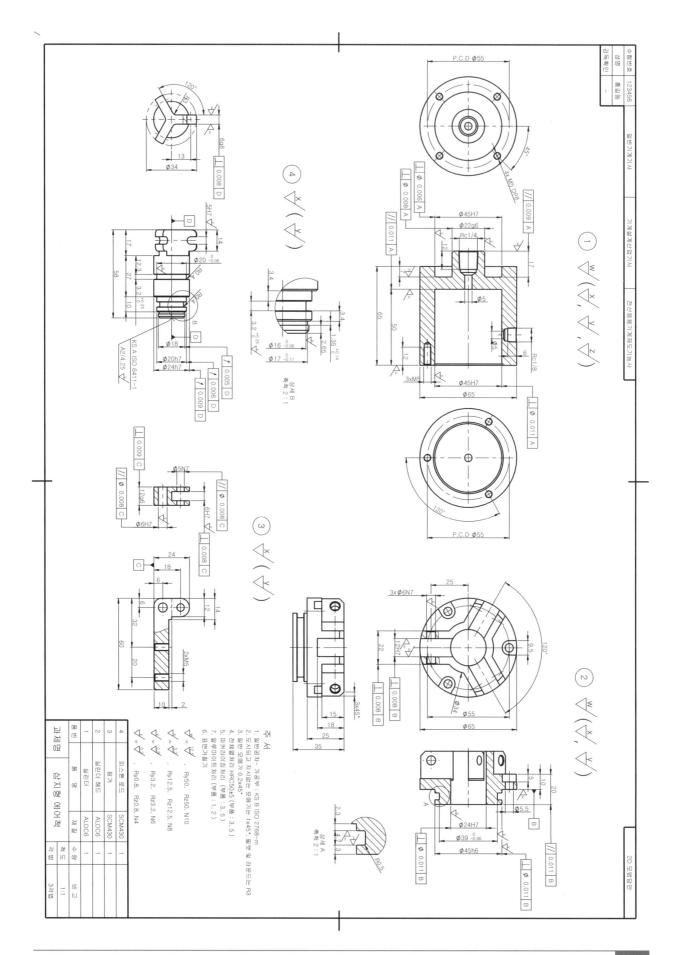

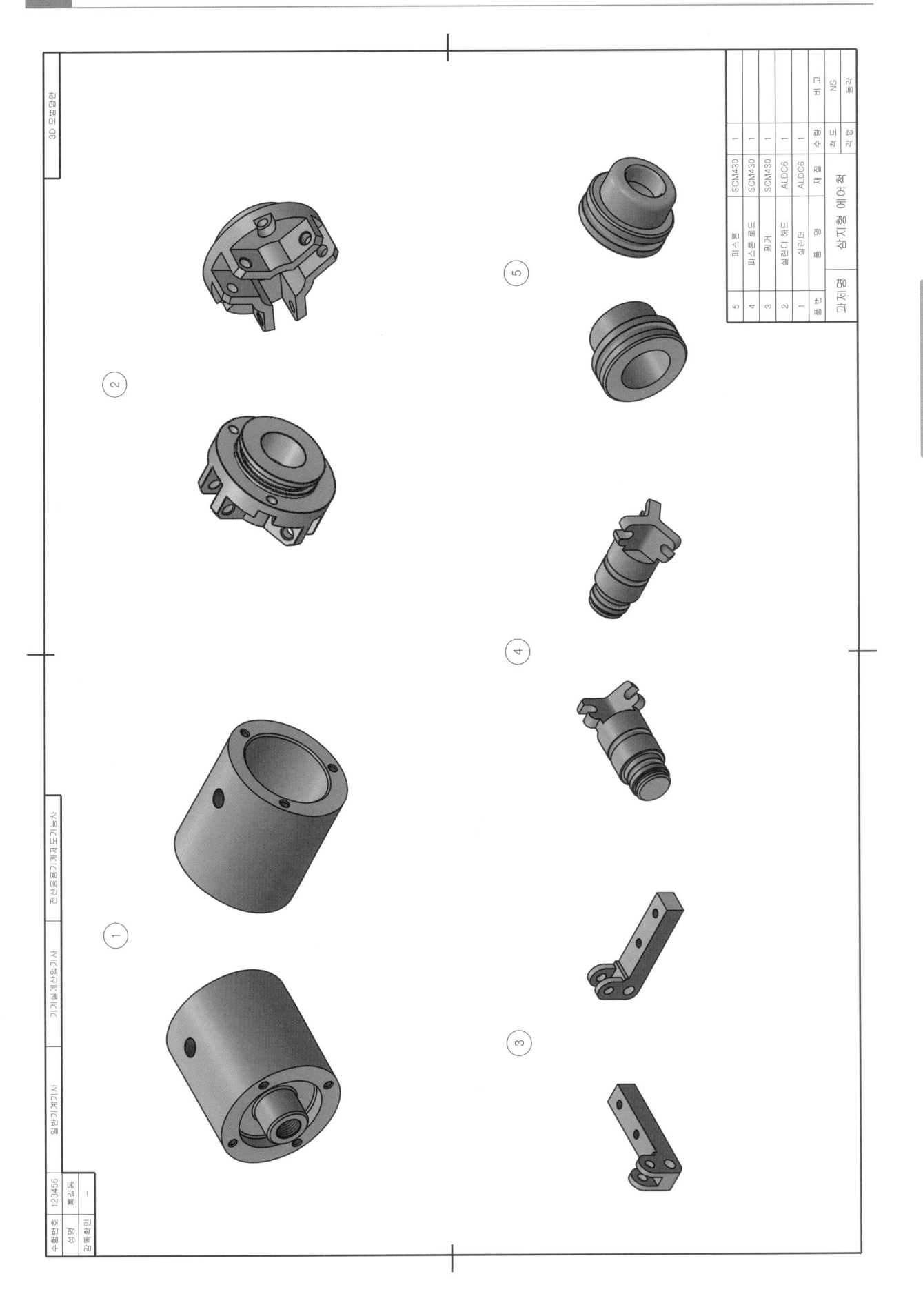

| 5 | 4 | 3 | 2 | 1 | 품번 | 삼지형 에어척 |  |
|---|---|---|---|---|---|---|---|
| 피스톤 | 피스톤 로드 | 핑거 | 실린더 헤드 | 실린더 | 품명 |  | 척도 |
| SCM430 | SCM430 | SCM430 | ALDC6 | ALDC6 | 재질 | NS | 각법 |
| 1 | 1 | 1 | 1 | 1 | 수량 |  |  |

3D 모범답안

전산응용기계제도기능사

기계설계산업기사

일반기계기사

123456
00
-

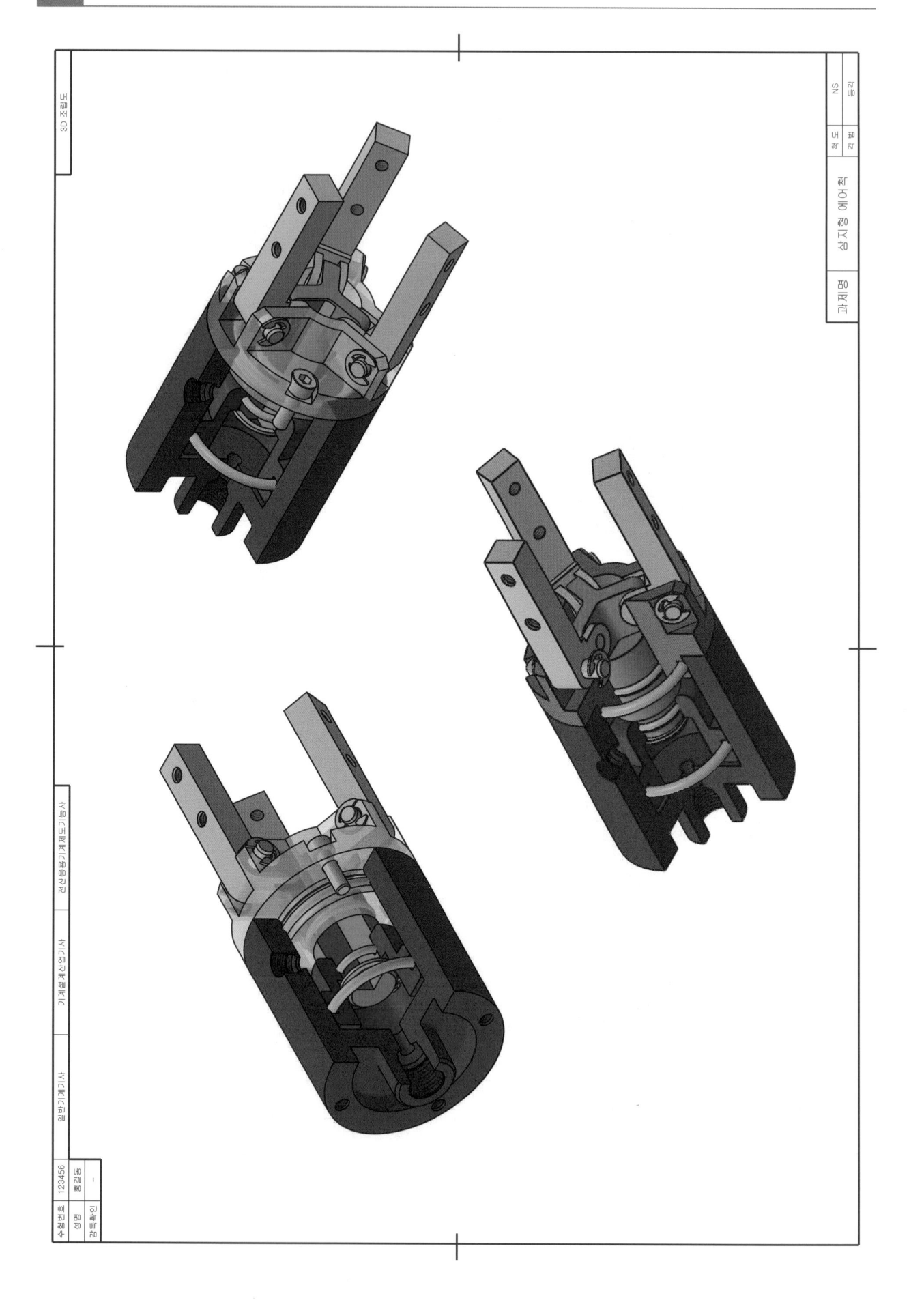

# 국가기술자격 실기시험문제 (작업형)

| 종목명 | 일반기계기사, 기계설계산업기사, 전산응용기계제도기능사 | 과제명 | 밀링 잭 |
|---|---|---|---|

※ 문제지는 시험종료 후 반드시 반납하시기 바랍니다.

※ 시험시간: 5시간

1. 요구사항

※ 지급된 재료 및 시설을 사용하여 아래 작업을 완성하시오.

　가. 부품도(2D)의 제도

　　1) 주어진 문제의 조립도면에 표시된 부품번호(①, ②, ③, ⑤)의 부품도를 CAD 프로그램을 이용하여 A2 용지에 척도는 1:1로 하여, 투상법은 제3각법으로 제도하시오.

　　2) 각 부품들의 형상이 잘 나타나도록 투상도와 단면도 등을 빠짐없이 제도하고, 설계목적에 맞는 기능 및 작동을 할 수 있도록 치수 및 치수공차, 끼워 맞춤 공차와 기하공차 기호, 표면거칠기 기호, 표면처리, 열처리, 주서 등 부품 제작에 필요한 모든 사항을 기입하시오.

　　3) 제도 완료 후 지급된 A3(420×297) 크기의 용지(트레이싱지)에 수험자가 직접 흑백으로 출력하여 확인하고 제출하시오.

　나. 렌더링 등각 투상도(3D) 제도

　　1) 주어진 문제의 조립도면에 표시된 부품번호(①, ②, ③, ⑤)의 부품을 파라메트릭 솔리드 모델링을 하고, 모양과 윤곽을 알아보기 쉽도록 뚜렷한 음영, 렌더링 처리를 하여 A2 용지에 제도하시오.

　　2) 음영과 렌더링 처리는 예시 그림과 같이 형상이 잘 나타나도록 등각 축 2개를 정해 척도는 NS로 실물의 크기를 고려하여 제도하시오. (단, 형상은 단면하여 표시하지 않습니다)

　　3) 제도 완료 후, 지급된 A3(420×297) 크기의 용지(트레이싱지)에 수험자가 직접 흑백으로 출력하여 확인하고 제출하시오.

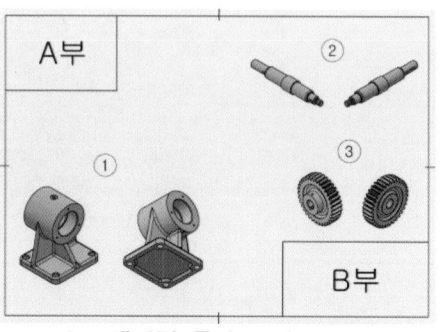

<3D 렌더링 등각 투상도 예시>

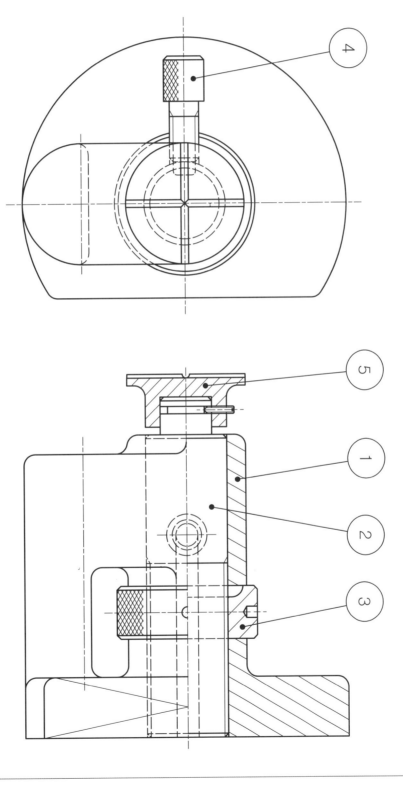

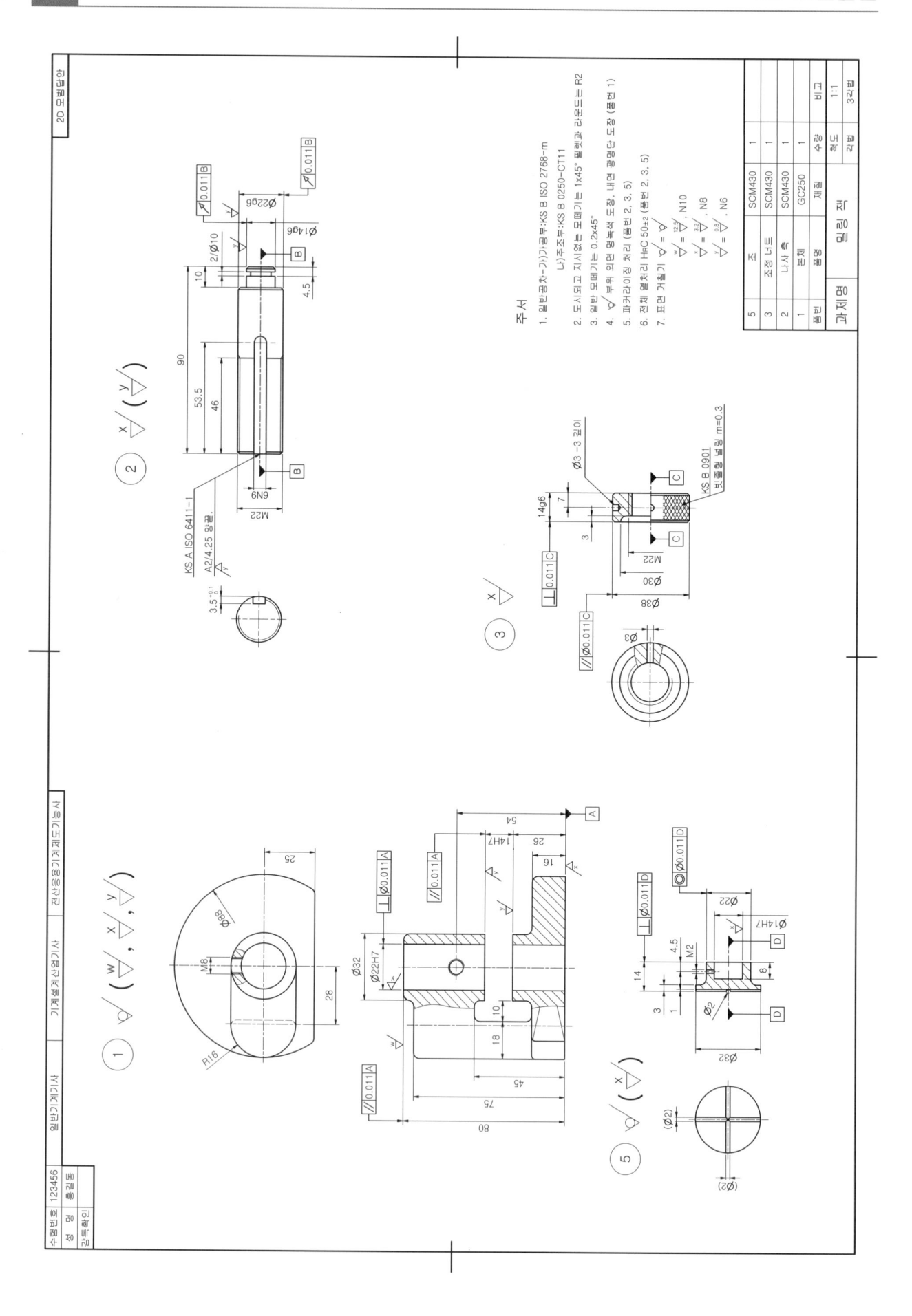

주서
1. 일반공차-가) 가공부-KS B ISO 2768-m
   나) 주조부-KS B 0250-CT11
2. 도시되고 지시없는 모떼기는 0.2×45°
3. 일반 모떼기는 1×45° 필렛과 라운드는 R2
4. ▽ 부위 외면 명녹색 도장, 내면 광명단 도장 (품번 1)
5. 파커라이징 처리 (품번 2, 3, 5)
6. 전체 열처리 HRC 50±2 (품번 2, 3, 5)
7. 표면 거칠기 ▽ = 12.5/ , N10
                  ▽ = 3.2/ , N8
                  ▽ = 0.8/ , N6

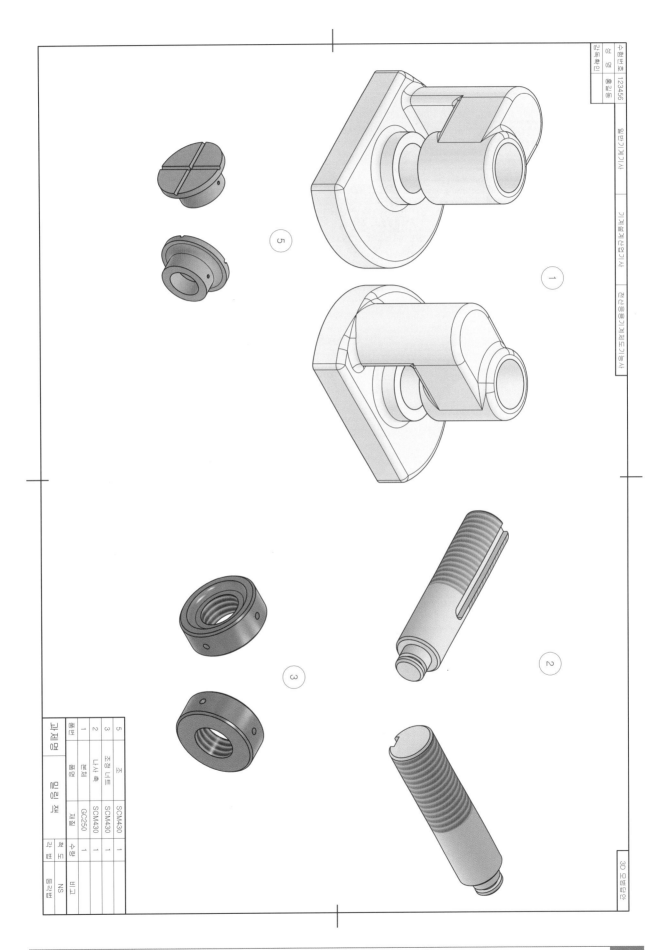

| 품번 | 품명 | 재질 | 수량 | 비고 |
|---|---|---|---|---|
| 5 | 조 | SCM430 | 1 | |
| 3 | 조정 너트 | SCM430 | 1 | |
| 2 | 나사 축 | SCM430 | 1 | |
| 1 | 본체 | GC250 | 1 | NS |

과제명 | 밀링 잭

| 수험번호 | 123456 |
|---|---|
| 성명 | 홍길동 |
| 감독확인 | |

일반기계기사 · 기계설계산업기사 · 전산응용기계제도기능사

3D 도면답안

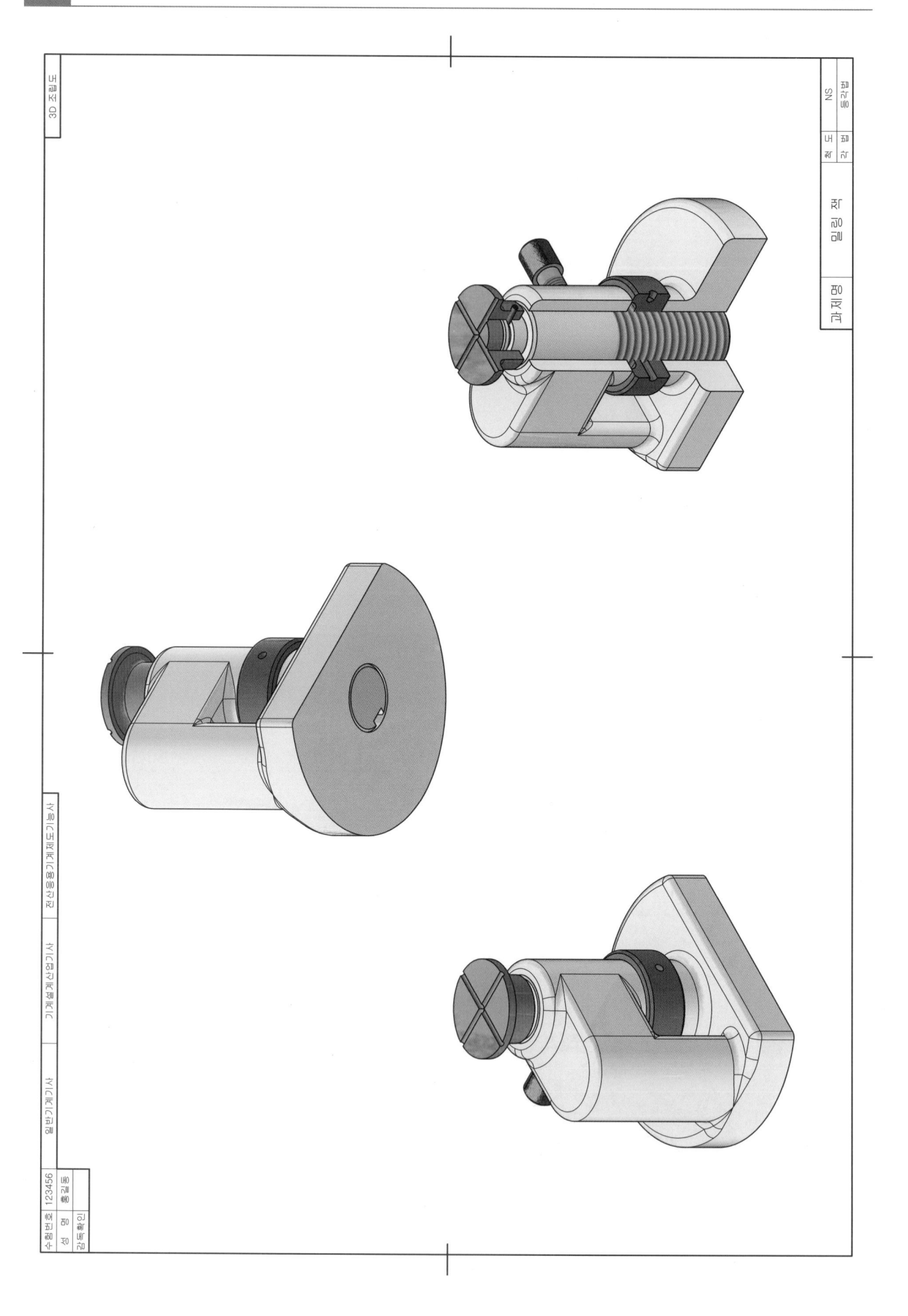

# 국가기술자격 실기시험문제 (작업형)

| 종목명 | 일반기계기사, 기계설계산업기사, 전산응용기계제도기능사 | 과제명 | 래크와 피니언 |
|---|---|---|---|

※ 문제지는 시험종료 후 반드시 반납하시기 바랍니다.

※ 시험시간: 5시간

1. 요구사항

※ 지급된 재료 및 시설을 사용하여 아래 작업을 완성하시오.

　가. 부품도(2D)의 제도

　　1) 주어진 문제의 조립도면에 표시된 부품번호(①, ②, ③, ⑤)의 부품도를 CAD 프로그램을 이용하여 A2 용지에 척도는 1:1로 하여, 투상법은 제3각법으로 제도하시오.

　　2) 각 부품들의 형상이 잘 나타나도록 투상도와 단면도 등을 빠짐없이 제도하고, 설계목적에 맞는 기능 및 작동을 할 수 있도록 치수 및 치수공차, 끼워 맞춤 공차와 기하공차 기호, 표면거칠기 기호, 표면처리, 열처리, 주서 등 부품 제작에 필요한 모든 사항을 기입하시오.

　　3) 제도 완료 후 지급된 A3(420×297) 크기의 용지(트레이싱지)에 수험자가 직접 흑백으로 출력하여 확인하고 제출하시오.

　나. 렌더링 등각 투상도(3D) 제도

　　1) 주어진 문제의 조립도면에 표시된 부품번호(①, ②, ③, ⑤)의 부품을 파라메트릭 솔리드 모델링을 하고, 모양과 윤곽을 알아보기 쉽도록 뚜렷한 음영, 렌더링 처리를 하여 A2 용지에 제도하시오.

　　2) 음영과 렌더링 처리는 예시 그림과 같이 형상이 잘 나타나도록 등각 축 2개를 정해 척도는 NS로 실물의 크기를 고려하여 제도하시오. (단, 형상은 단면하여 표시하지 않습니다)

　　3) 제도 완료 후, 지급된 A3(420×297) 크기의 용지(트레이싱지)에 수험자가 직접 흑백으로 출력하여 확인하고 제출하시오.

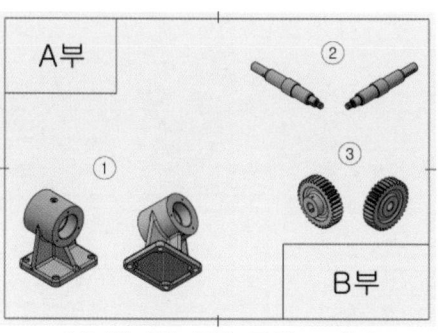

<3D 렌더링 등각 투상도 예시>

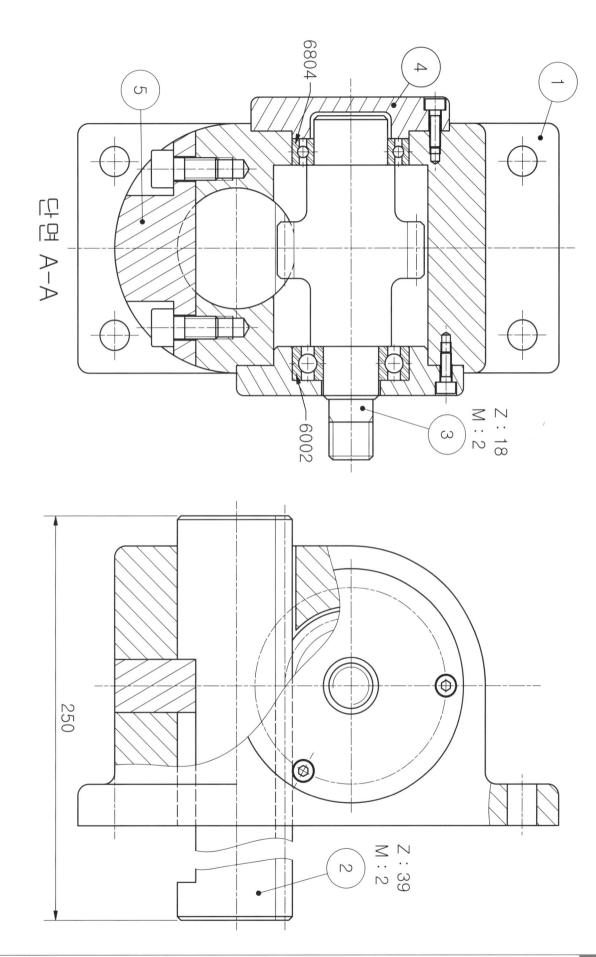

단면 A-A

6804

4

1

5

6002

3

Z : 18
M : 2

250

2

Z : 39
M : 2

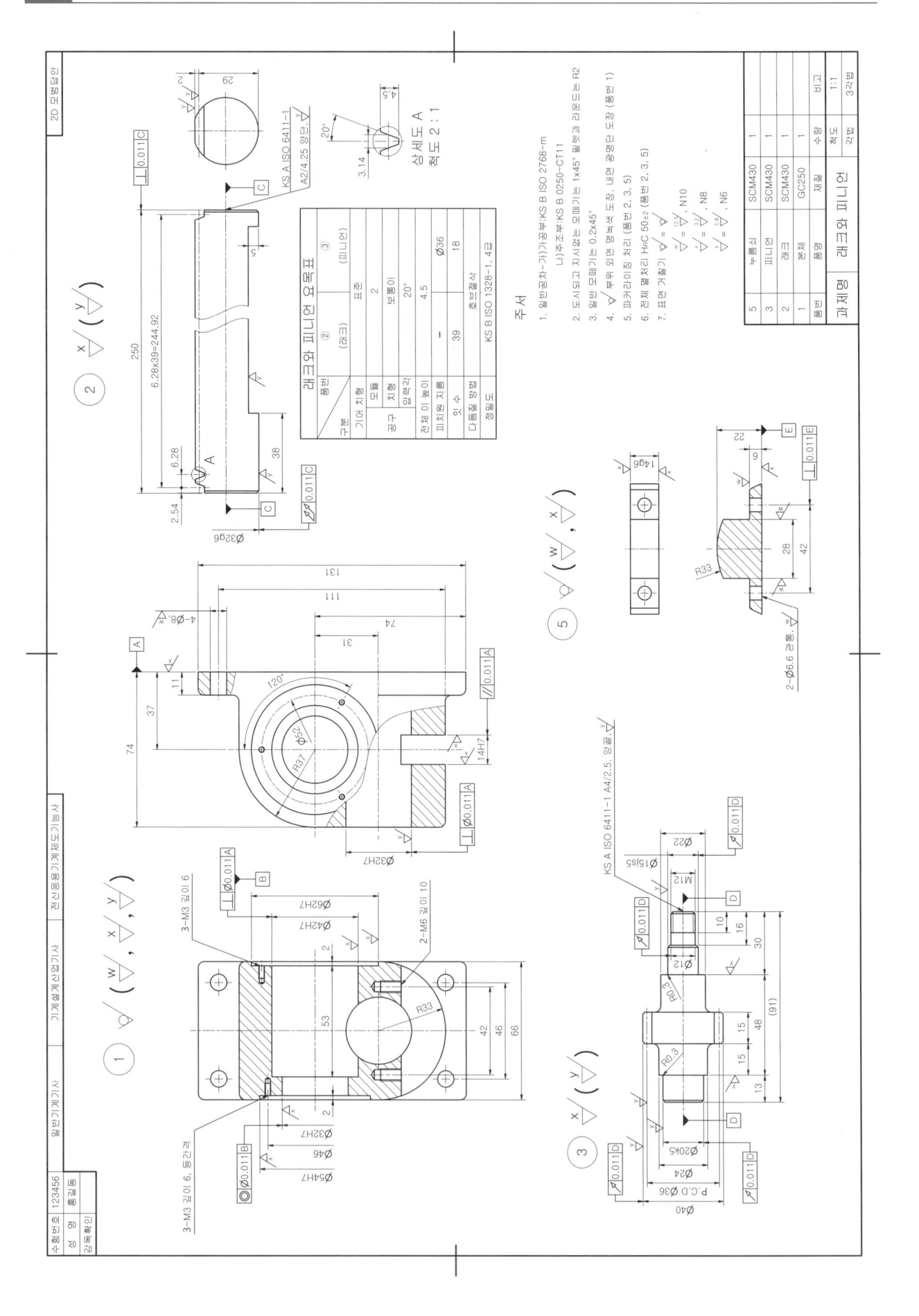

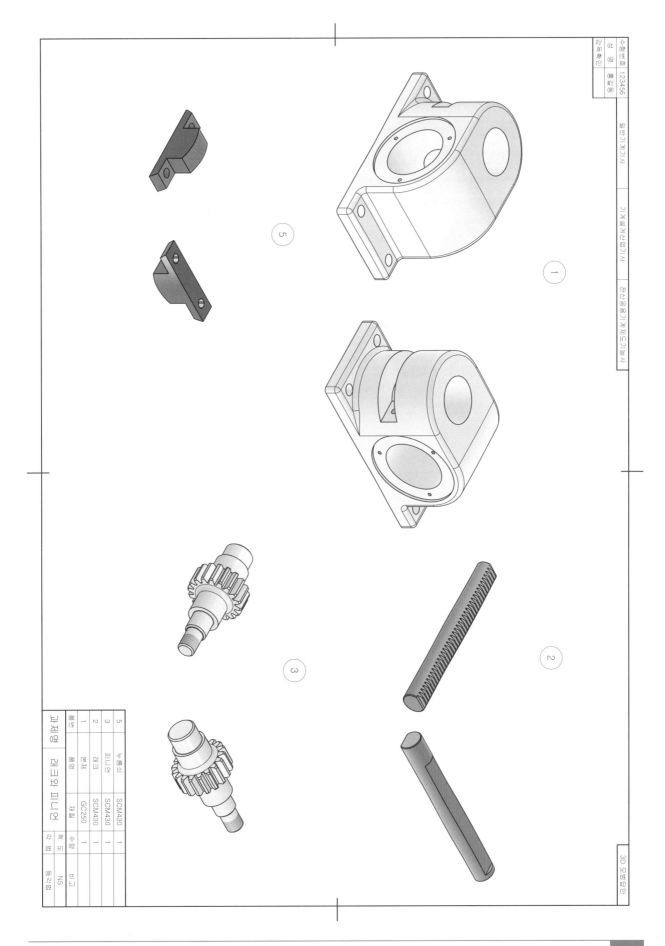

| 품번 | 품명 | 재질 | 수량 | 비고 |
|---|---|---|---|---|
| 5 | 누름쇠 | SCM430 | 1 | |
| 3 | 피니언 | SCM430 | 1 | |
| 2 | 래크 | SCM430 | 1 | |
| 1 | 몸체 | GC250 | 1 | NS |
| 품번 | 품명 | 재질 | 수량 | 비고 |

| 수험번호 | 123456 | | |
|---|---|---|---|
| 성명 | 홍길동 | | |
| 감독확인 | (인) | | |
| 일반기계기사 | 기계설계산업기사 | 전산응용기계제도기능사 | 3D형상모델링 |

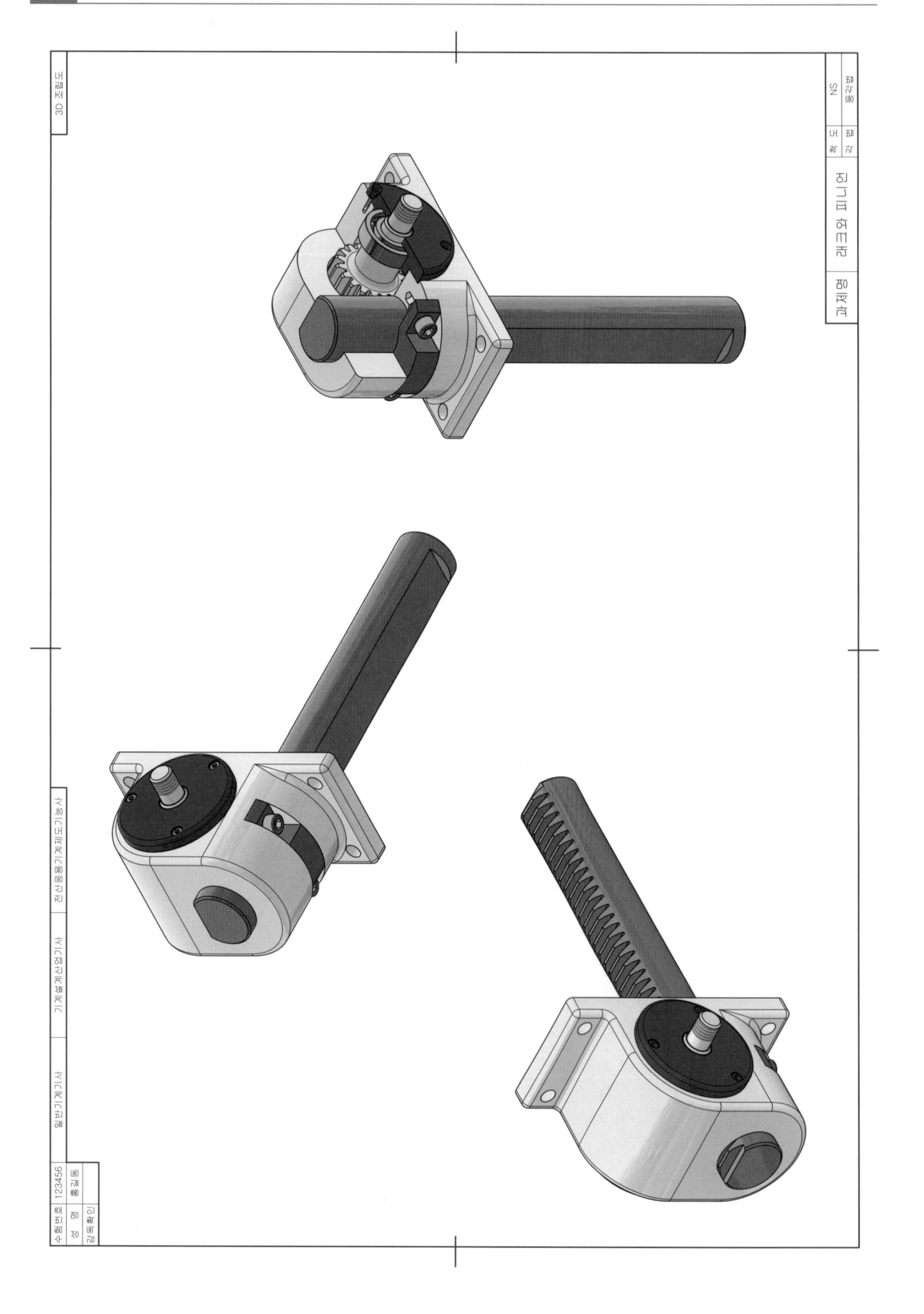

## 국가기술자격 실기시험문제 (작업형)

| 종목명 | 일반기계기사, 기계설계산업기사, 전산응용기계제도기능사 | 과제명 | 편심 슬라이더 구동장치 |
|---|---|---|---|

※ 문제지는 시험종료 후 반드시 반납하시기 바랍니다.

※ 시험시간: 5시간

### 1. 요구사항

※ 지급된 재료 및 시설을 사용하여 아래 작업을 완성하시오.

　가. 부품도(2D)의 제도

　　1) 주어진 문제의 조립도면에 표시된 부품번호(①, ②, ③, ④)의 부품도를 CAD 프로그램을 이용하여 A2 용지에 척도는 1:1로 하여, 투상법은 제3각법으로 제도하시오.

　　2) 각 부품들의 형상이 잘 나타나도록 투상도와 단면도 등을 빠짐없이 제도하고, 설계목적에 맞는 기능 및 작동을 할 수 있도록 치수 및 치수공차, 끼워 맞춤 공차와 기하공차 기호, 표면거칠기 기호, 표면처리, 열처리, 주서 등 부품 제작에 필요한 모든 사항을 기입하시오.

　　3) 제도 완료 후 지급된 A3(420×297) 크기의 용지(트레이싱지)에 수험자가 직접 흑백으로 출력하여 확인하고 제출하시오.

　나. 렌더링 등각 투상도(3D) 제도

　　1) 주어진 문제의 조립도면에 표시된 부품번호(①, ②, ③, ④)의 부품을 파라메트릭 솔리드 모델링을 하고, 모양과 윤곽을 알아보기 쉽도록 뚜렷한 음영, 렌더링 처리를 하여 A2 용지에 제도하시오.

　　2) 음영과 렌더링 처리는 예시 그림과 같이 형상이 잘 나타나도록 등각 축 2개를 정해 척도는 NS로 실물의 크기를 고려하여 제도하시오. (단, 형상은 단면하여 표시하지 않습니다)

　　3) 제도 완료 후, 지급된 A3(420×297) 크기의 용지(트레이싱지)에 수험자가 직접 흑백으로 출력하여 확인하고 제출하시오.

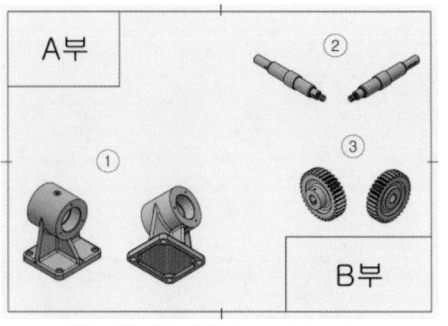

&lt;3D 렌더링 등각 투상도 예시&gt;

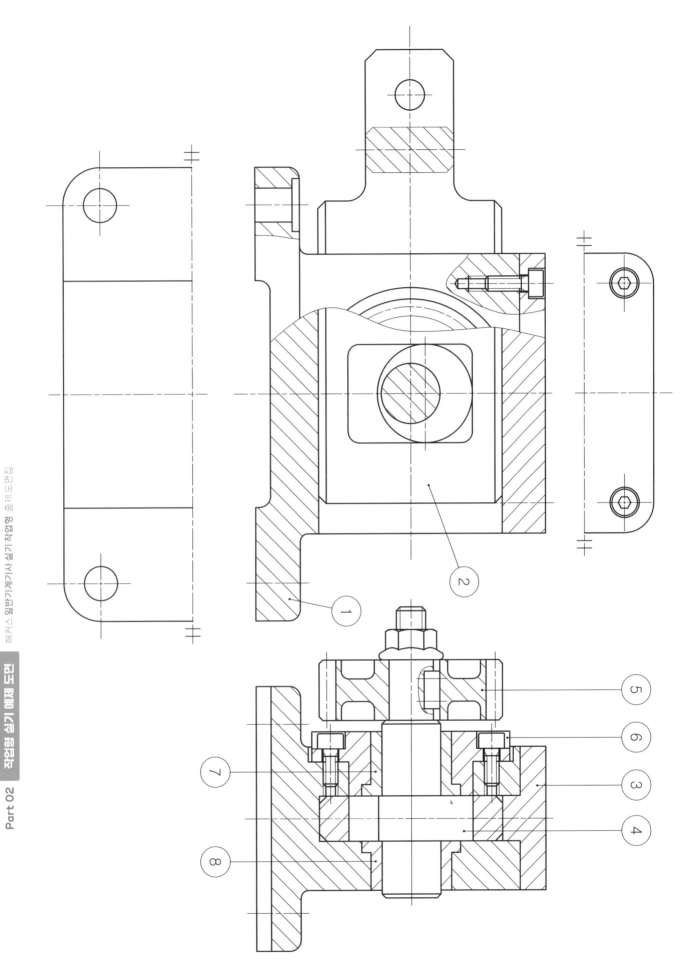

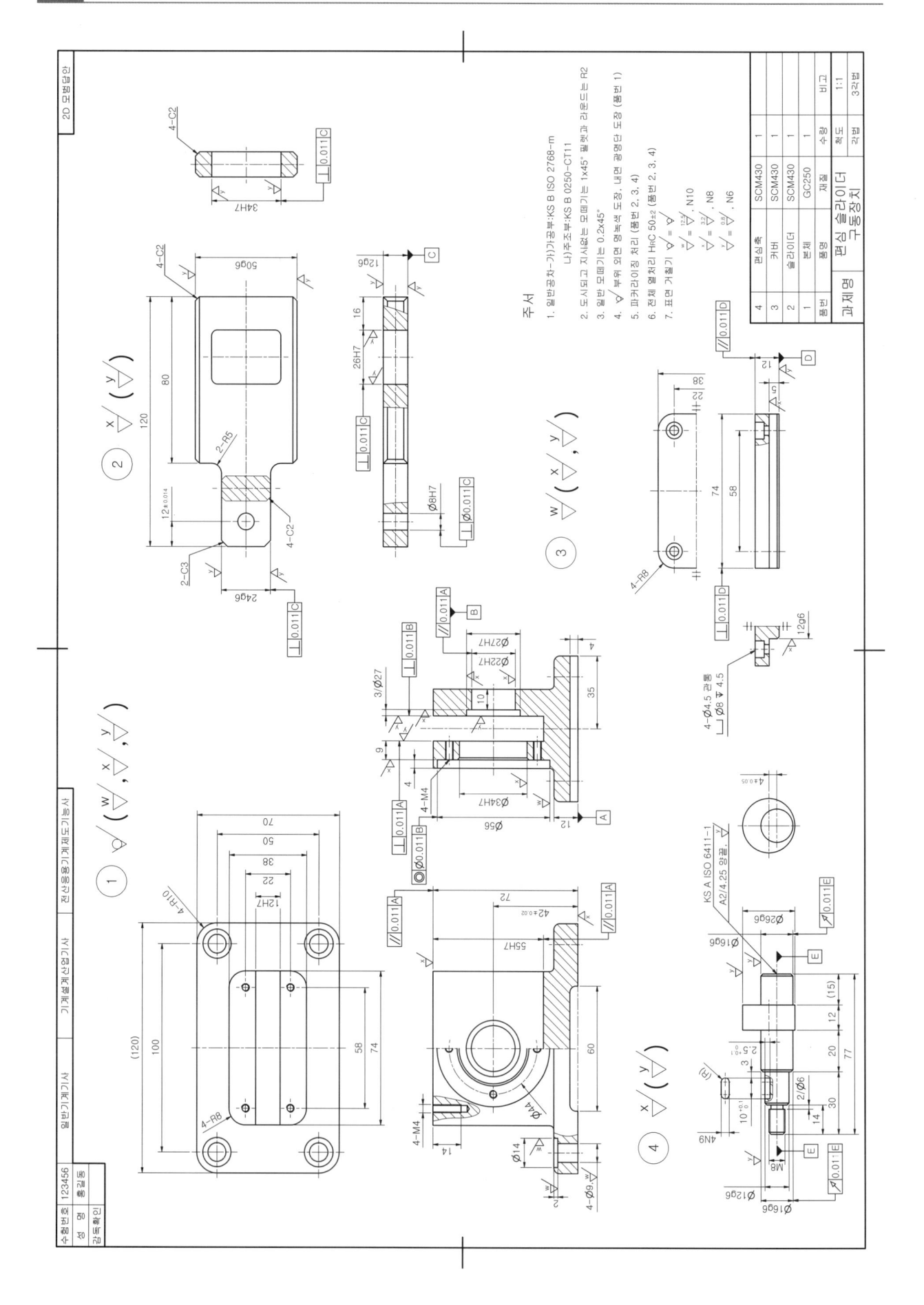

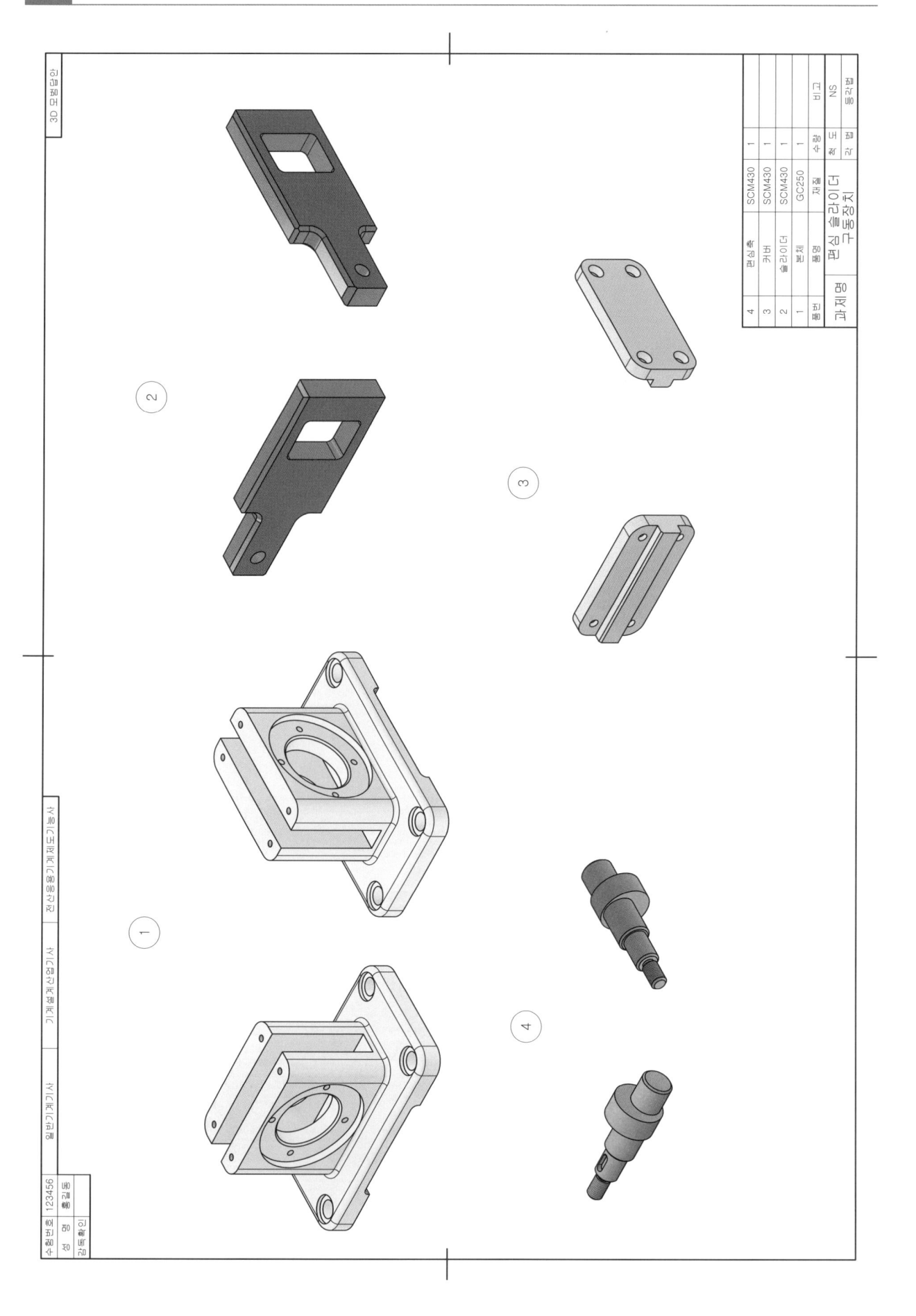

Part 02 작업형 실기 예제 도면

해커스 일반기계기사 실기 작업형 출제 도면집

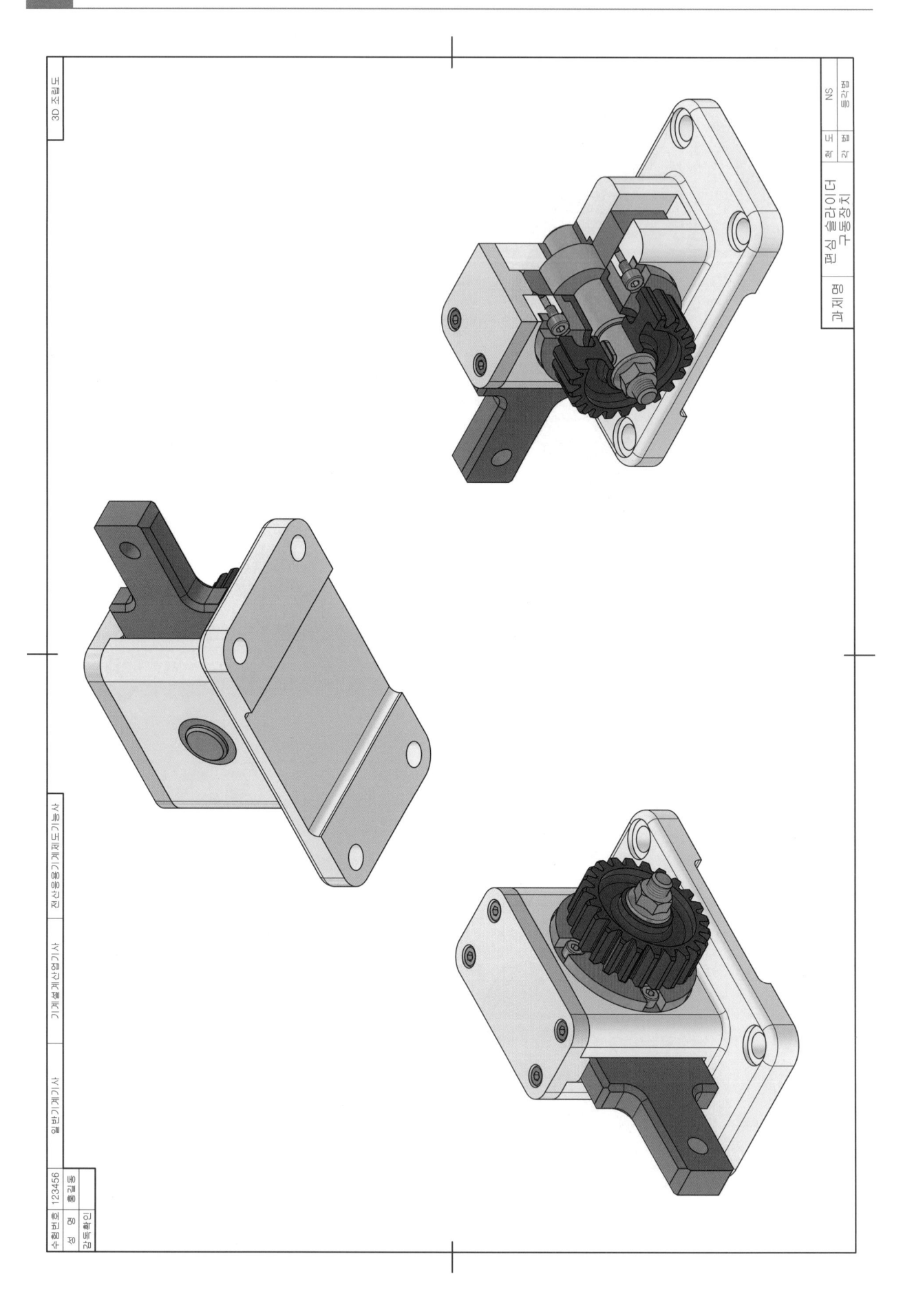

# 국가기술자격 실기시험문제 (작업형)

| 종목명 | 일반기계기사, 기계설계산업기사,<br>전산응용기계제도기능사 | 과제명 | 2날 클로우<br>클러치 |
|---|---|---|---|

※ 문제지는 시험종료 후 반드시 반납하시기 바랍니다.

※ 시험시간: 5시간

## 1. 요구사항

※ 지급된 재료 및 시설을 사용하여 아래 작업을 완성하시오.

가. 부품도(2D)의 제도

   1) 주어진 문제의 조립도면에 표시된 부품번호(①, ②, ③, ④)의 부품도를 CAD 프로그램을 이용하여 A2 용지에 척도는 1:1로 하여, 투상법은 제3각법으로 제도하시오.

   2) 각 부품들의 형상이 잘 나타나도록 투상도와 단면도 등을 빠짐없이 제도하고, 설계목적에 맞는 기능 및 작동을 할 수 있도록 치수 및 치수공차, 끼워 맞춤 공차와 기하공차 기호, 표면거칠기 기호, 표면처리, 열처리, 주서 등 부품 제작에 필요한 모든 사항을 기입하시오.

   3) 제도 완료 후 지급된 A3(420×297) 크기의 용지(트레이싱지)에 수험자가 직접 흑백으로 출력하여 확인하고 제출하시오.

나. 렌더링 등각 투상도(3D) 제도

   1) 주어진 문제의 조립도면에 표시된 부품번호(①, ②, ③, ④)의 부품을 파라메트릭 솔리드 모델링을 하고, 모양과 윤곽을 알아보기 쉽도록 뚜렷한 음영, 렌더링 처리를 하여 A2 용지에 제도하시오.

   2) 음영과 렌더링 처리는 예시 그림과 같이 형상이 잘 나타나도록 등각 축 2개를 정해 척도는 NS로 실물의 크기를 고려하여 제도하시오. (단, 형상은 단면하여 표시하지 않습니다)

   3) 제도 완료 후, 지급된 A3(420×297) 크기의 용지(트레이싱지)에 수험자가 직접 흑백으로 출력하여 확인하고 제출하시오.

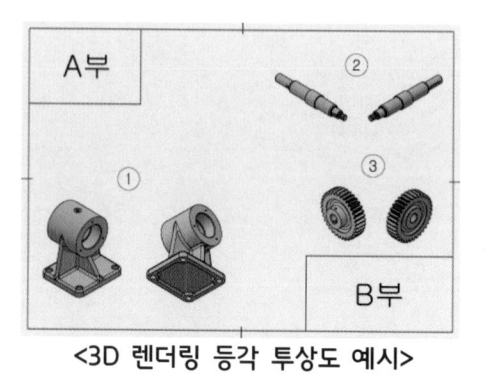

<3D 렌더링 등각 투상도 예시>

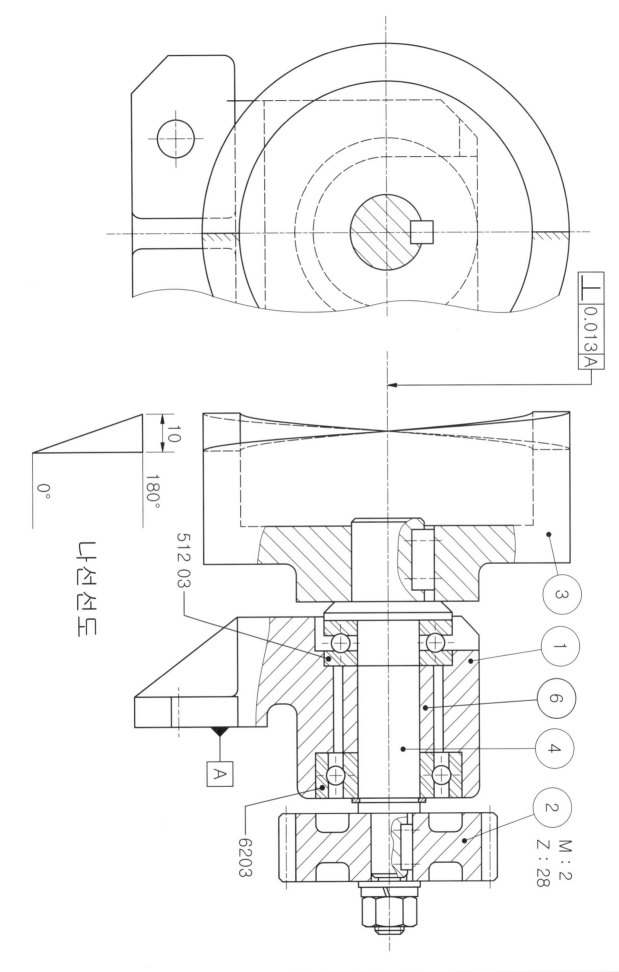

나사선도

512 03

6203

10

180°

0°

⊥ | 0.013 | A

A

3

1

6

4

2
M : 2
Z : 28

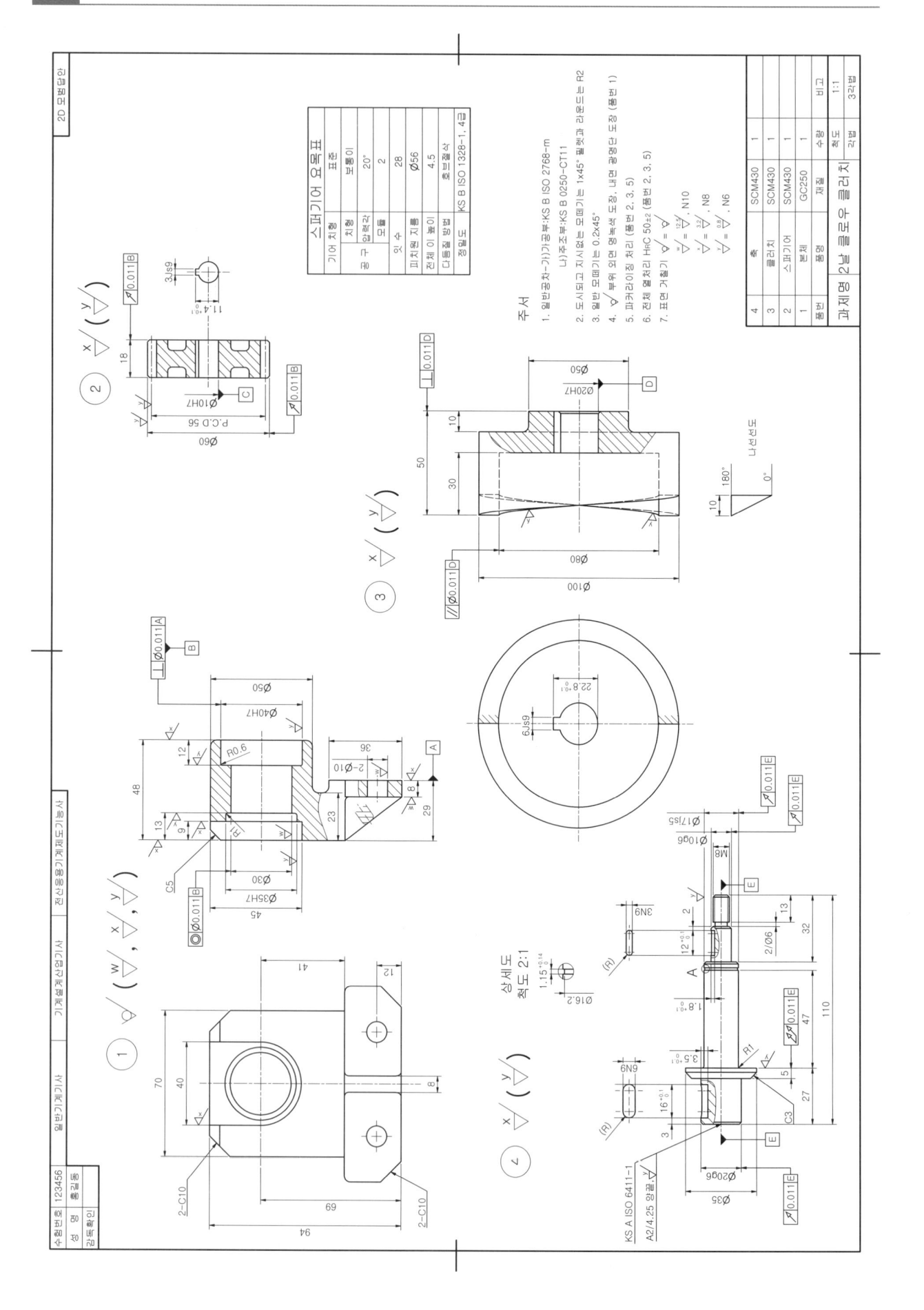

Part 02

작업형 실기 예제 도면

해커스 일반기계기사실기 작업형 출제도면집

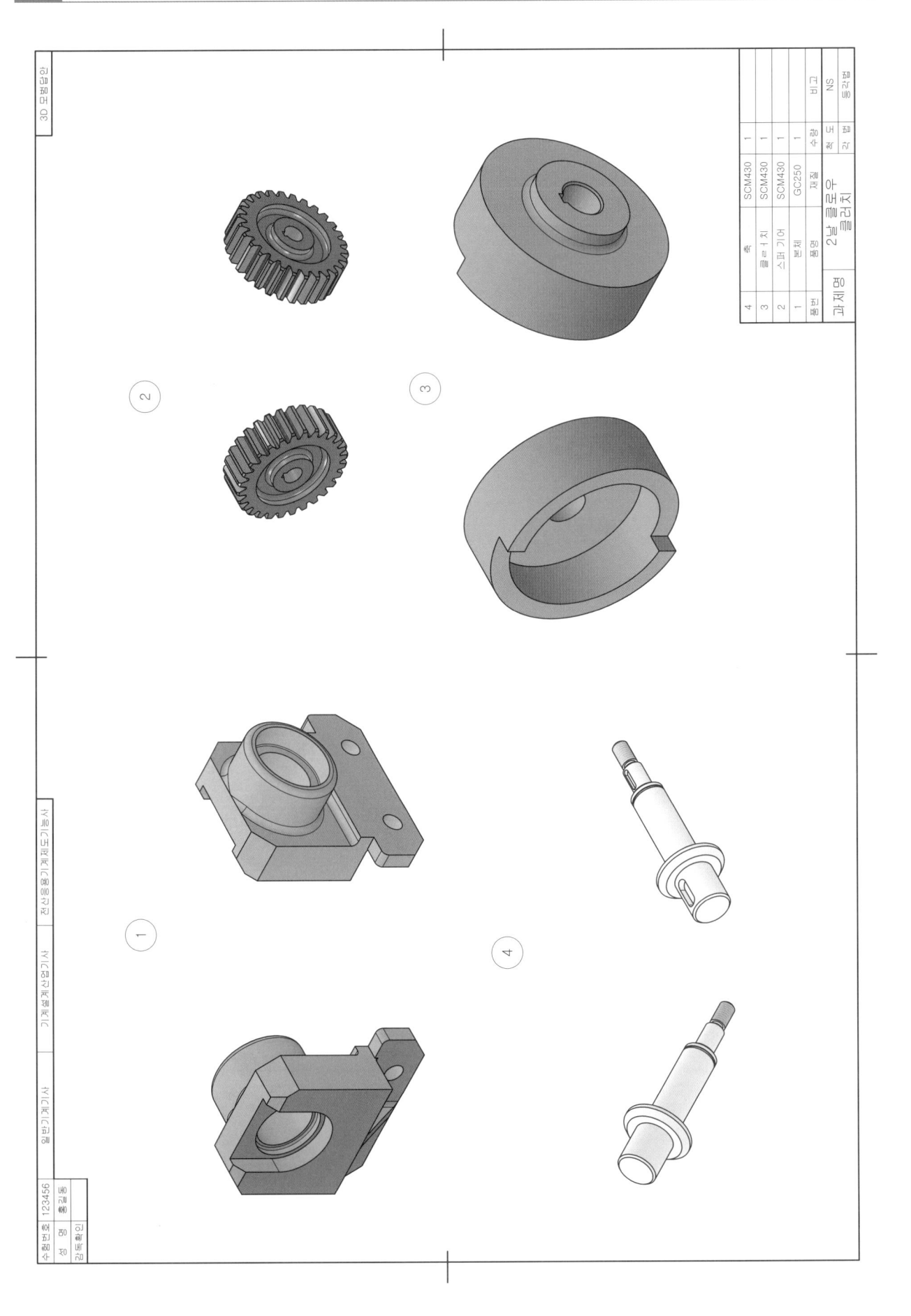

| 품번 | 품명 | 재질 | 수량 | 비고 |
|---|---|---|---|---|
| 4 | 축 | SCM430 | 1 | |
| 3 | 클러치 | SCM430 | 1 | |
| 2 | 스퍼 기어 | SCM430 | 1 | |
| 1 | 본체 | GC250 | 1 | |
| 품번 | 품명 | 재질 | 수량 | 비고 |

2날 클로우 클러치

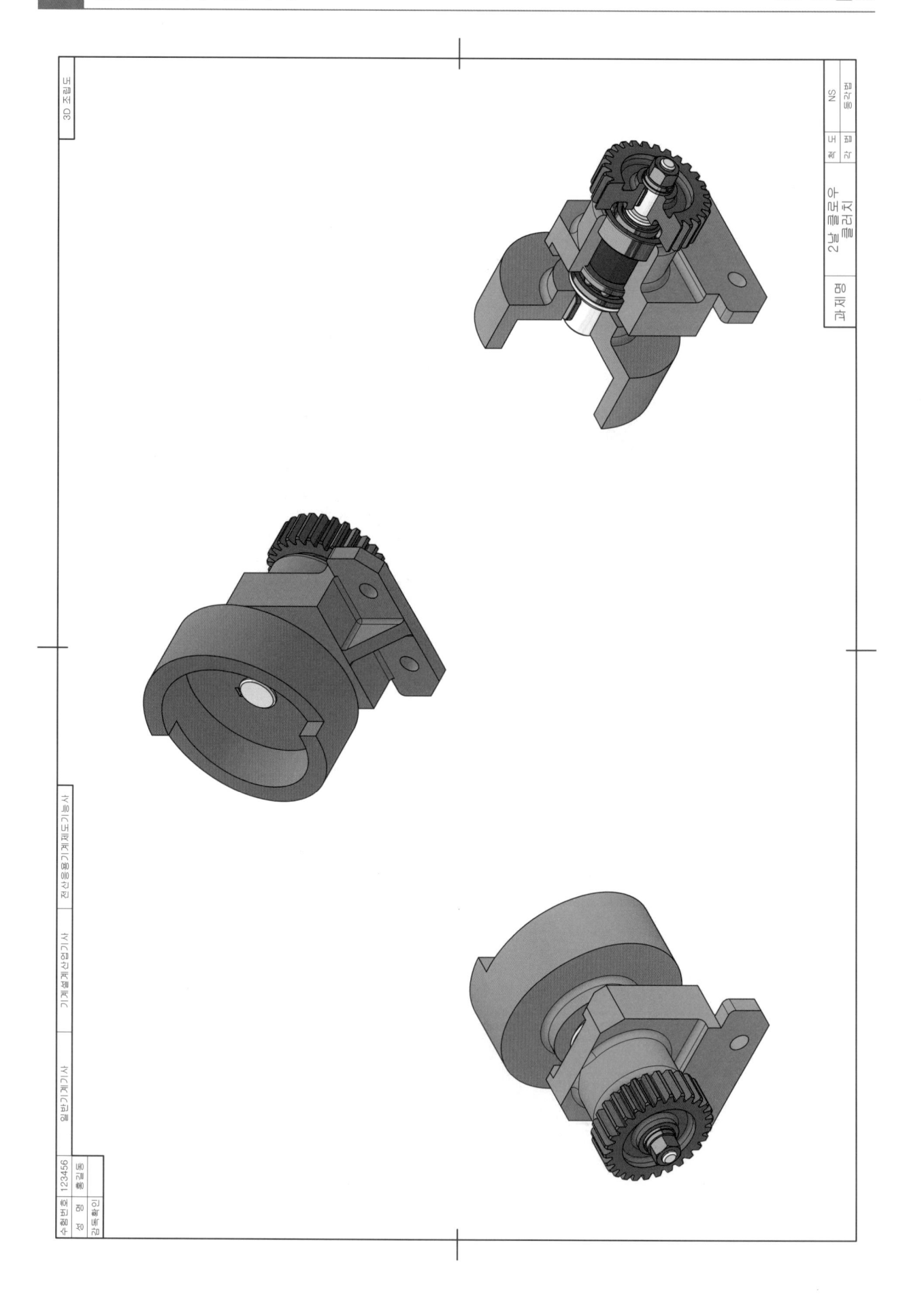

## 국가기술자격 실기시험문제 (작업형)

| 종목명 | 일반기계기사, 기계설계산업기사, 전산응용기계제도기능사 | 과제명 | 기어박스 |
|---|---|---|---|

※ 문제지는 시험종료 후 반드시 반납하시기 바랍니다.

※ 시험시간: 5시간

1. 요구사항

※ 지급된 재료 및 시설을 사용하여 아래 작업을 완성하시오.

　가. 부품도(2D)의 제도

　　1) 주어진 문제의 조립도면에 표시된 부품번호(①, ③, ④, ⑤)의 부품도를 CAD 프로그램을 이용하여 A2 용지에 척도는 1:1로 하여, 투상법은 제3각법으로 제도하시오.

　　2) 각 부품들의 형상이 잘 나타나도록 투상도와 단면도 등을 빠짐없이 제도하고, 설계목적에 맞는 기능 및 작동을 할 수 있도록 치수 및 치수공차, 끼워 맞춤 공차와 기하공차 기호, 표면거칠기 기호, 표면처리, 열처리, 주서 등 부품 제작에 필요한 모든 사항을 기입하시오.

　　3) 제도 완료 후 지급된 A3(420×297) 크기의 용지(트레이싱지)에 수험자가 직접 흑백으로 출력하여 확인하고 제출하시오.

　나. 렌더링 등각 투상도(3D) 제도

　　1) 주어진 문제의 조립도면에 표시된 부품번호(①, ③, ④, ⑤)의 부품을 파라메트릭 솔리드 모델링을 하고, 모양과 윤곽을 알아보기 쉽도록 뚜렷한 음영, 렌더링 처리를 하여 A2 용지에 제도하시오.

　　2) 음영과 렌더링 처리는 예시 그림과 같이 형상이 잘 나타나도록 등각 축 2개를 정해 척도는 NS로 실물의 크기를 고려하여 제도하시오. (단, 형상은 단면하여 표시하지 않습니다)

　　3) 제도 완료 후, 지급된 A3(420×297) 크기의 용지(트레이싱지)에 수험자가 직접 흑백으로 출력하여 확인하고 제출하시오.

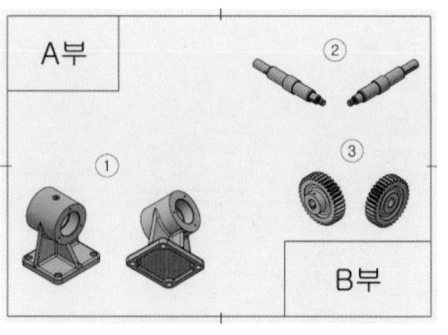

〈3D 렌더링 등각 투상도 예시〉

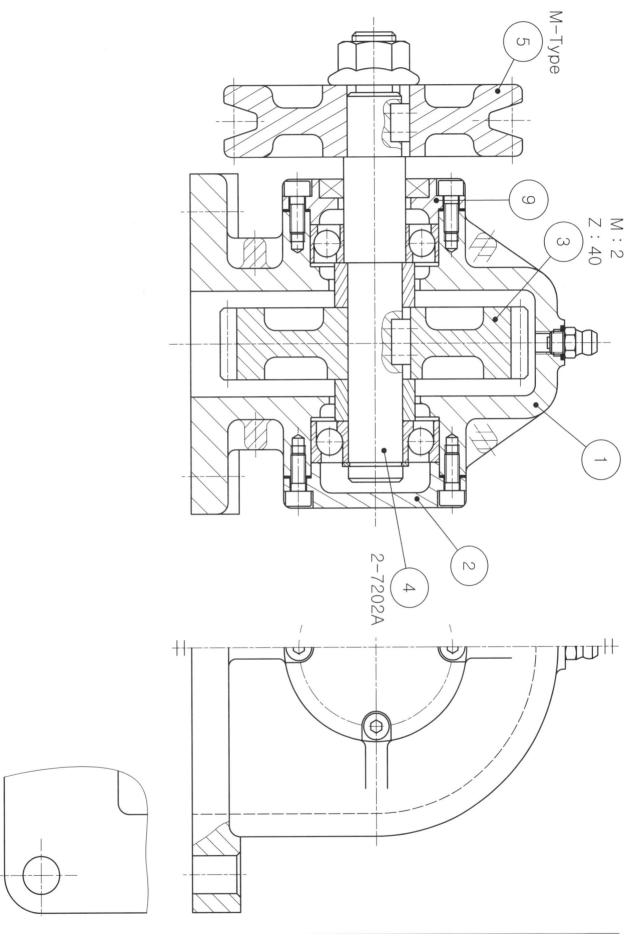

M-Type

M : 2
Z : 40

2-7202A

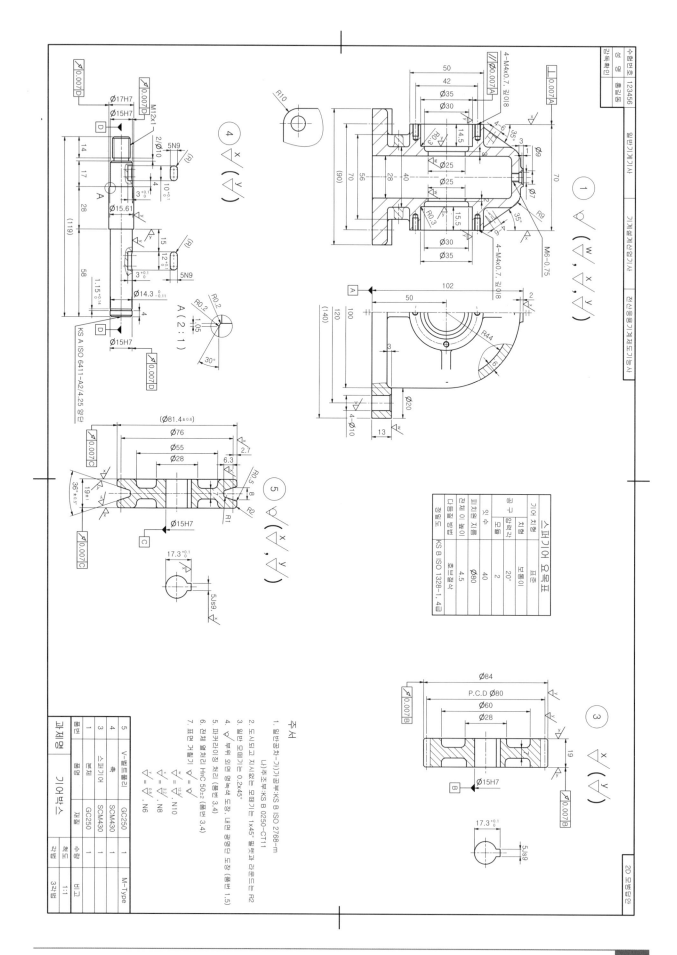

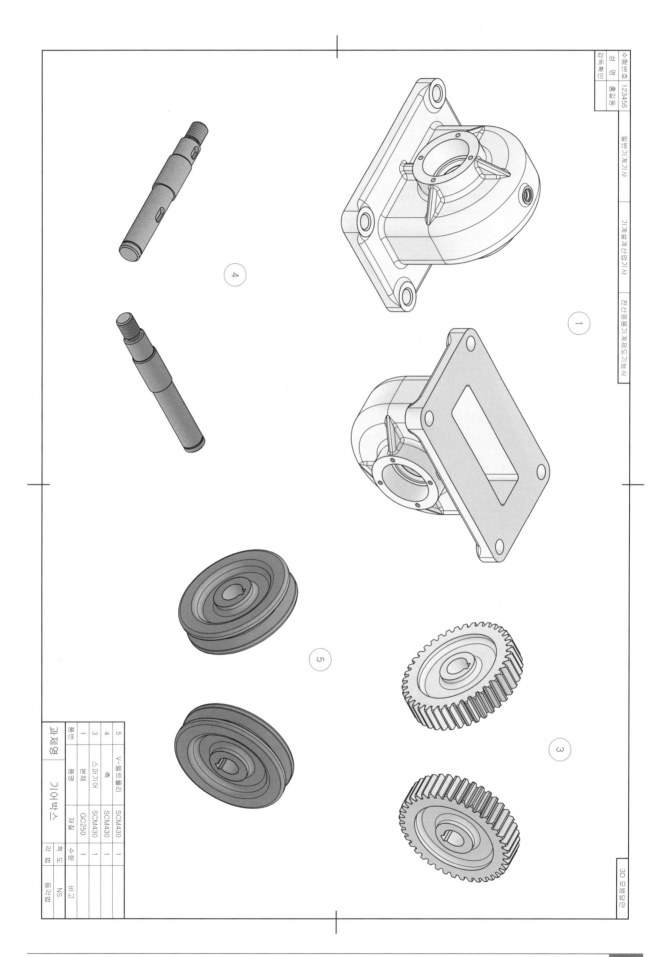

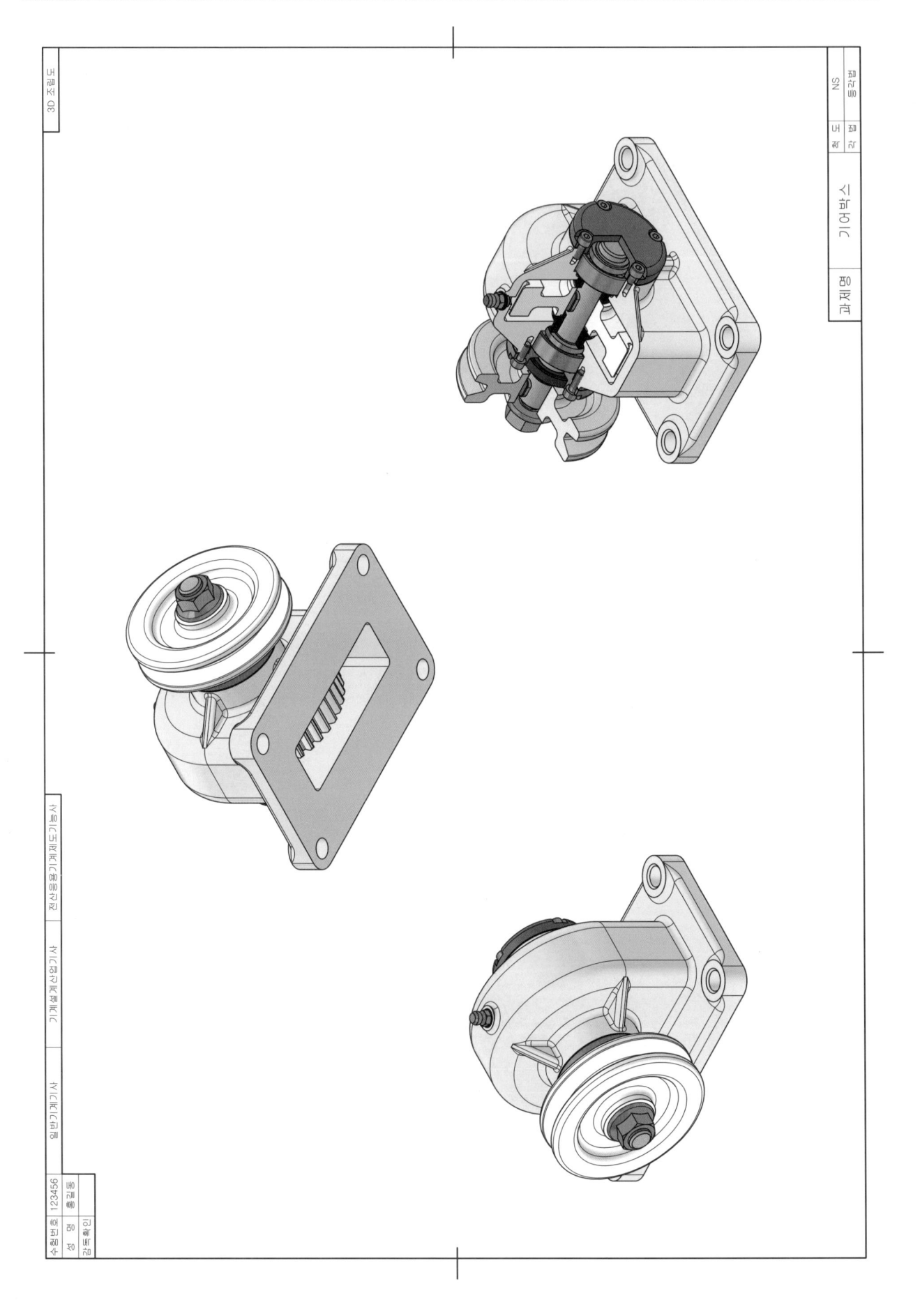

## 국가기술자격 실기시험문제 (작업형)

| 종목명 | 일반기계기사, 기계설계산업기사, 전산응용기계제도기능사 | 과제명 | 리밍지그 1 |
|---|---|---|---|

※ 문제지는 시험종료 후 반드시 반납하시기 바랍니다.

※ 시험시간: 5시간

**1. 요구사항**

※ 지급된 재료 및 시설을 사용하여 아래 작업을 완성하시오.

　가. 부품도(2D)의 제도

　　　1) 주어진 문제의 조립도면에 표시된 부품번호(①, ②, ③, ⑤)의 부품도를 CAD 프로그램을 이용하여 A2 용지에 척도는 1:1로 하여, 툭상법은 제3각법으로 제도하시오.

　　　2) 각 부품들의 형상이 잘 나타나도록 투상도와 단면도 등을 빠짐없이 제도하고, 설계목적에 맞는 기능 및 작동을 할 수 있도록 치수 및 치수공차, 끼워 맞춤 공차와 기하공차 기호, 표면거칠기 기호, 표면처리, 열처리, 주서 등 부품 제작에 필요한 모든 사항을 기입하시오.

　　　3) 제도 완료 후 지급된 A3(420×297) 크기의 용지(트레이싱지)에 수험자가 직접 흑백으로 출력하여 확인하고 제출하시오.

　나. 렌더링 등각 투상도(3D) 제도

　　　1) 주어진 문제의 조립도면에 표시된 부품번호(①, ②, ③, ④, ⑤)의 부품을 파라메트릭 솔리드 모델링을 하고, 모양과 윤곽을 알아보기 쉽도록 뚜렷한 음영, 렌더링 처리를 하여 A2 용지에 제도하시오.

　　　2) 음영과 렌더링 처리는 예시 그림과 같이 형상이 잘 나타나도록 등각 축 2개를 정해 척도는 NS로 실물의 크기를 고려하여 제도하시오. (단, 형상은 단면하여 표시하지 않습니다)

　　　3) 제도 완료 후, 지급된 A3(420×297) 크기의 용지(트레이싱지)에 수험자가 직접 흑백으로 출력하여 확인하고 제출하시오.

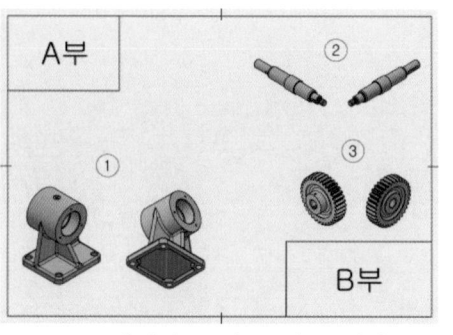

〈3D 렌더링 등각 투상도 예시〉

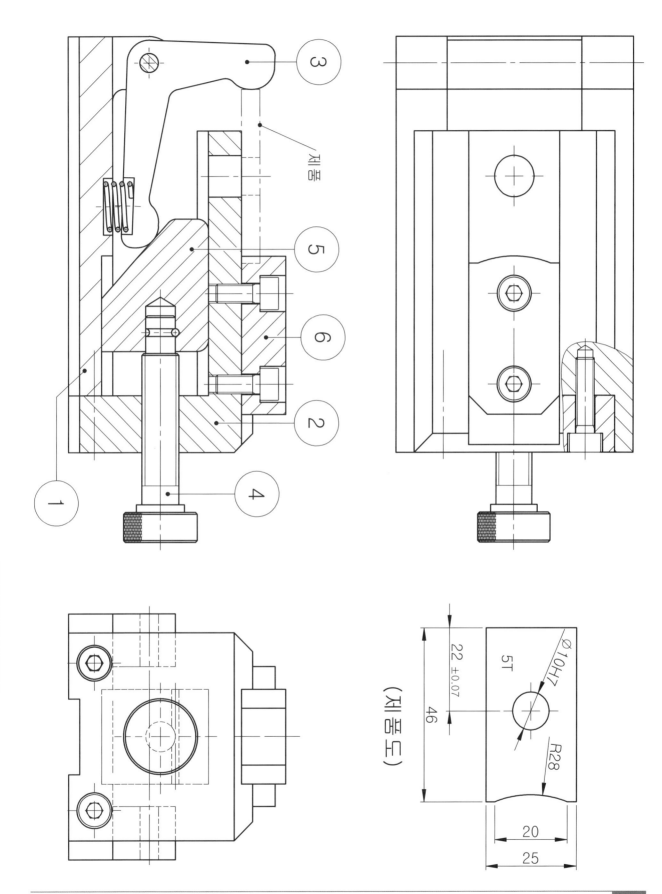

(제품도)

∅10H7

5T

R28

22 ±0.07

46

20

25

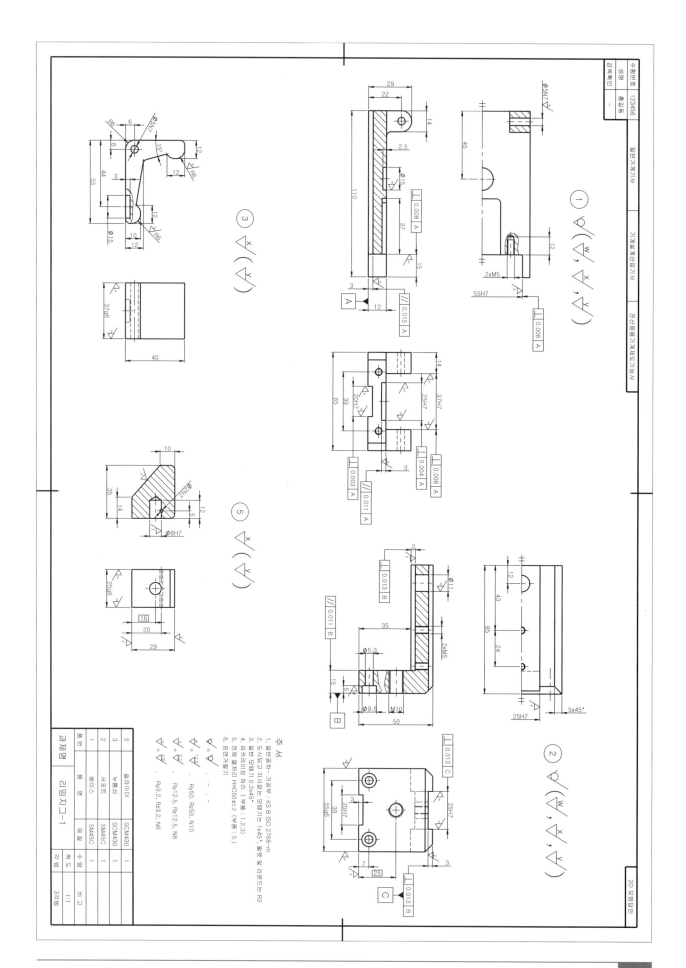

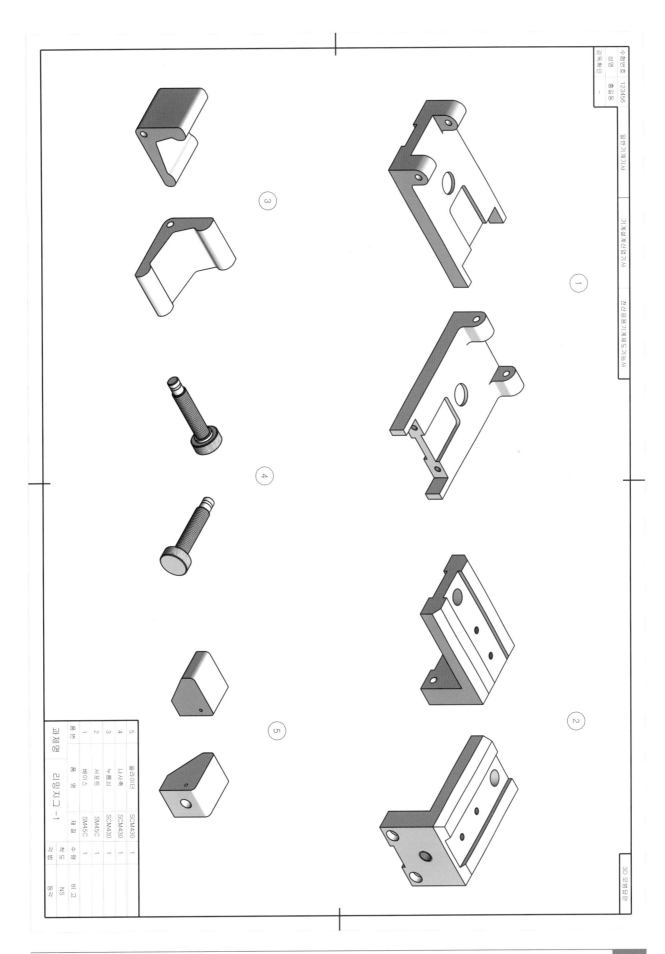

| 품번 | 품 명 | 재 질 | 수 량 | 비 고 |
|---|---|---|---|---|
| 5 | 슬라이더 | SCM430 | 1 | |
| 4 | 나사 훅 | SCM430 | 1 | |
| 3 | 누름쇠 | SCM430 | 1 | |
| 2 | 서포트 | SM45C | 1 | |
| 1 | 베이스 | SM45C | 1 | |
| 품번 | 품 명 | 재 질 | 수 량 | 비 고 |
| 과제명 | | 리밍지그 -1 | 척 도 | NS |
| | | | 각 법 | 3각 |

| 수험번호 | 123456 | |
| 성명 | 홍길동 | |
| 감독확인 | | 1 |

일반기계기사

기계설계산업기사

전산응용기계제도기능사

3D 모델링안

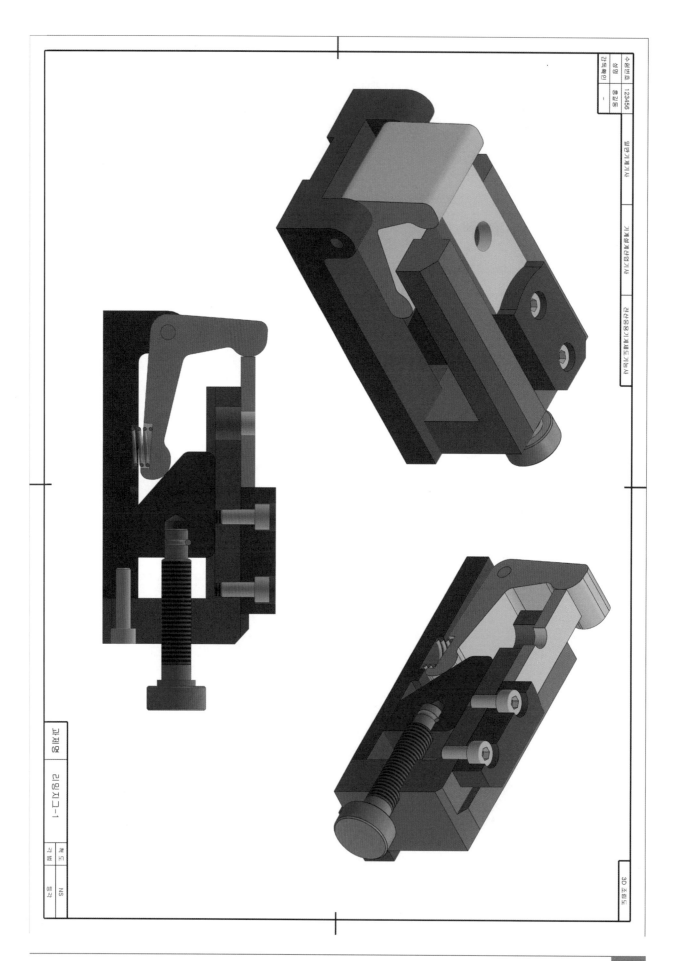

# 국가기술자격 실기시험문제 (작업형)

| 종목명 | 일반기계기사, 기계설계산업기사, 전산응용기계제도기능사 | 과제명 | 리밍지그 2 |
|---|---|---|---|

※ 문제지는 시험종료 후 반드시 반납하시기 바랍니다.

※ 시험시간: 5시간

1. 요구사항

※ 지급된 재료 및 시설을 사용하여 아래 작업을 완성하시오.

　가. 부품도(2D)의 제도

　　1) 주어진 문제의 조립도면에 표시된 부품번호(①, ②, ③, ⑤)의 부품도를 CAD 프로그램을 이용하여 A2 용지에 척도는 1:1로 하여, 툭상법은 제3각법으로 제도하시오.

　　2) 각 부품들의 형상이 잘 나타나도록 투상도와 단면도 등을 빠짐없이 제도하고, 설계목적에 맞는 기능 및 작동을 할 수 있도록 치수 및 치수공차, 끼워 맞춤 공차와 기하공차 기호, 표면거칠기 기호, 표면처리, 열처리, 주서 등 부품 제작에 필요한 모든 사항을 기입하시오.

　　3) 제도 완료 후 지급된 A3(420×297) 크기의 용지(트레이싱지)에 수험자가 직접 흑백으로 출력하여 확인하고 제출하시오.

　나. 렌더링 등각 투상도(3D) 제도

　　1) 주어진 문제의 조립도면에 표시된 부품번호(①, ②, ③, ④, ⑤)의 부품을 파라메트릭 솔리드 모델링을 하고, 모양과 윤곽을 알아보기 쉽도록 뚜렷한 음영, 렌더링 처리를 하여 A2 용지에 제도하시오.

　　2) 음영과 렌더링 처리는 예시 그림과 같이 형상이 잘 나타나도록 등각 축 2개를 정해 척도는 NS로 실물의 크기를 고려하여 제도하시오. (단, 형상은 단면하여 표시하지 않습니다)

　　3) 제도 완료 후, 지급된 A3(420×297) 크기의 용지(트레이싱지)에 수험자가 직접 흑백으로 출력하여 확인하고 제출하시오.

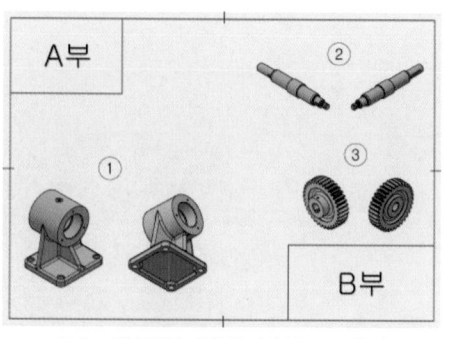

〈3D 렌더링 등각 투상도 예시〉

Part 02 작업형 실기 예제 도면
해커스 일반기계기사 실기 작업형 출제 도면집

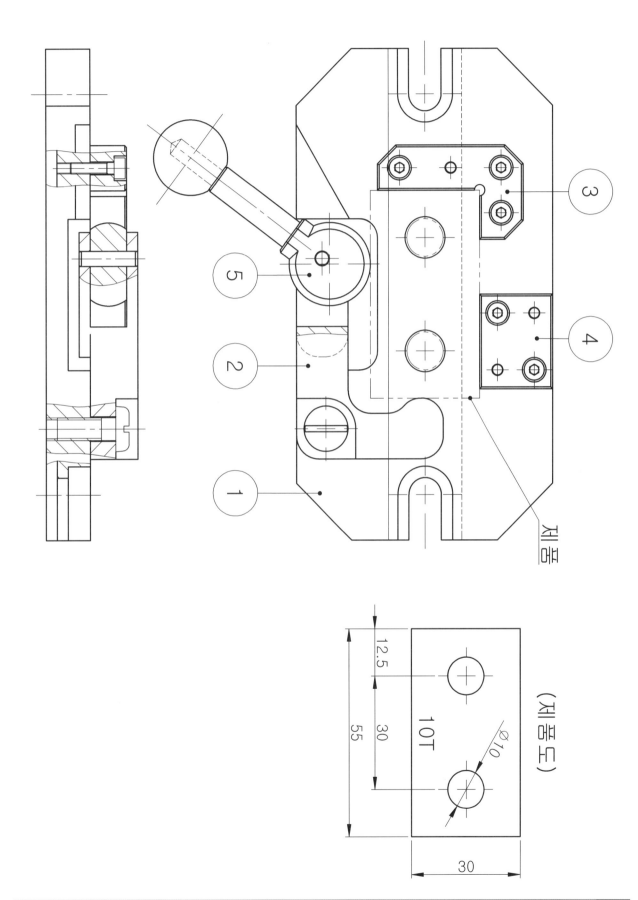

1

2

5

3

4

제품

(제품도)

10T

Ø10

12.5

30

55

30

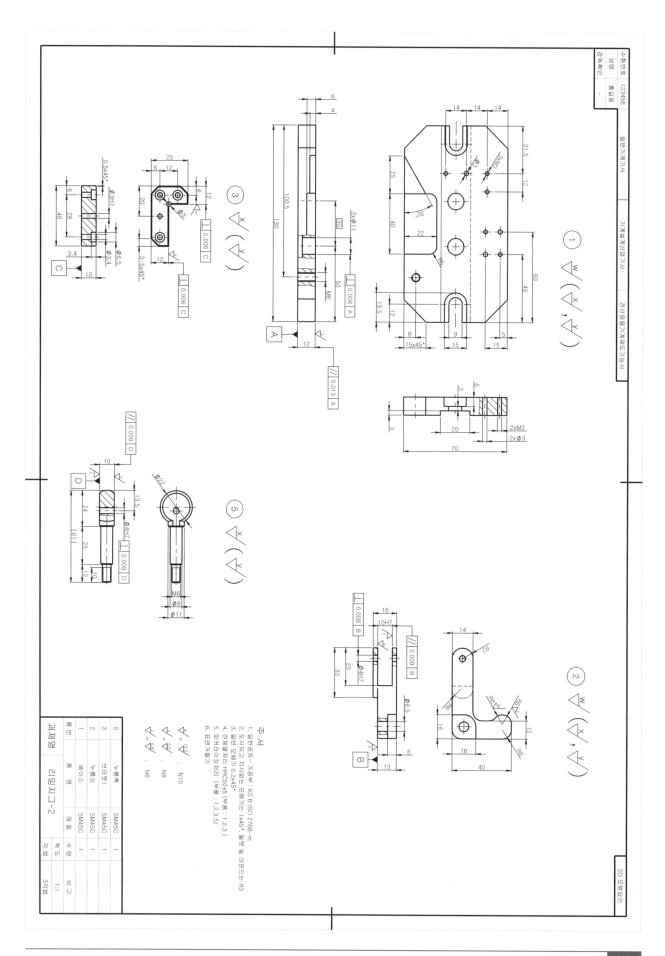

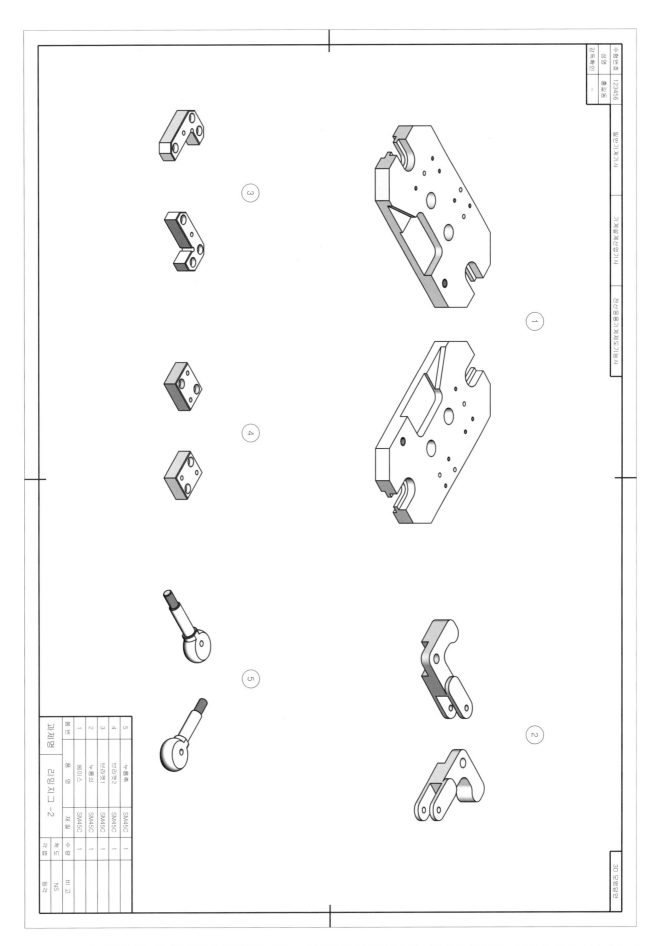

Part 02 작업형 실기 예제 도면

해커스 일반기계기사 실기 작업형 출제 도면집

| 품번 | 품명 | 재질 | 수량 | 비고 |
|---|---|---|---|---|
| 5 | 누름봉 | SM45C | 1 | NS |
| 4 | 분할핀2 | SM45C | 1 | |
| 3 | 분할핀1 | SM45C | 1 | |
| 2 | 누름쇠 | SM45C | 1 | |
| 1 | 베이스 | SM45C | 1 | |

과제명 리밍지그 -2

3D 모델링안

| 각법 | 척도 | 동력 |
|---|---|---|

| 수험번호 | 12456 | | 일반기계기사 | 기계설계산업기사 | 전산응용기계제도기능사 |
|---|---|---|---|---|---|
| 성명 | 홍길동 | | | | |

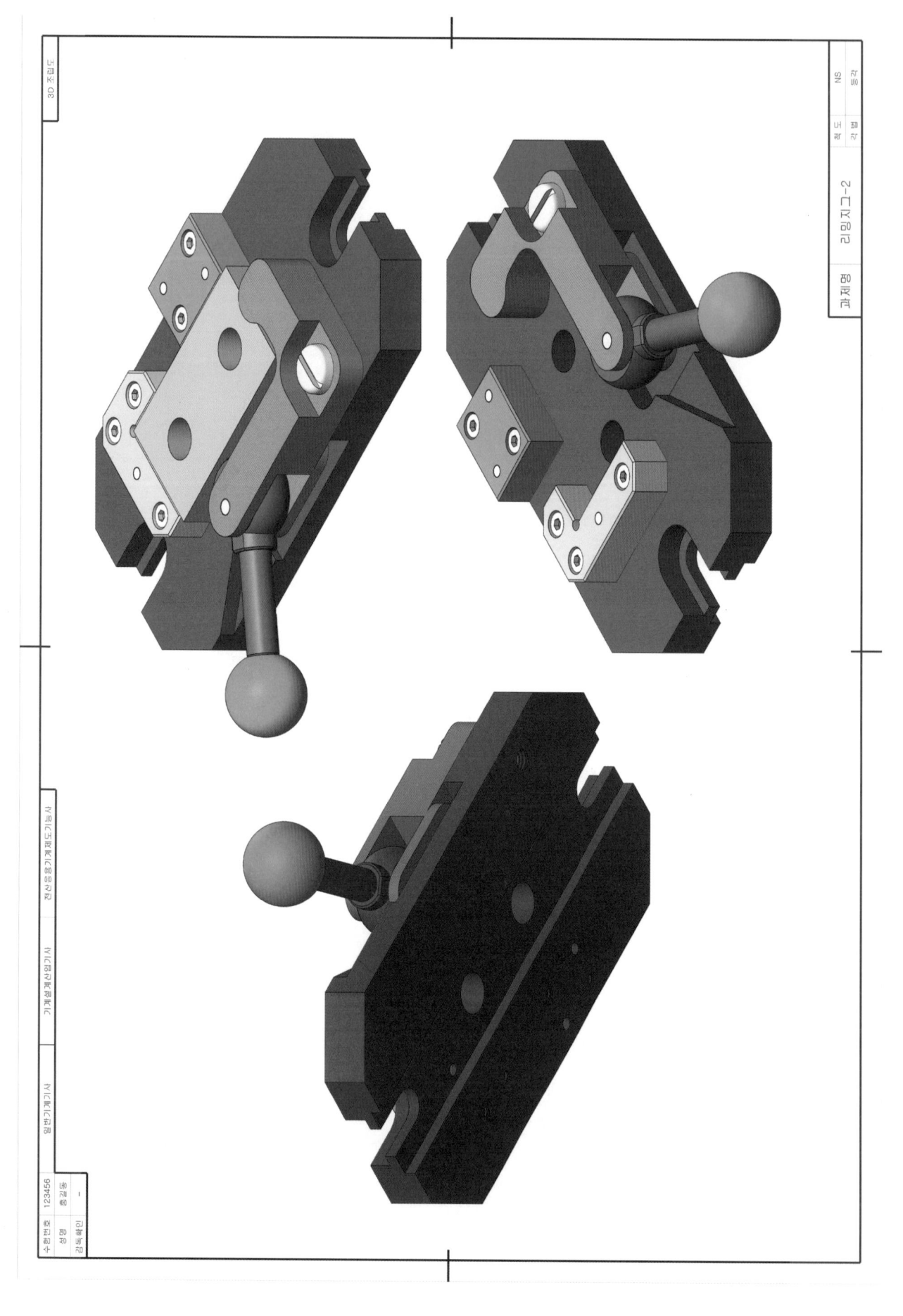

# 국가기술자격 실기시험문제 (작업형)

| 종목명 | 일반기계기사, 기계설계산업기사, 전산응용기계제도기능사 | 과제명 | 분할장치 |
|---|---|---|---|

※ 문제지는 시험종료 후 반드시 반납하시기 바랍니다.

※ 시험시간: 5시간

1. 요구사항

※ 지급된 재료 및 시설을 사용하여 아래 작업을 완성하시오.

가. 부품도(2D)의 제도

　　1) 주어진 문제의 조립도면에 표시된 부품번호(①, ②, ③, ④)의 부품도를 CAD 프로그램을 이용하여 A2 용지에 척도는 1:1로 하여, 툭상법은 제3각법으로 제도하시오.

　　2) 각 부품들의 형상이 잘 나타나도록 투상도와 단면도 등을 빠짐없이 제도하고, 설계목적에 맞는 기능 및 작동을 할 수 있도록 치수 및 치수공차, 끼워 맞춤 공차와 기하공차 기호, 표면거칠기 기호, 표면처리, 열처리, 주서 등 부품 제작에 필요한 모든 사항을 기입하시오.

　　3) 제도 완료 후 지급된 A3(420×297) 크기의 용지(트레이싱지)에 수험자가 직접 흑백으로 출력하여 확인하고 제출하시오.

나. 렌더링 등각 투상도(3D) 제도

　　1) 주어진 문제의 조립도면에 표시된 부품번호(①, ②, ③, ④)의 부품을 파라메트릭 솔리드 모델링을 하고, 모양과 윤곽을 알아보기 쉽도록 뚜렷한 음영, 렌더링 처리를 하여 A2 용지에 제도하시오.

　　2) 음영과 렌더링 처리는 예시 그림과 같이 형상이 잘 나타나도록 등각 축 2개를 정해 척도는 NS로 실물의 크기를 고려하여 제도하시오. (단, 형상은 단면하여 표시하지 않습니다)

　　3) 제도 완료 후, 지급된 A3(420×297) 크기의 용지(트레이싱지)에 수험자가 직접 흑백으로 출력하여 확인하고 제출하시오.

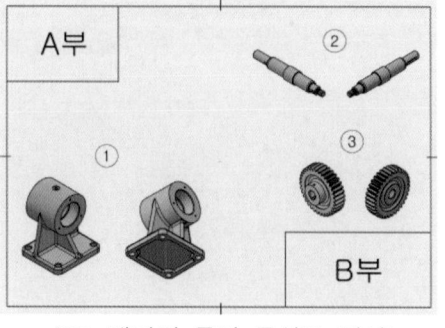

〈3D 렌더링 등각 투상도 예시〉

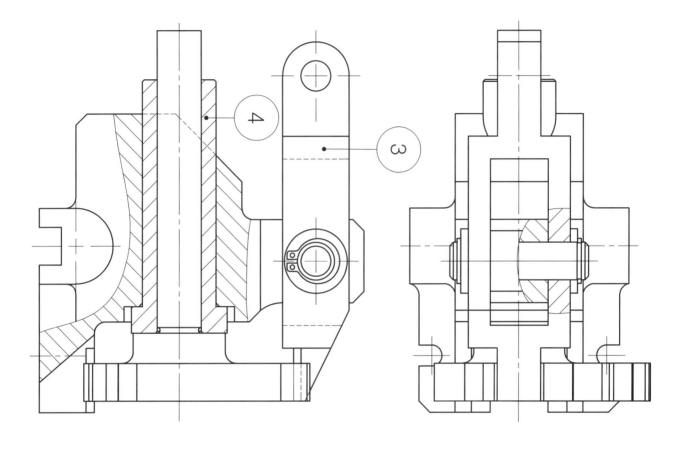

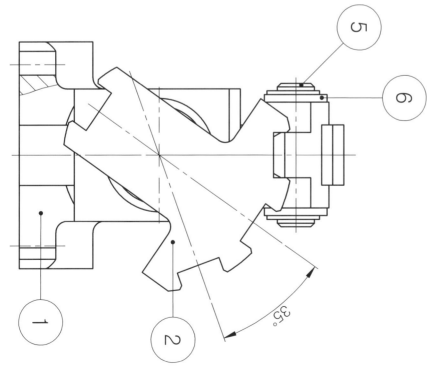

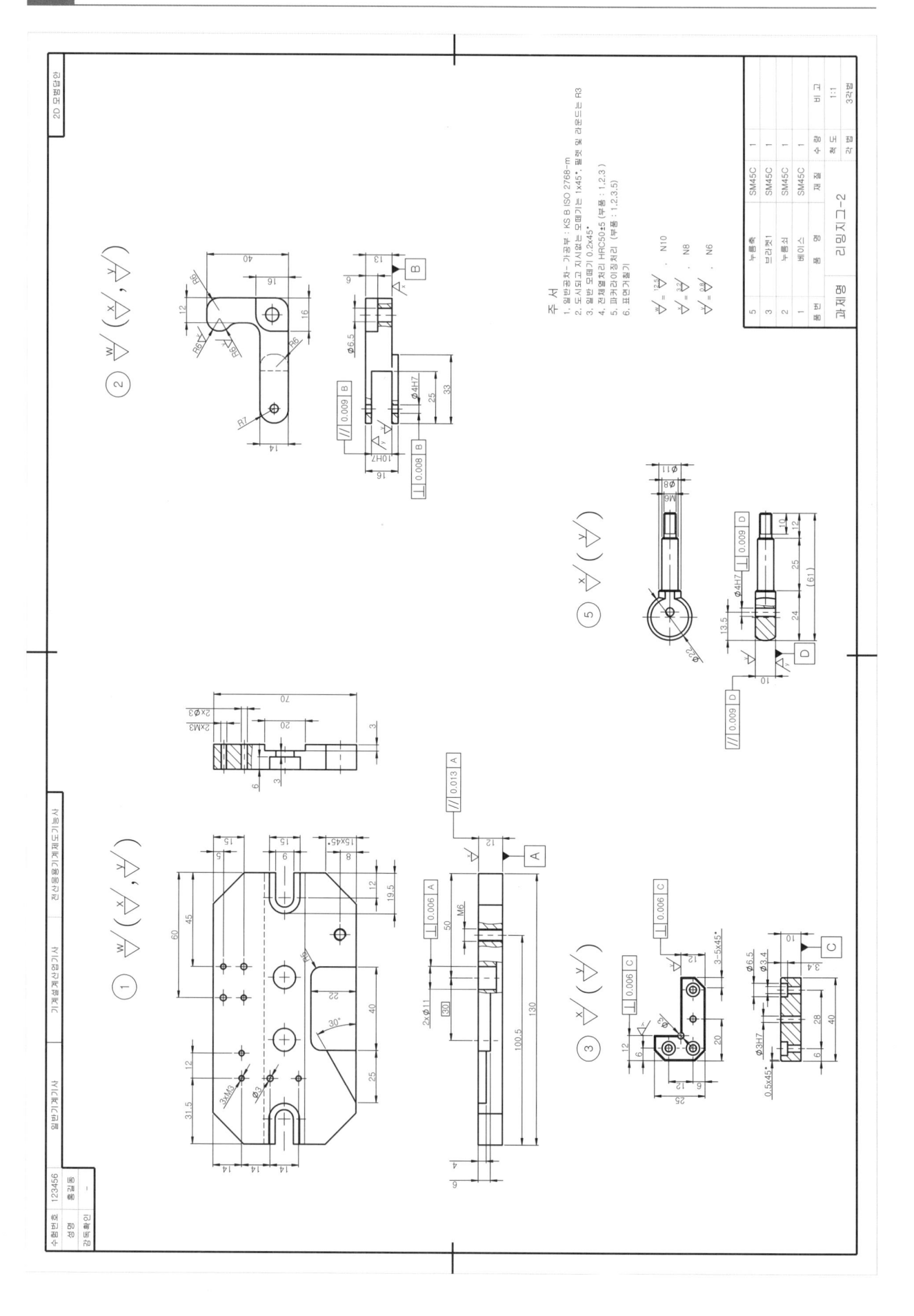

해커스 일반기계기사 실기 작업형 출제 도면집

| 과제명 | | 품 명 | 재 질 | 수 량 | 척 도 | 비 고 |
|---|---|---|---|---|---|---|
| | 4 | 부 시 | STC105 | 1 | NS | |
| | 3 | 분할레버 | SM45C | 1 | 2 | |
| | 2 | 레버축 | SM45C | 1 | 척 도 | |
| | 1 | 본체 | GC250 | 1 | 수 량 | |
| 분할장치 | 번호 | 품 명 | 재 질 | 수 량 | 척 도 | 비 고 |

| 수험번호 | 123456 |
| 성명 | 홍길동 |
| 감독확인 | (인) |

| 일반기계기사 | 기계설계산업기사 | 전산응용기계제도기능사 |

| 3D 형상모델링 |

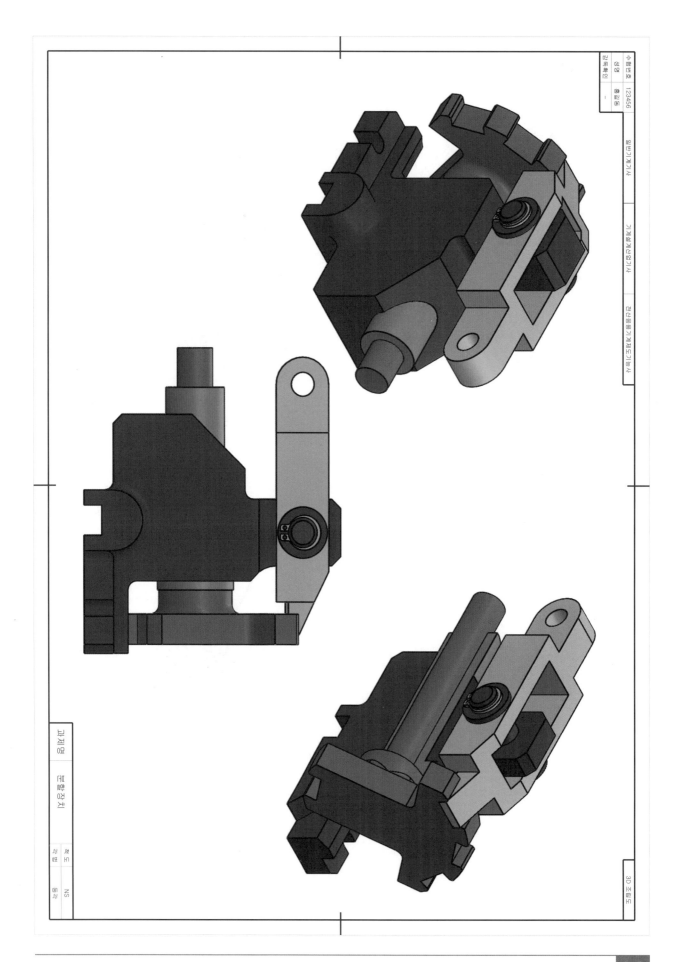

| 과제명 | | 척도 | NS | 3D 조립도 |
|---|---|---|---|---|
| 분할장치 | | 각법 | 3각 | |

| 수험번호 | 123456 | | |
|---|---|---|---|
| 성명 | 장정인 | | |
| 감독확인 | — | | 일반기계기사 |
| | | | 기계설계산업기사 |
| | | | 건설용용기계설계기능사 |

| | | | |
|---|---|---|---|
| **국가기술자격 실기시험문제 (작업형)** | | | |
| 종목명 | 일반기계기사, 기계설계산업기사,<br>전산응용기계제도기능사 | 과제명 | 요동장치 |

※ 문제지는 시험종료 후 반드시 반납하시기 바랍니다.

※ 시험시간: 5시간

1. 요구사항

※ 지급된 재료 및 시설을 사용하여 아래 작업을 완성하시오.

　가. 부품도(2D)의 제도

　　1) 주어진 문제의 조립도면에 표시된 부품번호(①, ②, ④, ⑤)의 부품도를 CAD 프로그램을 이용하여 A2 용지에 척도는 1:1로 하여, 투상법은 제3각법으로 제도하시오.

　　2) 각 부품들의 형상이 잘 나타나도록 투상도와 단면도 등을 빠짐없이 제도하고, 설계목적에 맞는 기능 및 작동을 할 수 있도록 치수 및 치수공차, 끼워 맞춤 공차와 기하공차 기호, 표면거칠기 기호, 표면처리, 열처리, 주서 등 부품 제작에 필요한 모든 사항을 기입하시오.

　　3) 제도 완료 후 지급된 A3(420×297) 크기의 용지(트레이싱지)에 수험자가 직접 흑백으로 출력하여 확인하고 제출하시오.

　나. 렌더링 등각 투상도(3D) 제도

　　1) 주어진 문제의 조립도면에 표시된 부품번호(①, ②, ④, ⑤)의 부품을 파라메트릭 솔리드 모델링을 하고, 모양과 윤곽을 알아보기 쉽도록 뚜렷한 음영, 렌더링 처리를 하여 A2 용지에 제도하시오.

　　2) 음영과 렌더링 처리는 예시 그림과 같이 형상이 잘 나타나도록 등각 축 2개를 정해 척도는 NS로 실물의 크기를 고려하여 제도하시오. (단, 형상은 단면하여 표시하지 않습니다)

　　3) 제도 완료 후, 지급된 A3(420×297) 크기의 용지(트레이싱지)에 수험자가 직접 흑백으로 출력하여 확인하고 제출하시오.

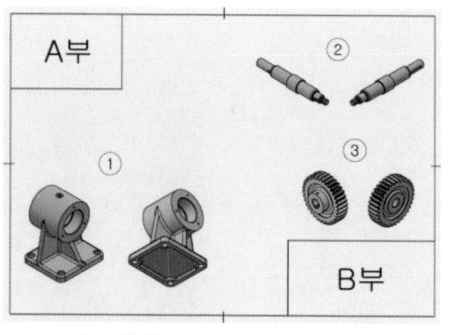

〈3D 렌더링 등각 투상도 예시〉

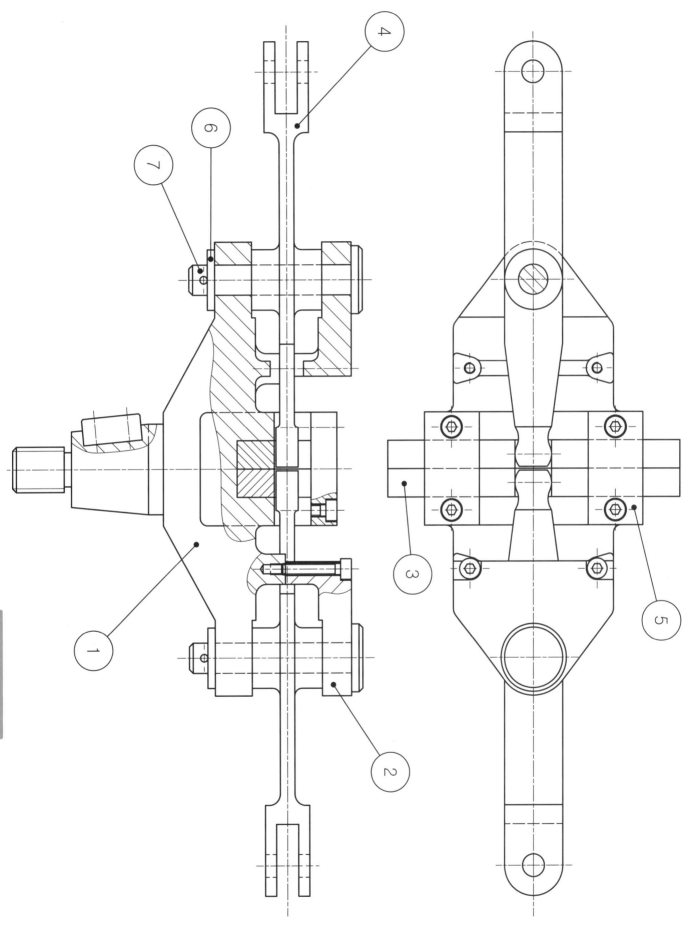

Part 02 작업형 실기 예제 도면

해커스 일반기계기사 실기 작업형 출제 도면집

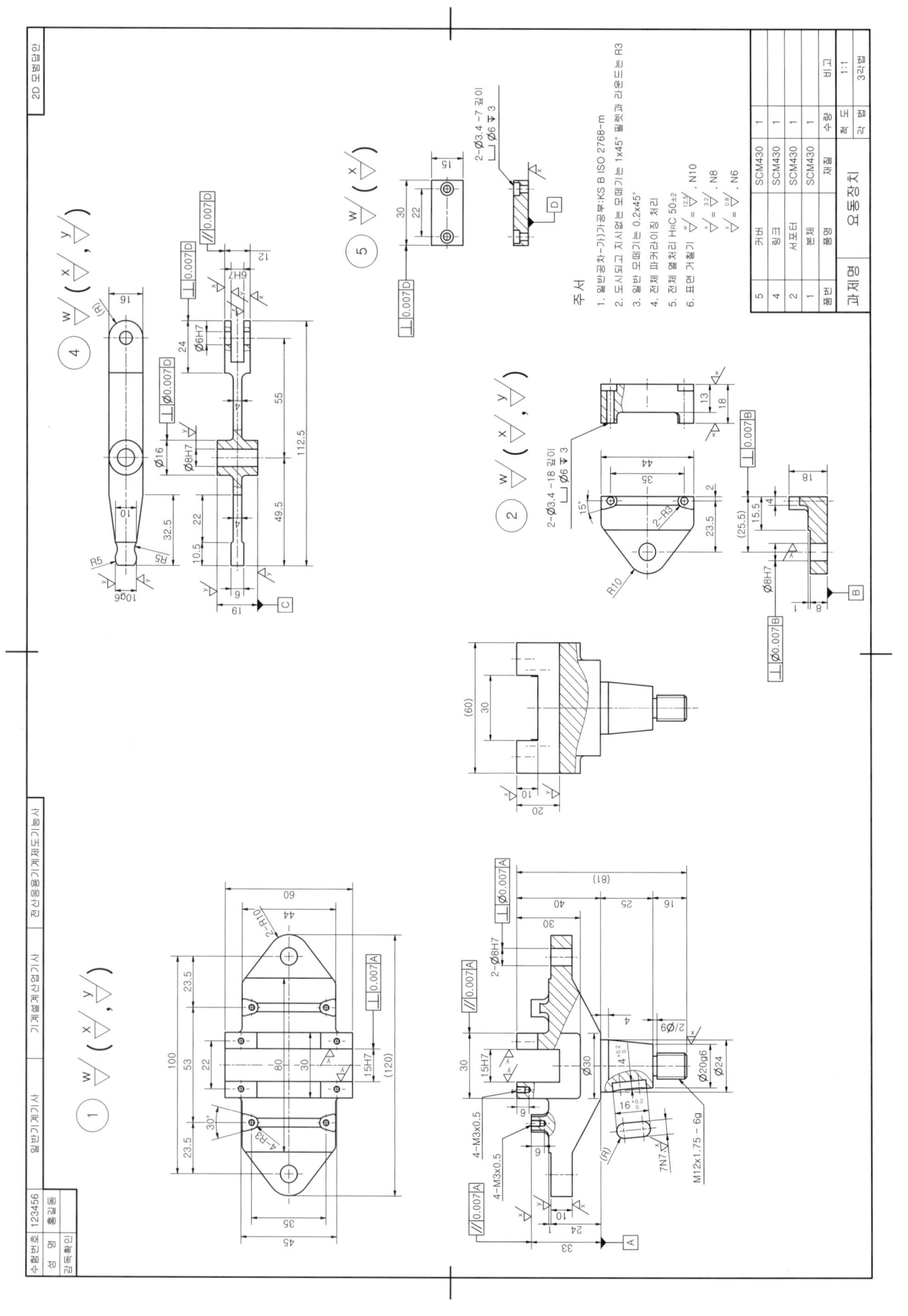

주서
1. 일반공차-가가공부:KS B ISO 2768-m
2. 도시되고 지시없는 모떼기는 1x45° 필렛과 라운드는 R3
3. 일반 모떼기는 0.2x45°
4. 전체 파커라이징 처리
5. 전체 열처리 HRC 50±2
6. 표면 거칠기

| 품번 | 품명 | 재질 | 수량 | 비고 |
|---|---|---|---|---|
| 1 | 본체 | SCM430 | 1 | |
| 2 | 서포터 | SCM430 | 1 | |
| 4 | 링크 | SCM430 | 1 | |
| 5 | 커버 | SCM430 | 1 | |

요동장치

척도 1:1
각법 3각법

과제명

해커스 일반기계기사 실기 작업형 출제 도면집

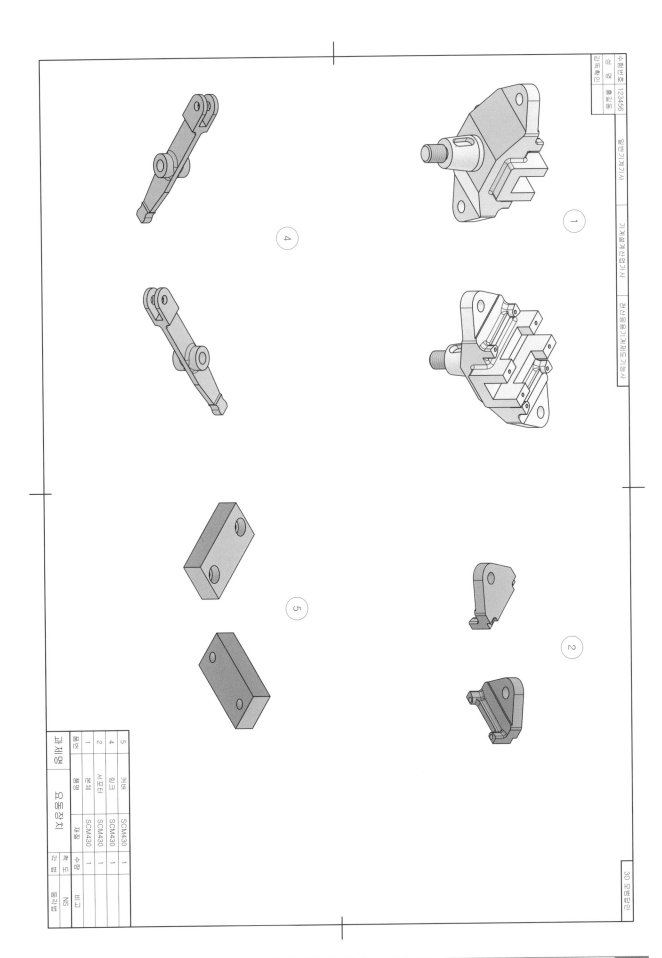

| 품번 | 품명 | 재질 | 수량 | 비고 |
|---|---|---|---|---|
| 5 | 커버 | SCM430 | 1 | |
| 4 | 링크 | SCM430 | 1 | |
| 2 | 서포터 | SCM430 | 1 | |
| 1 | 본체 | SCM430 | 1 | |
| 품번 | 품명 | 재질 | 수량 | 비고 |

요동장치

척도 NS

| 수험번호 | 123456 |
|---|---|
| 성명 | 홍길동 |
| 감독확인 | (인) |

일반기계기사

기계설계산업기사

전산응용기계제도기능사

3D 모델링작업

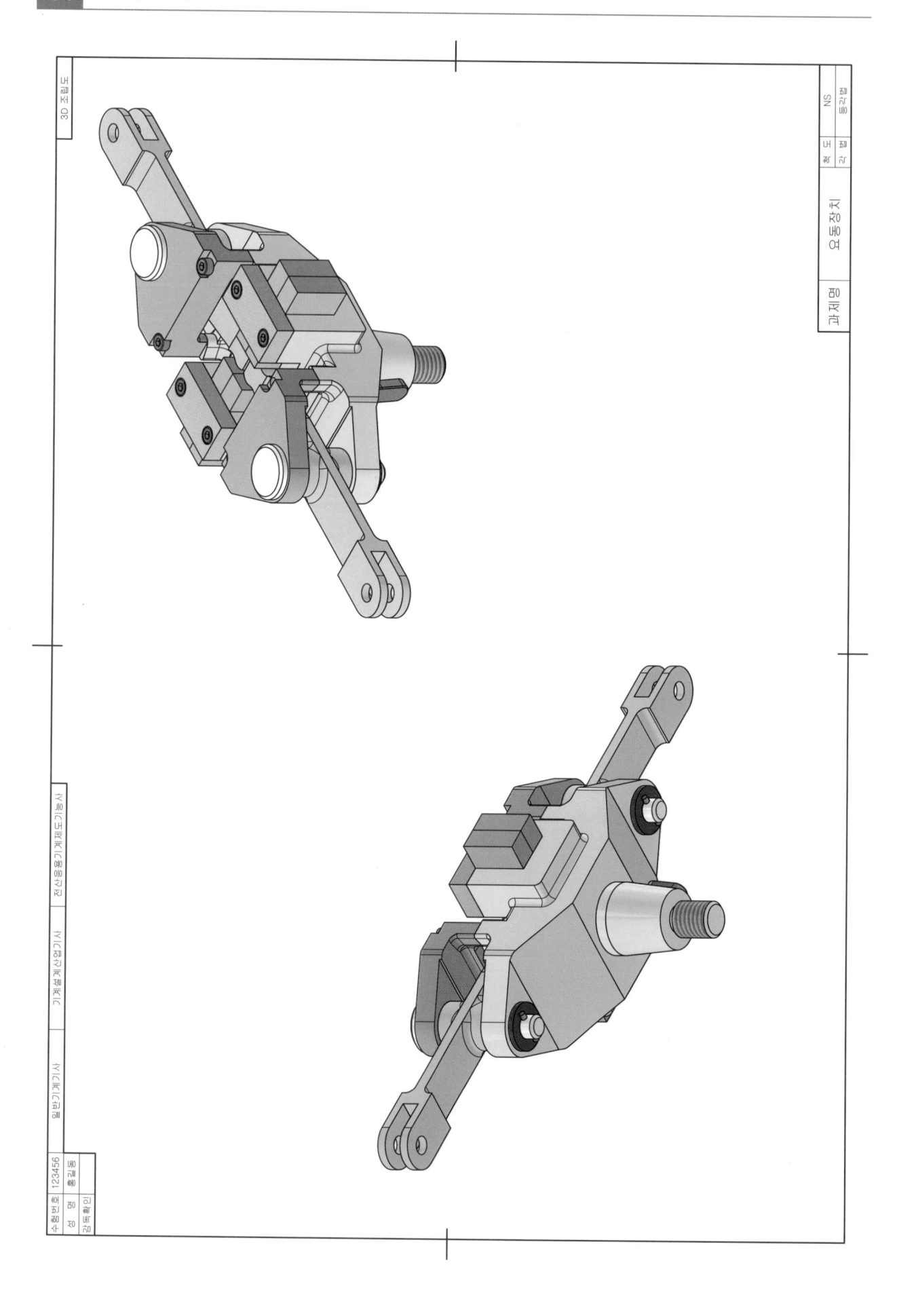

# 국가기술자격 실기시험문제 (작업형)

| 종목명 | 일반기계기사, 기계설계산업기사, 전산응용기계제도기능사 | 과제명 | 요동장치 |
|---|---|---|---|

※ 문제지는 시험종료 후 반드시 반납하시기 바랍니다.

※ 시험시간: 5시간

1. 요구사항

※ 지급된 재료 및 시설을 사용하여 아래 작업을 완성하시오.

  가. 부품도(2D)의 제도

    1) 주어진 문제의 조립도면에 표시된 부품번호(①, ②, ③, ⑤)의 부품도를 CAD 프로그램을 이용하여 A2 용지에 척도는 1:1로 하여, 툭상법은 제3각법으로 제도하시오.

    2) 각 부품들의 형상이 잘 나타나도록 투상도와 단면도 등을 빠짐없이 제도하고, 설계목적에 맞는 기능 및 작동을 할 수 있도록 치수 및 치수공차, 끼워 맞춤 공차와 기하공차 기호, 표면거칠기 기호, 표면처리, 열처리, 주서 등 부품 제작에 필요한 모든 사항을 기입하시오.

    3) 제도 완료 후 지급된 A3(420×297) 크기의 용지(트레이싱지)에 수험자가 직접 흑백으로 출력하여 확인하고 제출하시오.

  나. 렌더링 등각 투상도(3D) 제도

    1) 주어진 문제의 조립도면에 표시된 부품번호(①, ②, ③, ⑤)의 부품을 파라메트릭 솔리드 모델링을 하고, 모양과 윤곽을 알아보기 쉽도록 뚜렷한 음영, 렌더링 처리를 하여 A2 용지에 제도하시오.

    2) 음영과 렌더링 처리는 예시 그림과 같이 형상이 잘 나타나도록 등각 축 2개를 정해 척도는 NS로 실물의 크기를 고려하여 제도하시오. (단, 형상은 단면하여 표시하지 않습니다)

    3) 제도 완료 후, 지급된 A3(420×297) 크기의 용지(트레이싱지)에 수험자가 직접 흑백으로 출력하여 확인하고 제출하시오.

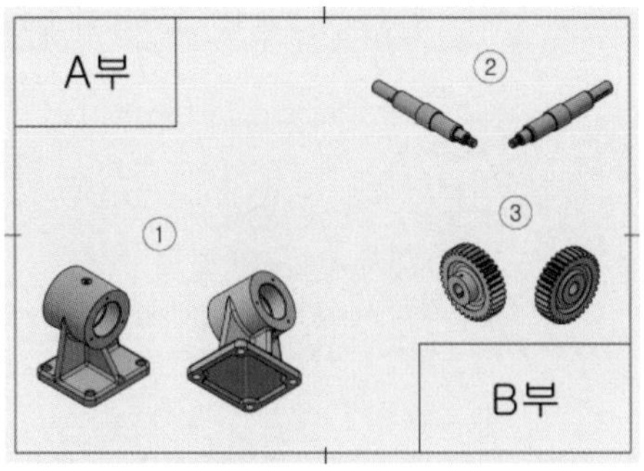

〈3D 렌더링 등각 투상도 예시〉

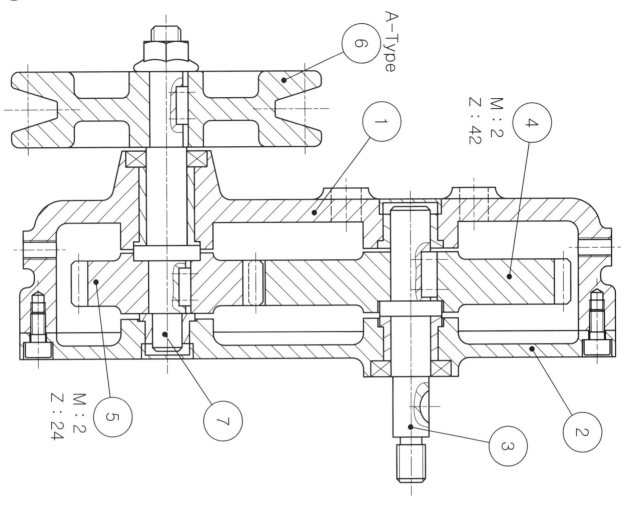

A-Type

M : 2
Z : 42

M : 2
Z : 24

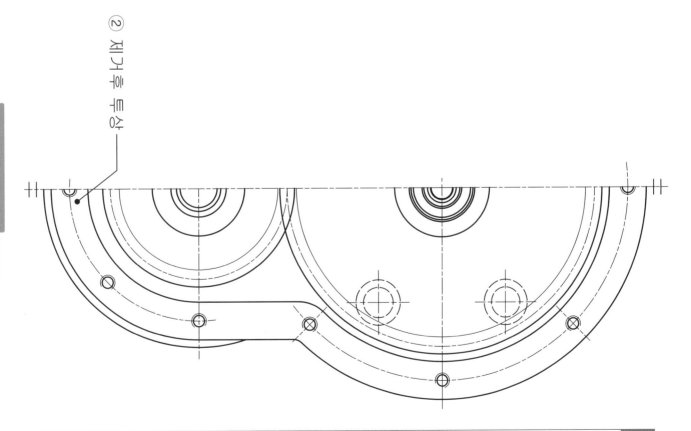

② 재거홈 투상

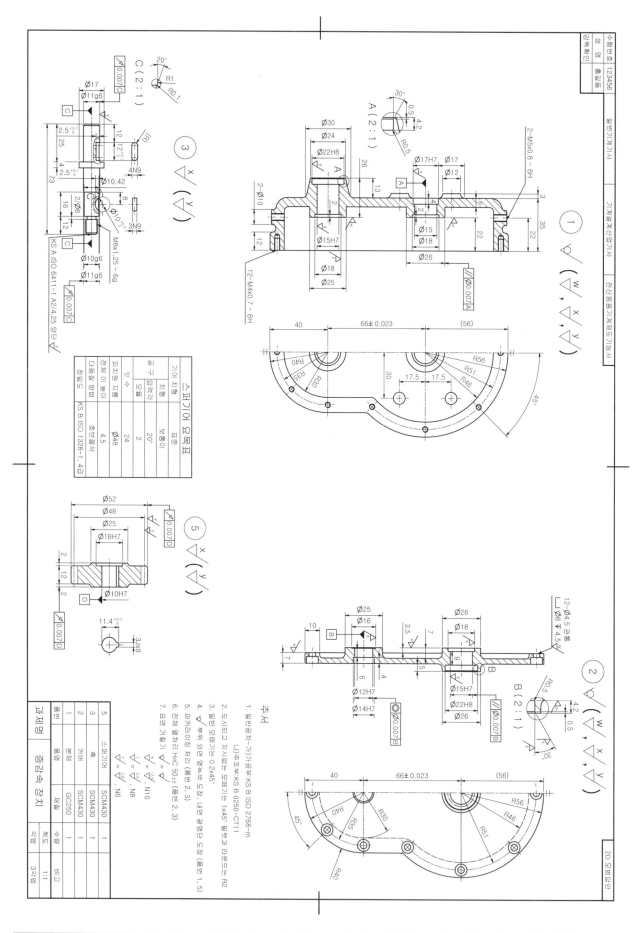

해커스 일반기계기사 실기 작업형 출제 도면집

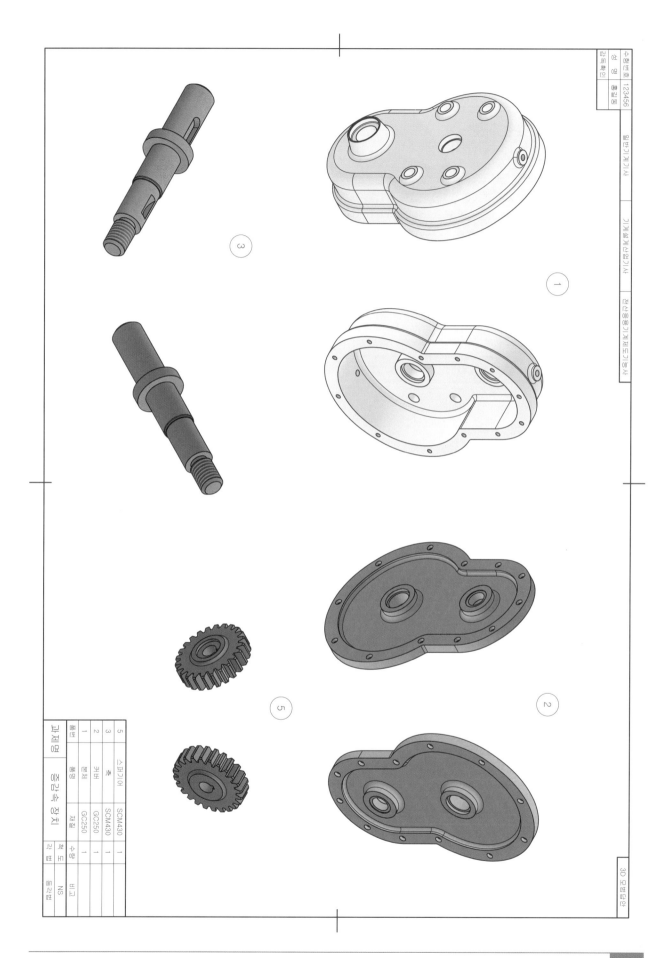

| 품번 | 품명 | 재질 | 수량 | 비고 |
|---|---|---|---|---|
| 5 | 스퍼기어 | SCM430 | 1 | NS |
| 3 | 축 | SCM430 | 1 | |
| 2 | 커버 | GC250 | 1 | |
| 1 | 본체 | GC250 | 1 | |
| 품번 | 품명 | 재질 | 수량 | 비고 |

| 과제명 | 동력전달장치 | 척도 | NS |
|---|---|---|---|

| 수험번호 | 123456 | | |
|---|---|---|---|
| 성 명 | 홍길동 | | |
| 감독확인 | (인) | | |

| 일반기계기사 | 기계설계산업기사 | 전산응용기계제도기능사 |
|---|---|---|

3D 모델링 작업인

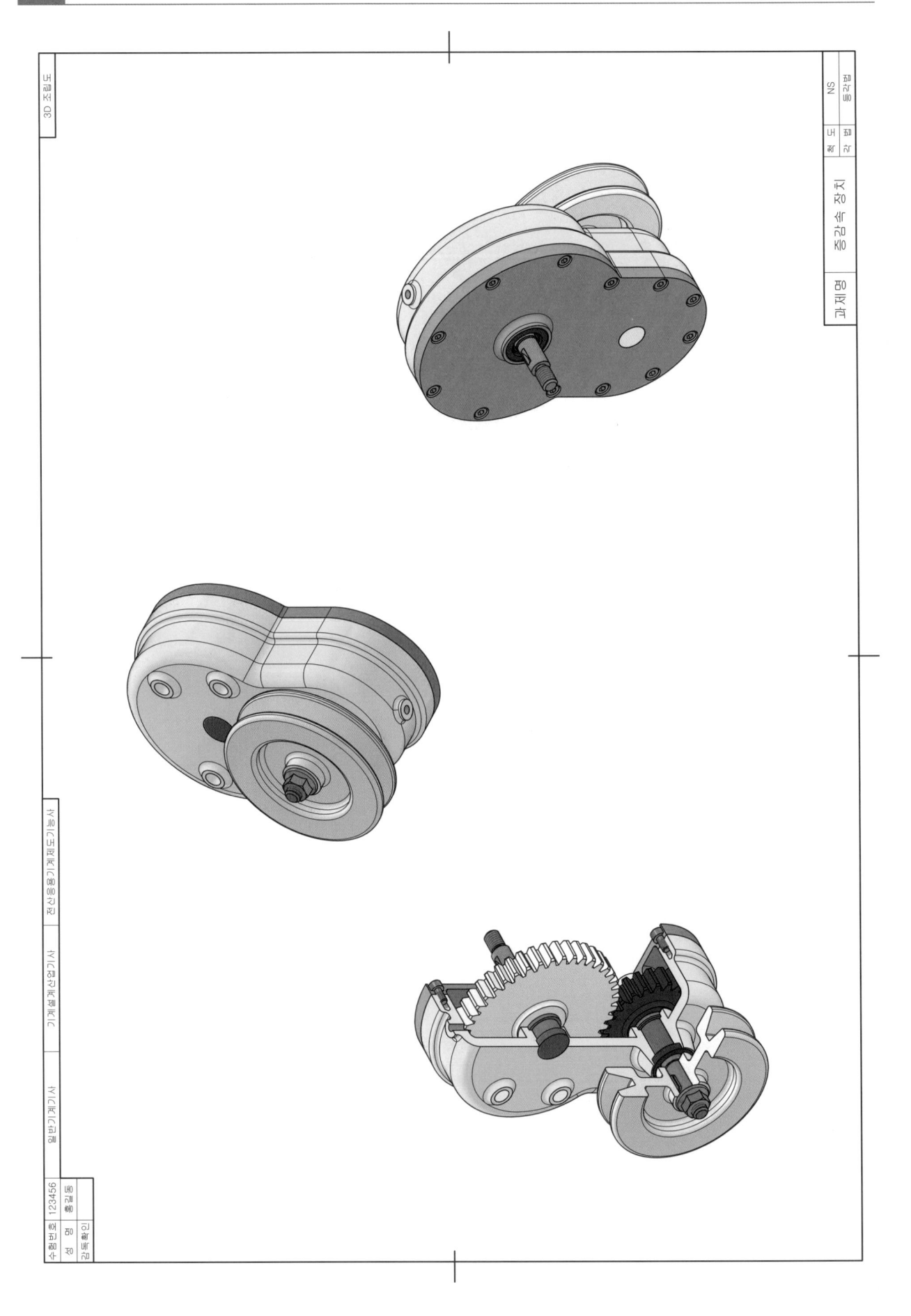

MEMO

# Part 03

# 공개 문제 및 KS 규격집

# 공개 문제

# 국가기술자격 실기시험문제

| 자격종목 | 전산응용기계제도기능사 | 과 제 명 | 도면참조 |
|---|---|---|---|

**※ 문제지는 시험종료 후 반드시 반납하시기 바랍니다.**

| 비번호 | | 시험일시 | | 시험장명 | |
|---|---|---|---|---|---|

※ 시험시간 : 5시간

## 1. 요구사항

※ 지급된 재료 및 시설을 사용하여 아래 작업을 완성하시오.

### 가. 부품도(2D) 제도

1) 주어진 문제의 조립도면에 표시된 부품번호 ( ○, ○, ○, ○, ○ )의 부품도를 CAD 프로그램을 이용하여 A2용지에 척도는 1:1로 하여, 투상법은 제3각법으로 제도하시오.

2) 각 부품들의 형상이 잘 나타나도록 투상도와 단면도 등을 빠짐없이 제도하고, 설계 목적에 맞는 기능 및 작동을 할 수 있도록 치수 및 치수공차, 끼워 맞춤 공차와 기하 공차 기호, 표면거칠기 기호, 표면처리, 열처리, 주서 등 부품 제작에 필요한 모든 사항을 기입하시오.

3) 제도 완료 후 지급된 A3(420x297) 크기의 용지(트레이싱지)에 수험자가 직접 흑백으로 출력하여 확인하고 제출하시오.

### 나. 렌더링 등각 투상도(3D) 제도

1) 주어진 문제의 조립도면에 표시된 부품번호 ( ○, ○, ○, ○, ○ )의 부품을 파라메트릭 솔리드 모델링을 하고, 모양과 윤곽을 알아보기 쉽도록 뚜렷한 음영, 렌더링 처리를 하여 A2용지에 제도하시오.

2) 음영과 렌더링 처리는 예시 그림과 같이 형상이 잘 나타나도록 등각 축 2개를 정해 척도는 NS로 실물의 크기를 고려하여 제도하시오.(단, 형상은 단면하여 표시하지 않습니다.)

3) 부품란 "비고"에는 모델링한 부품 중 ( ○, ○, ○ ) 부품의 질량을 **g** 단위로 **소수점 첫째자리에서 반올림하여 기입**하시오.
   - 질량은 렌더링 등각 투상도(3D) 부품란의 비고에 기입하며, 반드시 **재질과 상관없이 비중을 7.85** 로 하여 계산하시기 바랍니다.

4) 제도 완료 후, 지급된 A3(420x297) 크기의 용지(트레이싱지)에 수험자가 직접 흑백으로 출력하여 확인하고 제출하시오.

## 다. 도면 작성 기준 및 양식

1) 제공한 KS 데이터에 수록되지 않은 제도규격이나 데이터는 과제로 제시된 도면을 기준으로 하여 제도하거나 ISO규격과 관례에 따라 제도하시오.

2) 문제의 조립도면에서 표시되지 않은 제도규격은 지급한 KS규격 데이터에서 선정하여 제도하시오.

3) 문제의 조립도면에서 치수와 규격이 일치하지 않을 때는 해당규격으로 제도하시오. (단, 과제도면에 치수가 명시되어 있을 때는 명시된 치수로 작성하시오.)

4) 도면 작성 양식과 3D 렌더링 등각 투상도는 아래 그림을 참고하여 나타내고, 좌측상단 A부에 수험번호, 성명을 먼저 작성하고, 오른쪽 하단에 B부에는 표제란과 부품란을 작성한 후 제도작업을 하시오. (단, A부와 B부는 부품도(2D)와 렌더링 등각 투상도(3D)에 모두 작성하시오.)

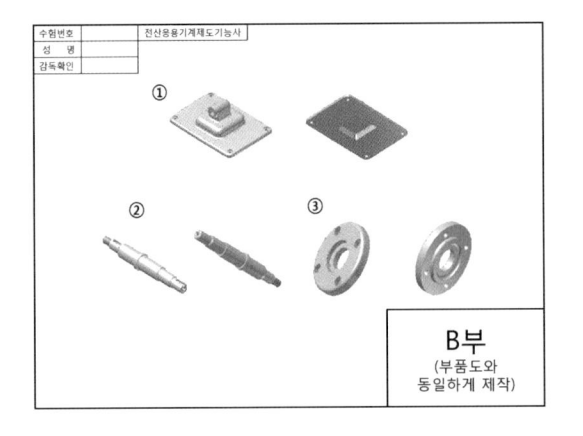

< 도면 작성 양식 (부품도 및 등각 투상도) >

< 3D 렌더링 등각 투상도 예시 >

5) 도면의 크기 및 한계설정(Limits), 윤곽선 및 중심마크 크기는 다음과 같이 설정하고,
   a와 b의 도면의 한계선(도면의 가장자리 선)이 출력되지 않도록 하시오.

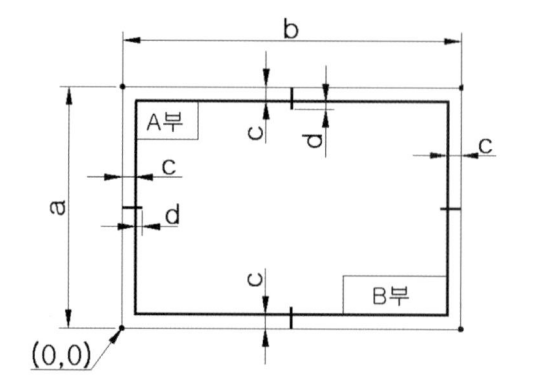

| 구분 | | 도면의 한계 | | 중심마크 | |
|---|---|---|---|---|---|
| 기호 도면크기 | | a | b | c | d |
| A2(부품도) | | 420 | 594 | 10 | 5 |

< 도면의 크기 및 한계설정, 윤곽선 및 중심마크 >

6) 선 굵기에 따른 색상은 다음과 같이 설정하시오.

| 선 굵기 | 색 상 | 용 도 |
|---|---|---|
| 0.70 mm | 하늘색(Cyan) | 윤곽선, 중심 마크 |
| 0.50 mm | 초록색(Green) | 외형선, 개별주서 등 |
| 0.35 mm | 노란색(Yellow) | 숨은선, 치수문자, 일반주서 등 |
| 0.25 mm | 빨강(Red), 흰색(White) | 치수선, 치수보조선, 중심선, 해칭선 등 |

   ※ 위 표는 Autocad 프로그램 상에서 출력을 용이하게 위한 설정이므로 다른 프로그램을 사용할
     경우 위 항목에 맞도록 문자, 숫자, 기호의 크기, 선 굵기를 지정하시기 바랍니다.

7) 문자, 숫자, 기호의 높이는 7.0 mm, 5.0 mm, 3.5 mm, 2.5 mm 중 적절한 것을
   사용하시오.

8) 아라비아 숫자, 로마자는 컴퓨터에 탑재된 ISO표준을 사용하고, 한글은 굴림 또는
   굴림체를 사용하시오.

## 2. 수험자 유의사항

※ 다음 유의사항을 고려하여 요구사항을 완성하시오.

1) 시작 전 감독위원이 지정한 곳에 본인 비번호로 폴더를 생성한 후 이 폴더에서
   비번호를 파일명으로 작업 내용을 저장하고, 작업이 끝나면 비번호 폴더 전체를
   감독위원에게 제출하시오. (파일제출 후에는 도면(파일) 수정 불가) 그리고 시험 종료
   후 PC의 작업내용은 삭제합니다.

2) 수험자에게 주어진 문제는 비번호, 시험일시, 시험장명을 기재하여 반드시
   제출합니다.

3) 마련한 양식의 A부 내용을 기입하고 감독위원의 확인 서명을 받아야 하며, B부는
   수험자가 작성합니다.

4) 정전 또는 기계고장으로 인한 자료손실을 방지하기 위하여 수시로 저장합니다.
   - 이러한 문제 발생 시 "작업정지시간 + 5분"의 추가시간을 부여합니다.

5) 수험자는 제공된 장비의 안전한 사용과 작업 과정에서 안전수칙을 준수합니다.

6) 연속적인 컴퓨터 작업 시에는 신체에 무리가 가지 않도록 적절한 몸 풀기(스트레칭)
   동작을 취하여야 합니다.

7) 도면에는 문제와 관련 없는 불필요한 낙서나 특이한 기록사항 등을 기재하여서는
   안되며, 인적사항 기재란 외의 부분에 도면과 관련 없는 특수한 표시를 하거나
   특정인임을 암시하는 경우 전체를 0점 처리합니다.

8) 다음 사항에 대해서는 채점 대상에서 제외하니 특히 유의하시기 바랍니다.

   가) 기권

   (1) 수험자 본인이 수험 도중 기권 의사를 표시한 경우

   나) 실격

   (1) 시험 시작 전 program 설정을 조정하거나 미리 작성된 Part program(도면, 단축
       키 셋업 등) 또는 LISP 등과 같은 Block(도면양식, 표제란, 부품란, 요목표, 주서
       및 표면 거칠기 등)을 사용한 경우

   (2) 채점 시 도면 내용이 다른 수험자와 일부 또는 전부가 동일한 경우

   (3) 파일로 제공한 KS 데이터에 의하지 않고 지참한 노트나 서적을 열람한 경우

   (4) 수험자의 장비조작 미숙으로 파손 및 고장을 일으킨 경우

다) 미완성
  (1) 시험시간 내에 부품도(1장), 렌더링 등각투상도(1장)를 하나라도 제출하지 아니한 경우
  (2) 수험자의 직접 출력시간이 10분을 초과한 경우
      (다만, 출력시간은 시험시간에서 제외하며, 출력된 도면의 크기 또는 색상 등이 채점하기 어렵다고 판단될 경우에는 감독위원의 판단에 의해 1회에 한하여 재출력이 허용됩니다.)
      – 단, 재출력 시 출력 설정만 변경해야 하며 도면 내용을 수정하거나 할 수는 없습니다.
  (3) 요구한 부품도, 렌더링 등각 투상도 중에서 1개라도 투상도가 제도되지 않은 경우
      (지시한 부품번호에 대하여 모두 작성해야 하며 하나라도 누락되면 미완성 처리)
라) 오작
  (1) 요구한 도면 크기에 제도되지 않아 제시한 출력용지와 크기가 맞지 않는 작품
  (2) 투상법이나 척도가 요구사항과 전혀 맞지 않은 도면
  (3) 전반적으로 KS 제도규격에 의해 제도되지 않았다고 판단된 도면
  (4) 지급된 용지(트레이싱지)에 출력되지 않은 도면
  (5) 끼워 맞춤공차 기호를 부품도에 기입하지 않았거나 아무 위치에 지시하여 제도한 도면
  (6) 끼워 맞춤 공차의 구멍 기호(대문자)와 축 기호(소문자)를 구분하지 않고 지시한 도면
  (7) 기하공차 기호를 부품도에 기입하지 않았거나 아무 위치에 지시하여 제도한 도면
  (8) 표면거칠기 기호를 부품도에 기입하지 않았거나 아무 위치에 지시하여 제도한 도면
  (9) 조립상태(조립도 혹은 분해조립도)로 제도하여 기본지식이 없다고 판단되는 도면

※ 출력은 수험자 판단에 따라 CAD 프로그램 상에서 출력하거나 PDF 파일 또는 출력 가능한 호환성 있는 파일로 변환하여 출력하여도 무방합니다.
  – 이 경우 폰트 깨짐 등의 현상이 발생될 수 있으니 이점 유의하여 CAD 사용 환경을 적절히 설정하여 주시기 바랍니다.

## 3. 지급재료 목록

| 일련<br>번호 | 재료명 | 규격 | 단위 | 수량 | 비고 |
|---|---|---|---|---|---|
| 자격종목 | | | 전산응용기계제도기능사 | | |
| 1 | 프린터 용지 | 트레이싱지<br>A3(297×420) | 장 | 2 | 1인당 |

※ 국가기술자격 실기시험 지급재료는 시험종료 후(기권, 결시자 포함) 수험자에게 지급하지 않습니다.

## 4. 도면

# 도면 생략

※ 동력전달장치, 치공구장치, 그 외 기계조립도면이 문제로 제시되며, 이 부분은 공개 시 변별력 저하가 우려되기 때문에 공개될 수 없음을 알려드립니다.

해커스 일반기계기사실기 작업형 출제 도면집

# Chapter 02  KS 규격집

## 1. 표면 거칠기

| 거칠기 구분치 | | 0.025a | 0.05a | 0.1a | 0.2a | 0.4a | 0.8a | 1.6a | 3.2a | 6.3a | 12.5a | 25a | 50a |
|---|---|---|---|---|---|---|---|---|---|---|---|---|---|
| 산술 평균 거칠기의 표면 거칠기의 범위 ($\mu$mRa) | 최소치 | 0.02 | 0.04 | 0.08 | 0.17 | 0.33 | 0.66 | 1.3 | 2.7 | 5.2 | 10 | 21 | 42 |
| | 최대치 | 0.03 | 0.06 | 0.11 | 0.22 | 0.45 | 0.90 | 1.8 | 3.6 | 7.1 | 14 | 28 | 56 |
| 거칠기 번호 (표준편 번호) | | N1 | N2 | N3 | N4 | N5 | N6 | N7 | N8 | N9 | N10 | N11 | N12 |

## 2. 끼워 맞춤 공차

| 기준 구멍 | 축의 공차역 클래스 | | | | | | | | |
|---|---|---|---|---|---|---|---|---|---|
| | 헐거운 | | | 중간 | | | 억지 | | |
| H6 | | g5 | h5 | js5 | k5 | m5 | | | |
| | f6 | g6 | h6 | js6 | k6 | m6 | n6 | p6 | |
| H7 | f6 | g6 | h6 | js6 | k6 | m6 | n6 | p6 | r6 |
| | f7 | | h7 | js7 | | | | | |
| H8 | f7 | | h7 | | | | | | |
| | f8 | | h8 | | | | | | |

| 기준 축 | 구멍의 공차역 클래스 | | | | | | | | | |
|---|---|---|---|---|---|---|---|---|---|---|
| | 헐거운 | | | 중간 | | | 억지 | | | |
| h5 | | | H6 | JS6 | K6 | M6 | N6 | P6 | | |
| h6 | F6 | G6 | H6 | JS6 | K6 | M6 | N6 | P6 | | |
| | F7 | G7 | H7 | JS7 | K7 | M7 | N7 | P7 | R7 | |
| h7 | F7 | | H7 | | | | | | | |
| | F8 | | H8 | | | | | | | |
| h8 | F8 | | H8 | | | | | | | |

## 3. IT 공차          단위 : $\mu$m

| 치수 초과 | 등급 이하 | IT4 4급 | IT5 5급 | IT6 6급 | IT7 7급 |
|---|---|---|---|---|---|
| - | 3 | 3 | 4 | 6 | 10 |
| 3 | 6 | 4 | 5 | 8 | 12 |
| 6 | 10 | 4 | 6 | 9 | 15 |
| 10 | 18 | 5 | 8 | 11 | 18 |
| 18 | 30 | 6 | 9 | 13 | 21 |
| 30 | 50 | 7 | 11 | 16 | 25 |
| 50 | 80 | 8 | 13 | 19 | 30 |
| 80 | 120 | 10 | 15 | 22 | 35 |
| 120 | 180 | 12 | 18 | 25 | 40 |
| 180 | 250 | 14 | 20 | 29 | 46 |
| 250 | 315 | 16 | 23 | 32 | 52 |
| 315 | 400 | 18 | 25 | 36 | 57 |
| 400 | 500 | 20 | 27 | 40 | 63 |

## 4. 중심 거리의 허용차
단위 : μm

| 중심 거리 구분 | | 등급 | |
|---|---|---|---|
| 초과 | 이하 | 1급 | 2급 |
| - | 3 | ±3 | ±7 |
| 3 | 6 | ±4 | ±9 |
| 6 | 10 | ±5 | ±11 |
| 10 | 18 | ±6 | ±14 |
| 18 | 30 | ±7 | ±17 |
| 30 | 50 | ±8 | ±20 |
| 50 | 80 | ±10 | ±23 |
| 80 | 120 | ±11 | ±27 |
| 120 | 180 | ±13 | ±32 |
| 180 | 250 | ±15 | ±36 |
| 250 | 315 | ±16 | ±41 |

## 5. 절삭가공부품 모떼기 및 둥글기의 값

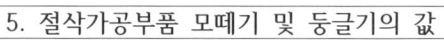
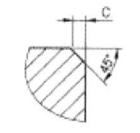
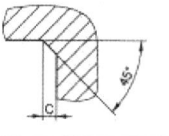

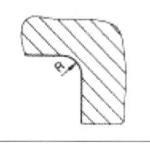

| 0.1 | 0.4 | 0.8 | 1.6 | 3 (3.2) | 6 | 12 | 25 | 50 |
|---|---|---|---|---|---|---|---|---|
| 0.2 | 0.5 | 1.0 | 2.0 | 4 | 8 | 16 | 32 | - |
| 0.3 | 0.6 | 1.2 | 2.5 (2.4) | 5 | 10 | 20 | 40 | - |

## 6. 널링

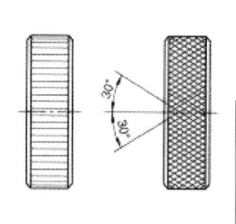

[보 기] : ☞ 바른 줄 m 0.5
☞ 빗 줄 m 0.3

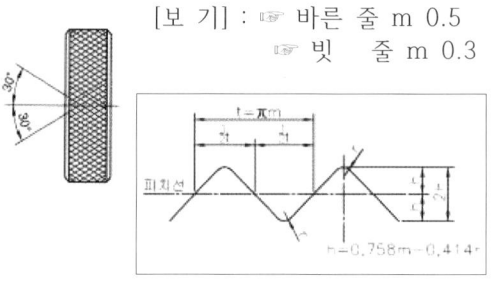

$t = \pi m$

$h = 0.758m - 0.414r$

| 바른 줄 형 | | | |
|---|---|---|---|
| 모듈 m | 0.2 | 0.3 | 0.5 |
| 피치 t | 0.628 | 0.942 | 1.571 |
| r | 0.06 | 0.09 | 0.16 |
| h | 0.15 | 0.22 | 0.37 |

| 빗 줄 형 | | | |
|---|---|---|---|
| 모듈 m | 0.5 | 0.3 | 0.2 |
| cos 30° | 0.577 | 0.346 | 0.230 |

## 7. T홈

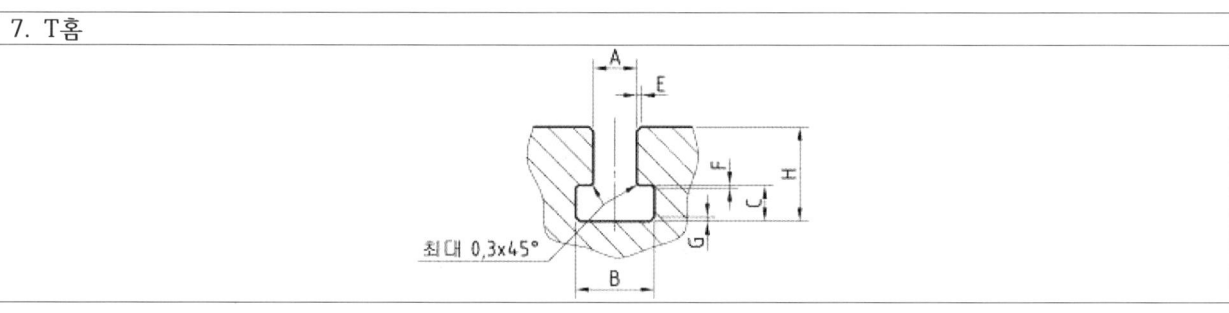

최대 0.3×45°

| 호칭 (볼트) 치수 | A | | | B 기준 치수 | | C 기준 치수 | | H | | E 최대 모떼기 | F 최대 모떼기 | G 최대 모떼기 |
|---|---|---|---|---|---|---|---|---|---|---|---|---|
| | 기준 치수 | 허용차 | | | | | | | | | | |
| | | 기준 홈 H8 | 고정 홈 H12 | 최소 | 최대 | 최소 | 최대 | 최소 | 최대 | | | |
| M4 | 5 | +0.018 0 | +0.12 0 | 10 | 11 | 3.5 | 4.5 | 8 | 10 | 1 | 0.6 | 1 |
| M5 | 6 | | | 11 | 12.5 | 5 | 6 | 11 | 13 | 1 | 0.6 | 1 |
| M6 | 8 | +0.022 0 | +0.15 0 | 14.5 | 16 | 7 | 8 | 15 | 18 | 1 | 0.6 | 1 |
| M8 | 10 | | | 16 | 18 | 7 | 8 | 17 | 21 | 1 | 0.6 | 1 |
| M10 | 12 | | | 19 | 21 | 8 | 9 | 20 | 25 | 1 | 0.6 | 1 |
| M12 | 14 | +0.027 0 | +0.18 0 | 23 | 25 | 9 | 11 | 23 | 28 | 1.6 | 0.6 | 1.6 |
| M16 | 18 | | | 30 | 32 | 12 | 14 | 30 | 36 | 1.6 | 1 | 1.6 |
| M20 | 22 | +0.033 0 | +0.21 0 | 37 | 40 | 16 | 18 | 38 | 45 | 1.6 | 1 | 2.5 |
| M24 | 28 | | | 46 | 50 | 20 | 22 | 48 | 56 | 1.6 | 1 | 2.5 |
| M30 | 36 | +0.039 0 | +0.25 0 | 56 | 60 | 25 | 28 | 61 | 71 | 2.5 | 1 | 2.5 |
| M36 | 42 | | | 68 | 72 | 32 | 35 | 74 | 85 | 2.5 | 1.6 | 4 |
| M42 | 48 | | | 80 | 85 | 36 | 40 | 84 | 95 | 2.5 | 2 | 6 |
| M48 | 54 | +0.046 0 | +0.30 0 | 90 | 95 | 40 | 44 | 94 | 106 | 2.5 | 2 | 6 |

## 8. T홈 간격

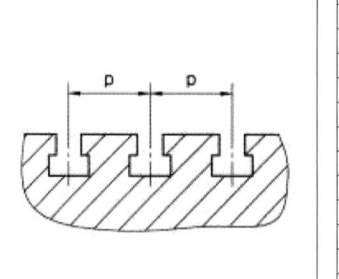

| T홈의 폭 A | 간격 p |
|---|---|
| 5 | 20  25  32 |
| 6 | 25  32  40 |
| 8 | 32  40  50 |
| 10 | 40  50  63 |
| 12 | (40)  50  63  80 |
| 14 | (50)  63  80  100 |
| 18 | (63)  80  100  125 |
| 22 | (80)  100  125  160 |
| 28 | 100  125  160  200 |
| 36 | 125  160  200  250 |
| 42 | 160  200  250  320 |
| 48 | 200  250  320  400 |
| 54 | 250  320  400  500 |

( )호 치수는 되도록 피한다.

## 9. T홈 간격 허용차

| 간격 p | 허용차 |
|---|---|
| 20~25 | ±0.2 |
| 32~100 | ±0.3 |
| 125~250 | ±0.5 |
| 320~500 | ±0.8 |

**비 고** 모든 T-홈의 간격에 대한 공차는 누적되지 않는다.

## 10. 미터 보통 나사

| 나사의 호칭 | 피치(P) | 접촉 높이(H₁) | 암나사 | | |
|---|---|---|---|---|---|
| | | | 골 지름 D | 유효 지름 D₂ | 안 지름 D₁ |
| | | | 수나사 | | |
| | | | 바깥 지름 d | 유효 지름 d₂ | 골 지름 d₁ |
| M3 | 0.5 | 0.271 | 3.000 | 2.675 | 2.459 |
| M4 | 0.7 | 0.379 | 4.000 | 3.545 | 3.242 |
| M5 | 0.8 | 0.433 | 5.000 | 4.480 | 4.134 |
| M6 | 1 | 0.541 | 6.000 | 5.350 | 4.917 |
| M8 | 1.25 | 0.677 | 8.000 | 7.188 | 6.647 |
| M10 | 1.5 | 0.812 | 10.000 | 9.026 | 8.376 |
| M12 | 1.75 | 0.947 | 12.000 | 10.863 | 10.106 |
| M16 | 2 | 1.083 | 16.000 | 14.701 | 13.835 |

# 11. 미터 가는 나사

| 나사의 호칭 | 접촉 높이(H₁) | 암나사 | | |
|---|---|---|---|---|
| | | 골 지름 D | 유효 지름 D₂ | 안 지름 D₁ |
| | | 수나사 | | |
| | | 바깥 지름 d | 유효 지름 d₂ | 골 지름 d₁ |
| M 1 × 0.2 | 0.108 | 1.000 | 0.870 | 0.783 |
| M 1.1 × 0.2 | | 1.100 | 0.970 | 0.883 |
| M 1.2 × 0.2 | | 1.200 | 1.070 | 0.983 |
| M 1.4 × 0.2 | | 1.400 | 1.270 | 1.183 |
| M 1.6 × 0.2 | | 1.600 | 1.470 | 1.383 |
| M 1.8 × 0.2 | | 1.800 | 1.670 | 1.583 |
| M 2 × 0.25 | 0.135 | 2.000 | 1.838 | 1.729 |
| M 2.2 × 0.25 | | 2.200 | 2.038 | 1.929 |
| M 2.5 × 0.35 | 0.189 | 2.500 | 2.273 | 2.121 |
| M 3 × 0.35 | | 3.000 | 2.773 | 2.621 |
| M 3.5 × 0.35 | | 3.500 | 3.273 | 3.121 |
| M 4 × 0.5 | 0.271 | 4.000 | 3.675 | 3.459 |
| M 4.5 × 0.5 | | 4.500 | 4.175 | 3.959 |
| M 5 × 0.5 | | 5.000 | 4.675 | 4.459 |
| M 5.5 × 0.5 | | 5.500 | 5.175 | 4.959 |
| M 6 × 0.75 | 0.406 | 6.000 | 5.513 | 5.188 |
| M 7 × 0.75 | | 7.000 | 6.513 | 6.188 |
| M 8 × 1 | 0.541 | 8.000 | 7.350 | 6.917 |
| M 8 × 0.75 | 0.406 | | 7.513 | 7.188 |
| M 9 × 1 | 0.541 | 9.000 | 8.350 | 7.917 |
| M 9 × 0.75 | 0.406 | | 8.513 | 8.188 |
| M 10 × 1.25 | 0.677 | 10.000 | 9.188 | 8.647 |
| M 10 × 1 | 0.541 | | 9.350 | 8.917 |
| M 10 × 0.75 | 0.406 | | 9.513 | 9.188 |
| M 11 × 1 | 0.541 | 11.000 | 10.350 | 9.917 |
| M 11 × 0.75 | 0.406 | | 10.513 | 10.188 |
| M 12 × 1.5 | 0.812 | 12.000 | 11.026 | 10.376 |
| M 12 × 1.25 | 0.677 | | 11.188 | 10.647 |
| M 12 × 1 | 0.541 | | 11.350 | 10.917 |
| M 14 × 1.5 | 0.812 | 14.000 | 13.026 | 12.376 |
| M 14 × 1.25 | 0.677 | | 13.188 | 12.647 |
| M 14 × 1 | 0.541 | | 13.350 | 12.917 |
| M 15 × 1.5 | 0.812 | 15.000 | 14.026 | 13.376 |
| M 15 × 1 | 0.541 | | 14.350 | 13.917 |
| M 16 × 1.5 | 0.812 | 16.000 | 15.026 | 14.376 |
| M 16 × 1 | 0.541 | | 15.350 | 14.917 |

## 12. 미터 사다리꼴 나사

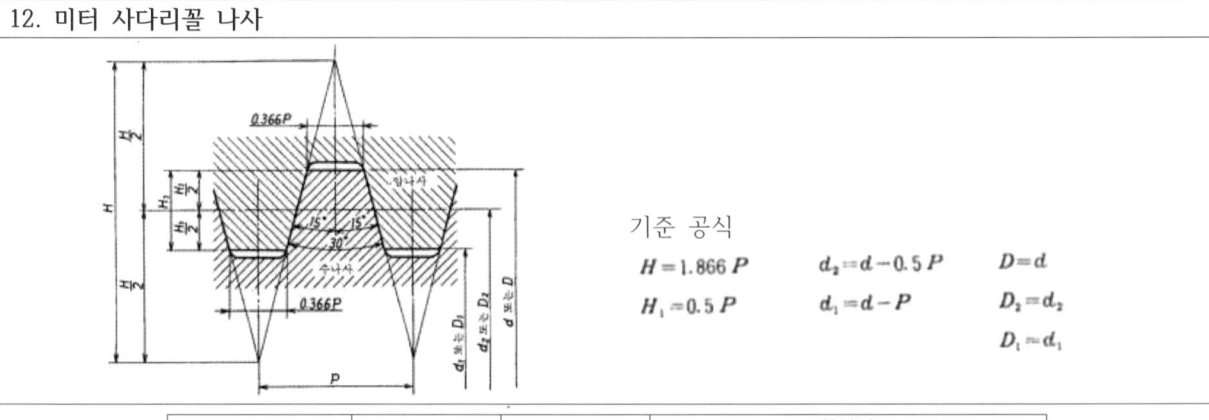

기준 공식

$$H = 1.866 P \qquad d_2 = d - 0.5 P \qquad D = d$$
$$H_1 = 0.5 P \qquad d_1 = d - P \qquad D_2 = d_2$$
$$D_1 = d_1$$

| 나사의 호칭 | 피치 P | 접촉 높이 $H_1$ | 암나사 골 지름 D | 유효 지름 $D_2$ | 안 지름 $D_1$ |
|---|---|---|---|---|---|
| | | | 수나사 바깥 지름 d | 유효 지름 $d_2$ | 골 지름 $d_1$ |
| Tr 10×2 | 2 | 1 | 10.000 | 9.000 | 8.000 |
| Tr 10×1.5 | 1.5 | 0.75 | 10.000 | 9.250 | 8.500 |
| Tr 11×3 | 3 | 1.5 | 11.000 | 9.500 | 8.000 |
| Tr 11×2 | 2 | 1 | 11.000 | 10.000 | 9.000 |
| Tr 12×3 | 3 | 1.5 | 12.000 | 10.500 | 9.000 |
| Tr 12×2 | 2 | 1 | 12.000 | 11.000 | 10.000 |
| Tr 14×3 | 3 | 1.5 | 14.000 | 12.500 | 11.000 |
| Tr 14×2 | 2 | 1 | 14.000 | 13.000 | 12.000 |
| Tr 16×4 | 4 | 2 | 16.000 | 14.000 | 12.000 |
| Tr 16×2 | 2 | 1 | 16.000 | 15.000 | 14.000 |
| Tr 18×4 | 4 | 2 | 18.000 | 16.000 | 14.000 |
| Tr 18×2 | 2 | 1 | 18.000 | 17.000 | 16.000 |
| Tr 20×4 | 4 | 2 | 20.000 | 18.000 | 16.000 |
| Tr 20×2 | 2 | 1 | 20.000 | 19.000 | 18.000 |

## 13. 관용 평행 나사

나사의 표시방법 : 수나사의 경우 G 1A, G 1B
암나사의 경우 G1

| 나사의 호칭 | 나사 산수 25.4mm 에 대하여 n | 피치 P (참고) | 나사 산의 높이 h | 산의 봉우리 및 골의 둥글기 r | 암나사 골 지름 D | 유효 지름 $D_2$ | 안 지름 $D_1$ |
|---|---|---|---|---|---|---|---|
| | | | | | 수나사 바깥 지름 d | 유효 지름 $d_2$ | 골 지름 $d_1$ |
| G $\frac{1}{8}$ | 28 | 0.9071 | 0.581 | 0.12 | 9.728 | 9.147 | 8.566 |
| G $\frac{1}{4}$ | 19 | 1.3368 | 0.856 | 0.18 | 13.157 | 12.301 | 11.445 |
| G $\frac{3}{8}$ | 19 | 1.3368 | 0.856 | 0.18 | 16.662 | 15.806 | 14.950 |
| G $\frac{1}{2}$ | 14 | 1.8143 | 1.162 | 0.25 | 20.955 | 19.793 | 18.631 |
| G $\frac{5}{8}$ | 14 | 1.8143 | 1.162 | 0.25 | 22.911 | 21.749 | 20.587 |
| G $\frac{3}{4}$ | 14 | 1.8143 | 1.162 | 0.25 | 26.441 | 25.279 | 24.117 |
| G $\frac{7}{8}$ | 14 | 1.8143 | 1.162 | 0.25 | 30.201 | 29.039 | 27.877 |
| G 1 | 11 | 2.3091 | 1.479 | 0.32 | 33.249 | 31.770 | 30.291 |
| G 1$\frac{1}{8}$ | 11 | 2.3091 | 1.479 | 0.32 | 37.897 | 36.418 | 34.939 |
| G 1$\frac{1}{4}$ | 11 | 2.3091 | 1.479 | 0.32 | 41.910 | 40.431 | 38.952 |
| G 1$\frac{1}{2}$ | 11 | 2.3091 | 1.479 | 0.32 | 47.803 | 46.324 | 44.845 |
| G 1$\frac{3}{4}$ | 11 | 2.3091 | 1.479 | 0.32 | 53.746 | 52.267 | 50.788 |
| G 2 | 11 | 2.3091 | 1.479 | 0.32 | 59.614 | 58.135 | 56.656 |
| G 2$\frac{1}{4}$ | 11 | 2.3091 | 1.479 | 0.32 | 65.710 | 64.231 | 62.752 |
| G 2$\frac{1}{2}$ | 11 | 2.3091 | 1.479 | 0.32 | 75.184 | 73.705 | 72.226 |

## 14. 관용 테이퍼 나사

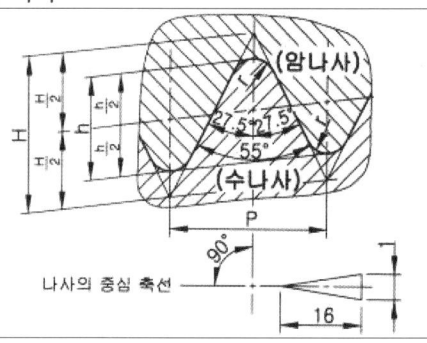

나사의 표시방법 : 수나사의 경우 R 1½

암나사의 경우 R$_C$ 1½

| 나사의 호칭 | 나사 산수 25.4mm 에 대하여 n | 피 치 P (참 고) | 나사 산의 높이 h | 둥글기 r 또는 r' | 암나사 | | | 수나사 기본지름위치 | | 암나사 기본지름 위치 |
|---|---|---|---|---|---|---|---|---|---|---|
| | | | | | 골 지름 D | 유효 지름 D2 | 안 지름 D1 | 관 끝으로부터 | | 관 끝부분 |
| | | | | | 수나사 | | | 기본길이 a | 축선방향 의 허용차 ±b | 축선방향 의 허용차 ±c |
| | | | | | 바깥 지름 d | 유효 지름 d2 | 골 지름 d1 | | | |
| R $^1/_{16}$ | 28 | 0.9071 | 0.581 | 0.12 | 7.723 | 7.142 | 6.561 | 3.97 | 0.91 | 1.13 |
| R $^1/_8$ | 28 | 0.9071 | 0.581 | 0.12 | 9.728 | 9.147 | 8.566 | 3.97 | 0.91 | 1.13 |
| R $^1/_4$ | 19 | 1.3368 | 0.856 | 0.18 | 13.157 | 12.301 | 11.445 | 6.01 | 1.34 | 1.67 |
| R $^3/_8$ | 19 | 1.3368 | 0.856 | 0.18 | 16.662 | 15.806 | 14.950 | 6.35 | 1.34 | 1.67 |
| R $^1/_2$ | 14 | 1.8143 | 1.162 | 0.25 | 20.955 | 19.793 | 18.631 | 8.16 | 1.81 | 2.27 |
| R $^3/_4$ | 14 | 1.8143 | 1.162 | 0.25 | 26.441 | 25.279 | 24.117 | 9.53 | 1.81 | 2.27 |
| R1 | 11 | 2.3091 | 1.479 | 0.32 | 33.249 | 31.770 | 30.291 | 10.39 | 2.31 | 2.89 |
| R1$^1/_4$ | 11 | 2.3091 | 1.479 | 0.32 | 41.910 | 40.431 | 38.952 | 12.70 | 2.31 | 2.89 |
| R1$^1/_2$ | 11 | 2.3091 | 1.479 | 0.32 | 47.803 | 46.324 | 44.845 | 12.70 | 2.31 | 2.89 |
| R2 | 11 | 2.3091 | 1.479 | 0.32 | 59.614 | 58.135 | 56.656 | 15.88 | 2.31 | 2.89 |
| R2$^1/_2$ | 11 | 2.3091 | 1.479 | 0.32 | 75.184 | 73.705 | 72.226 | 17.46 | 3.46 | 3.46 |
| R3 | 11 | 2.3091 | 1.479 | 0.32 | 87.884 | 86.405 | 84.926 | 20.64 | 3.46 | 3.46 |
| R4 | 11 | 2.3091 | 1.479 | 0.32 | 113.030 | 111.551 | 110.072 | 25.40 | 3.46 | 3.46 |
| R5 | 11 | 2.3091 | 1.479 | 0.32 | 138.430 | 136.951 | 135.472 | 28.58 | 3.46 | 3.46 |
| R6 | 11 | 2.3091 | 1.479 | 0.32 | 163.830 | 162.351 | 160.872 | 28.58 | 3.46 | 3.46 |

## 15. 볼트 구멍 지름(2급 기준) 및 카운터 보어 지름의 치수

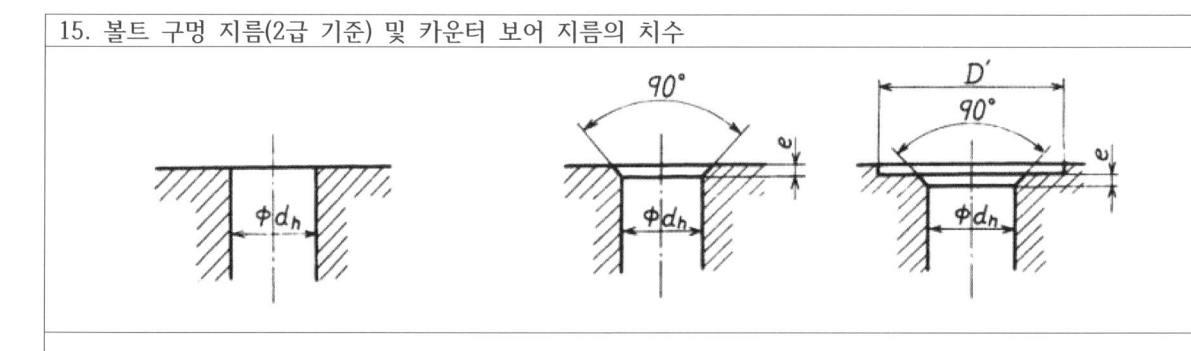

| 나사 호칭 지름 | 3 | 4 | 5 | 6 | 8 | 10 | 12 | 14 | 16 |
|---|---|---|---|---|---|---|---|---|---|
| 볼트 구멍 지름 ∅d$_h$ | 3.4 | 4.5 | 5.5 | 6.6 | 9 | 11 | 13.5 | 15.5 | 17.5 |
| 모떼기 e | 0.3 | 0.4 | 0.4 | 0.4 | 0.6 | 0.6 | 1.1 | 1.1 | 1.1 |
| 카운터보어 지름 D' | 9 | 11 | 13 | 15 | 20 | 24 | 28 | 32 | 35 |

## 16. 불완전 나사부 길이

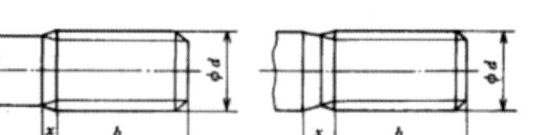
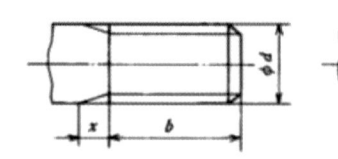

나사의 절단 끝부에 있어서 불완전 나사부 길이 (x)

절삭 나사의 경우                    전조 나사의 경우

(원통부 지름=수나사 바깥지름) (원통부 지름≒수나사 유효지름) (원통부 지름=수나사 바깥지름)

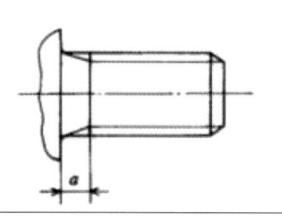
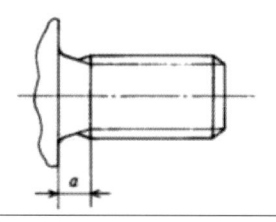

비 고  그림 중의 b는 나사부 길이를 표시한다.

온나사에 있어서 불완전 나사부 길이 (a)

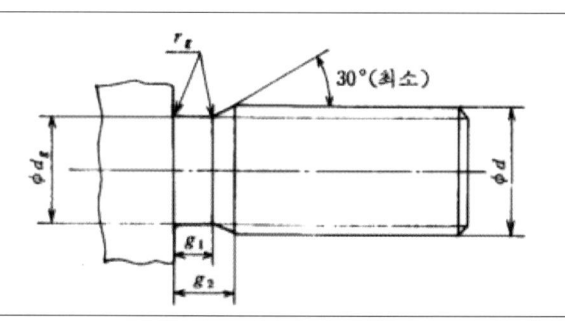

| 나사의 피치 | x (최대) | | a (최대) | | |
|---|---|---|---|---|---|
| | 보통 것 | 짧은 것 | 보통 것 | 짧은 것 | 긴 것 |
| 0.5 | 1.25 | 0.7 | 1.5 | 1 | 2 |
| 0.7 | 1.75 | 0.9 | 2.1 | 1.4 | 2.8 |
| 0.8 | 2 | 1 | 2.4 | 1.6 | 3.2 |
| 1 | 2.5 | 1.25 | 3 | 2 | 4 |
| 1.25 | 3.2 | 1.6 | 4 | 2.5 | 5 |
| 1.5 | 3.8 | 1.9 | 4.5 | 3 | 6 |
| 1.75 | 4.3 | 2.2 | 5.3 | 3.5 | 7 |
| 2 | 5 | 2.5 | 6 | 4 | 8 |

## 17. 나사의 틈새

30°(최소)

| 나사의 피치 | dg | | $g_1$ | $g_2$ | $r_g$ |
|---|---|---|---|---|---|
| | 기준 치수 | 허용차 | 최소 | 최대 | 약 |
| 0.5 | d - 0.8 | 호칭지름이 3mm 이하는 h12, 호칭지름이 3mm 초과는 h13 적용 | 0.8 | 1.5 | 0.2 |
| 0.7 | d - 1.1 | | 1.1 | 2.1 | 0.4 |
| 0.8 | d - 1.3 | | 1.3 | 2.4 | 0.4 |
| 1 | d - 1.6 | | 1.6 | 3 | 0.6 |
| 1.25 | d - 2 | | 2 | 3.75 | 0.6 |
| 1.5 | d - 2.3 | | 2.5 | 4.5 | 0.8 |
| 1.75 | d - 2.6 | | 3 | 5.25 | 1 |
| 2 | d - 3 | | 3.4 | 6 | 1 |

## 18. 뾰족끝 홈붙이 멈춤 스크루

| 나사의 호칭 d | | | M 1.2 | M 1.6 | M 2 | M 2.5 | M 3 | (M 3.5)ᵃ | M 4 | M 5 | M 6 | M 8 | M 10 | M 12 |
|---|---|---|---|---|---|---|---|---|---|---|---|---|---|---|
| Pᵇ | | | 0.25 | 0.35 | 0.4 | 0.45 | 0.5 | 0.6 | 0.7 | 0.8 | 1 | 1.25 | 1.5 | 1.75 |
| dₜ | | ≈ | 나사산의 골지름 | | | | | | | | | | | |
| 기준치수 | 최소 | 최대 | | | | | | | | | | | | |
| 2 | 1.8 | 2.2 | | | | | | | | | | | | |
| 2.5 | 2.3 | 2.7 | | | | | | | | | | | | |
| 3 | 2.8 | 3.2 | | | | | | | | | | | | |
| 4 | 3.7 | 4.3 | | | | | | | | | | | | |
| 5 | 4.7 | 5.3 | | | | | | | | | | | | |
| 6 | 5.7 | 6.3 | | | | | | | | | | | | |
| 8 | 7.7 | 8.3 | | | | | | | | | | | | |
| 10 | 9.7 | 10.3 | | | | | 상용 | | | | | | | |
| 12 | 11.6 | 12.4 | | | | | 길이 | | | | | | | |
| (14) | 13.6 | 14.4 | | | | | | 의 | | | | | | |
| 16 | 15.6 | 16.4 | | | | | | | 범위 | | | | | |
| 20 | 19.6 | 20.4 | | | | | | | | | | | | |
| 25 | 24.6 | 25.4 | | | | | | | | | | | | |
| 30 | 29.6 | 30.4 | | | | | | | | | | | | |

해커스 일반기계기사 실기 작업형 출제 도면집

# 19. 멈춤링

## (1) C형 멈춤링

### 축용 멈춤링

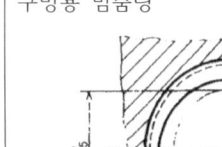

$d_5$는 축에 끼울 때의 바깥 둘레의 최대 지름

### 구멍용 멈춤링

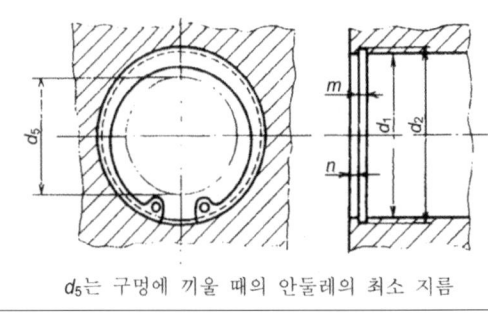

$d_5$는 구멍에 끼울 때의 안둘레의 최소 지름

| 축 치수 $d_1$ | $d_2$ 기준치수 | $d_2$ 허용차 | $m$ 기준치수 | $m$ 허용차 | $n$ 최소 | 멈춤링 두께 기준치수 | 멈춤링 두께 허용차 |
|---|---|---|---|---|---|---|---|
| 10 | 9.6 | 0 / −0.09 | 1.15 | | | 1 | ±0.05 |
| 11 | 10.5 | | | | | | |
| 12 | 11.5 | | | | | | |
| 13 | 12.4 | | | | | | |
| 14 | 13.4 | 0 / −0.11 | | | | | |
| 15 | 14.3 | | | | | | |
| 16 | 15.2 | | | | | | |
| 17 | 16.2 | | | | | | |
| 18 | 17 | | 1.35 | +0.14 / 0 | 1.5 | 1.2 | |
| 19 | 18 | | | | | | |
| 20 | 19 | | | | | | |
| 21 | 20 | | | | | | |
| 22 | 21 | | | | | | |
| 24 | 22.9 | 0 / −0.21 | | | | | ±0.06 |
| 25 | 23.9 | | | | | | |
| 26 | 24.9 | | | | | | |
| 28 | 26.6 | | | | | | |
| 29 | 27.6 | | | | | | |
| 30 | 28.6 | | 1.75 | | | 1.6 | |
| 32 | 30.3 | | | | | | |
| 34 | 32.3 | 0 / −0.25 | | | | | |
| 35 | 33 | | | | | | |
| 36 | 34 | | 1.95 | | 2 | 1.8 | ±0.07 |
| 38 | 36 | | | | | | |

| 구멍 치수 $d_1$ | $d_2$ 기준치수 | $d_2$ 허용차 | $m$ 기준치수 | $m$ 허용차 | $n$ 최소 | 멈춤링 두께 기준치수 | 멈춤링 두께 허용차 |
|---|---|---|---|---|---|---|---|
| 10 | 10.4 | +0.11 / 0 | 1.15 | | | 1 | ±0.05 |
| 11 | 11.4 | | | | | | |
| 12 | 12.5 | | | | | | |
| 13 | 13.6 | | | | | | |
| 14 | 14.6 | | | | | | |
| 15 | 15.7 | | | | | | |
| 16 | 16.8 | | | | | | |
| 17 | 17.8 | | | | | | |
| 18 | 19 | | | +0.14 / 0 | 1.5 | | |
| 19 | 20 | | | | | | |
| 20 | 21 | +0.21 / 0 | | | | | |
| 21 | 22 | | | | | | |
| 22 | 23 | | | | | | |
| 24 | 25.2 | | 1.35 | | | 1.2 | ±0.06 |
| 25 | 26.2 | | | | | | |
| 26 | 27.2 | | | | | | |
| 28 | 29.4 | | | | | | |
| 30 | 31.4 | | | | | | |
| 32 | 33.7 | | | | | | |
| 34 | 35.7 | +0.25 / 0 | 1.75 | | 2 | 1.6 | |
| 35 | 37 | | | | | | |
| 36 | 38 | | | | | | |
| 37 | 39 | | | | | | |

## (2) E형 멈춤링

(사용 상태)

| 축 치수 $d_1$ 초과 | 이하 | $d_2$ 기준치수 | $d_2$ 허용차 | $m$ 기준치수 | $m$ 허용차 | $n$ 최소 | 멈춤링 두께 기준치수 | 멈춤링 두께 허용차 |
|---|---|---|---|---|---|---|---|---|
| 1 | 1.4 | 0.8 | +0.05 / 0 | 0.3 | | 0.4 | 0.2 | ±0.02 |
| 1.4 | 2 | 1.2 | | 0.4 | +0.05 / 0 | 0.6 | 0.3 | ±0.025 |
| 2 | 2.5 | 1.5 | +0.06 / 0 | | | 0.8 | | |
| 2.5 | 3.2 | 2 | | 0.5 | | | 0.4 | ±0.03 |
| 3.2 | 4 | 2.5 | | | | 1 | | |
| 4 | 5 | 3 | | | | | | |
| 5 | 7 | 4 | +0.075 / 0 | 0.7 | | 0.6 | | |
| 6 | 8 | 5 | | | +0.1 / 0 | 1.2 | | |
| 7 | 9 | 6 | | | | | | ±0.04 |
| 8 | 11 | 7 | | 0.9 | | 1.5 | 0.8 | |
| 9 | 12 | 8 | +0.09 / 0 | | | 1.8 | | |
| 10 | 14 | 9 | | | | 2 | | |
| 11 | 15 | 10 | | 1.15 | | | | |
| 13 | 18 | 12 | +0.11 / 0 | | +0.14 / 0 | 2.5 | 1.0 | ±0.05 |
| 16 | 24 | 15 | | 1.75 | | 3 | | |
| 20 | 31 | 19 | +0.13 / 0 | | | 3.5 | 1.6 | ±0.06 |
| 25 | 38 | 24 | | 2.2 | | 4 | 2.0 | ±0.07 |

## (3) C형 동심 멈춤 링

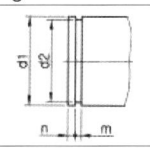 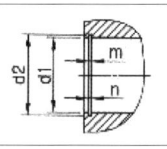

| 축 치수 d1 | d2 기준치수 | d2 허용차 | m 기준치수 | m 허용차 | n 최소 | 멈춤 링 두께 기준치수 | 멈춤 링 두께 허용차 |
|---|---|---|---|---|---|---|---|
| 20 | 19 | 0 -0.21 | 1.35 | | | 1.2 | |
| 22 | 21 | | 1.35 | | 1.5 | 1.2 | |
| 25 | 23.9 | | | +0.14 0 | | | ±0.07 |
| 28 | 26.6 | | 1.75 | | | 1.6 | |
| 30 | 28.6 | | 1.75 | | 1.5 | 1.6 | |
| 32 | 30.3 | | | | | | |
| 35 | 33 | 0 -0.25 | | | | | |
| 40 | 38 | | 1.9 | | 2 | 1.75 | ±0.08 |
| 45 | 42.5 | | 1.9 | | | 1.75 | |
| 50 | 47 | | 2.2 | | | 2 | |

| 구멍 치수 d1 | d2 기준치수 | d2 허용차 | m 기준치수 | m 허용차 | n 최소 | 멈춤 링 두께 기준치수 | 멈춤 링 두께 허용차 |
|---|---|---|---|---|---|---|---|
| 20 | 21 | +0.21 0 | 1.15 | | | 1 | |
| 22 | 23 | | 1.15 | | 1.5 | 1 | |
| 25 | 26.2 | | | +0.14 0 | | | ±0.07 |
| 28 | 29.4 | | 1.35 | | | 1.2 | |
| 30 | 31.4 | | 1.35 | | | 1.2 | |
| 35 | 37 | +0.25 0 | 1.75 | | | 1.6 | |
| 40 | 42.5 | | 1.9 | | 2 | 1.75 | ±0.08 |
| 45 | 47.5 | | 1.9 | | | 1.75 | |
| 50 | 53 | | 2.2 | | | 2 | |

## 20. 샘크

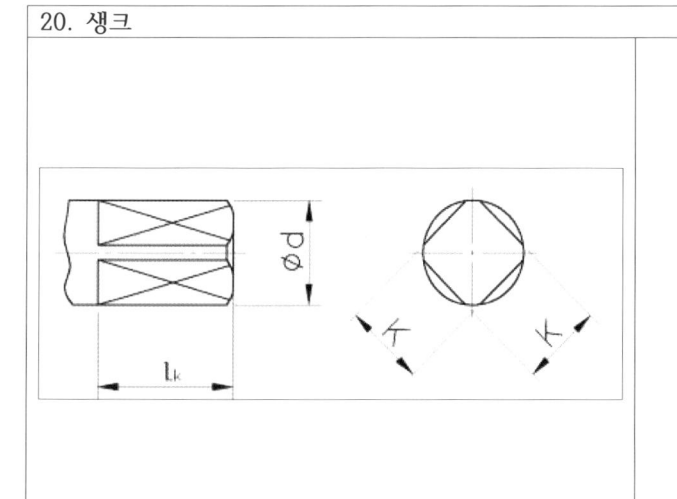

| Φd 초과 | Φd 이하 | K 기준치수 | K 허용차(h12) | lk |
|---|---|---|---|---|
| 7.5 | 8.5 | 6.3 | 0 -0.15 | 9 |
| 8.5 | 9.5 | 7.1 | | 10 |
| 9.5 | 10.6 | 8 | | 11 |
| 10.6 | 11.8 | 9 | | 12 |
| 11.8 | 13.2 | 10 | | 13 |
| 13.2 | 15 | 11.2 | 0 -0.18 | 14 |
| 15 | 17 | 12.5 | | 16 |
| 17 | 19 | 14 | | 18 |
| 19 | 21.2 | 16 | | 20 |
| 21.2 | 23.6 | 18 | | 22 |
| 23.6 | 26.5 | 20 | 0 -0.21 | 24 |
| 26.5 | 30 | 22.4 | | 26 |
| 30 | 33.5 | 25 | | 28 |
| 33.5 | 37.5 | 28 | | 31 |

## 21. 평행 키 (키 홈)

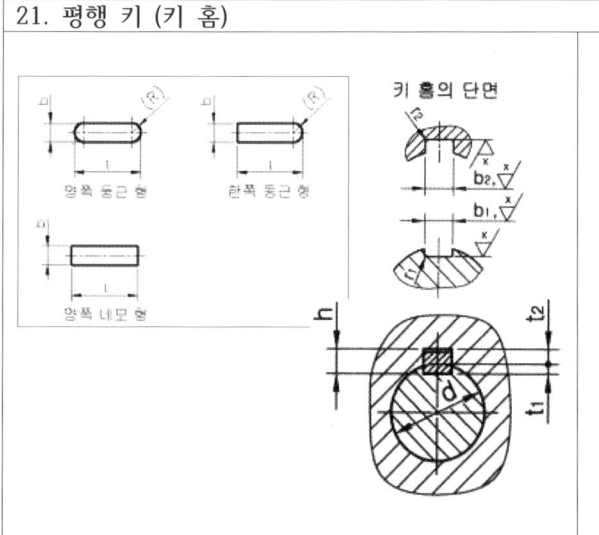

키 홈의 단면

양쪽 둥근 형 · 한쪽 둥근 형 · 양쪽 네모 형

| b1 및 b2의 기준치수 | 활동형 b1 허용차 | 활동형 b2 허용차 | 보통형 b1 허용차 | 보통형 b2 허용차 | t1의 기준치수 | t2의 기준치수 | t1 및 t2의 허용차 | 적용하는 축 지름 d (초과~이하) |
|---|---|---|---|---|---|---|---|---|
| 2 | | | | | 1.2 | 1.0 | +0.1 0 | 6~8 |
| 3 | | | | | 1.8 | 1.4 | | 8~10 |
| 4 | | | | | 2.5 | 1.8 | | 10~12 |
| 5 | H9 | D10 | N9 | JS9 | 3.0 | 2.3 | | 12~17 |
| 6 | | | | | 3.5 | 2.8 | | 17~22 |
| 7 | | | | | 4.0 | 3.3 | +0.2 0 | 20~25 |
| 8 | | | | | 4.0 | 3.3 | | 22~30 |
| 10 | | | | | 5.0 | 3.3 | | 30~38 |

# 22. 반달 키 (키 홈)

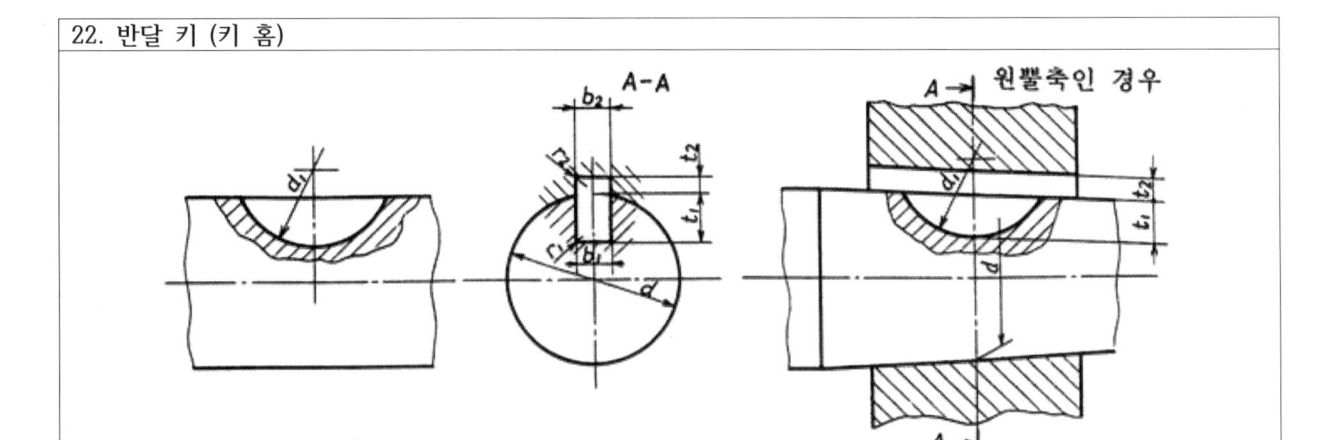

단위 : mm

| 키의 호칭 치수 $b \times d_0$ | $b_1$ 및 $b_2$의 기준 치수 | 보통형 $b_1$ 허용차 (N9) | 보통형 $b_2$ 허용차 (Js9) | 조립형 $b_1$ 및 $b_2$ 허용차 (P9) | $t_1$ 기준 치수 | $t_1$ 허용차 | $t_2$ 기준 치수 | $t_2$ 허용차 | $r_1$ 및 $r_2$ | $d_1$ 기준 치수 | $d_1$ 허용차 |
|---|---|---|---|---|---|---|---|---|---|---|---|
| 1×4 | 1 | −0.004 −0.029 | ±0.012 | −0.006 −0.031 | 1.0 | +0.1 0 | 0.6 | +0.1 0 | 0.08~0.16 | 4 | +0.1 0 |
| 1.5×7 | 1.5 | | | | 2.0 | | 0.8 | | | 7 | |
| 2×7 | 2 | | | | 1.8 | | 1.0 | | | 7 | |
| 2×10 | | | | | 2.9 | | | | | 10 | +0.2 0 |
| 2.5×10 | 2.5 | | | | 2.7 | | 1.2 | | | 10 | |
| ( 3×10) | 3 | | | | 2.5 | | 1.4 | | | 10 | |
| 3×13 | | | | | 3.8 | +0.2 0 | | | | 13 | |
| 3×16 | | | | | 5.3 | | | | | 16 | |
| ( 4×13) | 4 | 0 −0.030 | ±0.015 | −0.012 −0.042 | 3.5 | +0.1 0 | 1.7 | | | 13 | |
| 4×16 | | | | | 5.0 | +0.2 0 | 1.8 | | 0.16~0.25 | 16 | |
| 4×19 | | | | | 6.0 | | | | | 19 | +0.3 0 |
| 5×16 | 5 | | | | 4.5 | | 2.3 | | | 16 | +0.2 0 |
| 5×19 | | | | | 5.5 | | | | | 19 | +0.3 0 |
| 5×22 | | | | | 7.0 | +0.3 0 | | | | 22 | |
| 6×22 | 6 | | | | 6.5 | | 2.8 | | | 22 | |
| 6×25 | | | | | 7.5 | | | +0.2 0 | | 25 | |
| ( 6×28) | | | | | 8.6 | +0.1 0 | 2.6 | +0.1 0 | | 28 | |
| ( 6×32) | | | | | 10.6 | | | | | 32 | |
| ( 7×22) | 7 | 0 −0.036 | ±0.018 | −0.015 −0.051 | 6.4 | | 2.8 | | | 22 | |
| ( 7×25) | | | | | 7.4 | | | | | 25 | |
| ( 7×28) | | | | | 8.4 | | | | | 28 | |
| ( 7×32) | | | | | 10.4 | | | | | 32 | |
| ( 7×38) | | | | | 12.4 | | | | | 38 | |
| ( 7×45) | | | | | 13.4 | | | | | 45 | |
| ( 8×25) | 8 | | | | 7.2 | | 3.0 | | | 25 | |
| 8×28 | | | | | 8.0 | +0.3 0 | 3.3 | +0.2 0 | 0.25~0.40 | 28 | |
| ( 8×32) | | | | | 10.2 | +0.1 0 | 3.0 | +0.1 0 | 0.16~0.25 | 32 | |
| ( 8×38) | | | | | 12.2 | | | | | 38 | |
| 10×32 | 10 | | | | 10.0 | +0.3 0 | 3.3 | +0.2 0 | 0.25~0.40 | 32 | |
| (10×45) | | | | | 12.8 | +0.1 0 | 3.4 | +0.1 0 | | 45 | |
| (10×55) | | | | | 13.8 | | | | | 55 | |
| (10×65) | | | | | 15.8 | | | | | 65 | +0.5 0 |
| (12×65) | 12 | 0 −0.043 | ±0.022 | −0.018 −0.061 | 15.2 | | 4.0 | | | 65 | |
| (12×80) | | | | | 20.2 | | | | | 80 | |

## 22. 반달 키 (키 홈) - 반달키에 적용하는 축지름

단위 : mm

| 키의<br>호칭 치수 | 계열 1 | 계열 2 | 계열 3 | 전단 단면적<br>mm² |
|---|---|---|---|---|
| 1× 4 | 3〜 4 | 3〜 4 | — | — |
| 1.5× 7 | 4〜 5 | 4〜.6 | — | — |
| 2× 7 | 5〜 6 | 6〜 8 | — | — |
| 2×10 | 6〜 7 | 8〜10 | — | — |
| 2.5×10 | 7〜 8 | 10〜12 | 7〜12 | 21 |
| (3×10) | — | — | 8〜14 | 26 |
| 3×13 | 8〜10 | 12〜15 | 9〜16 | 35 |
| 3×16 | 10〜12 | 15〜18 | 11〜18 | 45 |
| (4×13) | — | — | 11〜18 | 46 |
| 4×16 | 12〜14 | 18〜20 | 12〜20 | 57 |
| 4×19 | 14〜16 | 20〜22 | 14〜22 | 70 |
| 5×16 | 16〜18 | 22〜25 | 14〜22 | 72 |
| 5×19 | 18〜20 | 25〜28 | 15〜24 | 86 |
| 5×22 | 20〜22 | 28〜32 | 17〜26 | 102 |
| 6×22 | 22〜25 | 32〜36 | 19〜28 | 121 |
| 6×25 | 25〜28 | 36〜40 | 20〜30 | 141 |
| (6×28) | — | — | 22〜32 | 155 |
| (6×32) | — | — | 24〜34 | 180 |
| (7×22) | — | — | 20〜29 | 139 |
| (7×25) | — | — | 22〜32 | 159 |
| (7×28) | — | — | 24〜34 | 179 |
| (7×32) | — | — | 26〜37 | 209 |
| (7×38) | — | — | 29〜41 | 249 |
| (7×45) | — | — | 31〜45 | 288 |
| (8×25) | — | — | 24〜34 | 181 |
| 8×28 | 28〜32 | 40〜 — | 26〜37 | 203 |
| (8×32) | — | — | 28〜40 | 239 |
| (8×38) | — | — | 30〜44 | 283 |
| 10×32 | 32〜38 | — | 31〜46 | 295 |
| (10×45) | — | — | 38〜54 | 406 |
| (10×55) | — | — | 42〜60 | 477 |
| (10×65) | — | — | 46〜65 | 558 |
| (12×65) | — | — | 50〜73 | 660 |
| (12×80) | — | — | 58〜82 | 834 |

※ 계열 1 : 키에 의해 토크를 전달하는 결합에 사용
계열 2 : 키에 의해 위치결정을 하는 경우 사용
계열 3 : 표에 나타나는 전단 단면적에서의 키의 전단강도 대응에 사용

## 23. 깊은 홈 볼 베어링

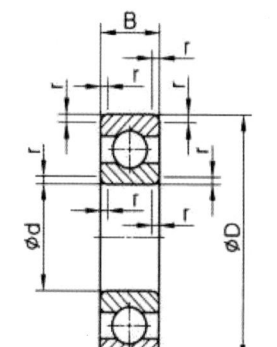

| 호칭 번호 (68계열) | 치수 | | | |
|---|---|---|---|---|
| | d | D | B | r |
| 6800 | 10 | 19 | | |
| 6801 | 12 | 21 | 5 | |
| 6802 | 15 | 24 | | |
| 6803 | 17 | 26 | | 0.3 |
| 6804 | 20 | 32 | | |
| 6805 | 25 | 37 | | |
| 6806 | 30 | 42 | 7 | |
| 6807 | 35 | 47 | | |
| 6808 | 40 | 52 | | |
| 6809 | 45 | 58 | | |
| 6810 | 50 | 65 | | |

| 호칭 번호 (64계열) | 치수 | | | |
|---|---|---|---|---|
| | d | D | B | r |
| 6403 | 17 | 62 | 17 | 1.1 |
| 6404 | 20 | 72 | 19 | 1.1 |
| 6405 | 25 | 80 | 21 | 1.5 |
| 6406 | 30 | 90 | 23 | 1.5 |
| 6407 | 35 | 100 | 25 | 1.5 |
| 6408 | 40 | 110 | 27 | 2 |
| 6409 | 45 | 120 | 29 | 2 |
| 6410 | 50 | 130 | 31 | 2.1 |
| 6411 | 55 | 140 | 33 | 2.1 |
| 6412 | 60 | 150 | 35 | 2.1 |
| 6413 | 65 | 160 | 37 | 2.1 |

| 호칭 번호 (69계열) | 치수 | | | |
|---|---|---|---|---|
| | d | D | B | r |
| 6900 | 10 | 22 | 6 | |
| 6901 | 12 | 24 | | |
| 6902 | 15 | 28 | 7 | |
| 6903 | 17 | 30 | | 0.3 |
| 6904 | 20 | 37 | | |
| 6905 | 25 | 42 | 9 | |
| 6906 | 30 | 47 | | |
| 6907 | 35 | 55 | 10 | |
| 6908 | 40 | 62 | 12 | 0.6 |

| 호칭 번호 (60계열) | 치수 | | | |
|---|---|---|---|---|
| | d | D | B | r |
| 6000 | 10 | 26 | 8 | |
| 6001 | 12 | 28 | | |
| 6002 | 15 | 32 | 9 | 0.3 |
| 6003 | 17 | 35 | 10 | |
| 6004 | 20 | 42 | 12 | 0.6 |
| 6005 | 25 | 47 | | |
| 6006 | 30 | 55 | 13 | |
| 6007 | 35 | 62 | 14 | 1 |
| 6008 | 40 | 68 | 15 | |

| 호칭 번호 (62계열) | 치수 | | | |
|---|---|---|---|---|
| | d | D | B | r |
| 6200 | 10 | 30 | 9 | 0.6 |
| 6201 | 12 | 32 | 10 | 0.6 |
| 6202 | 15 | 35 | 11 | 0.6 |
| 6203 | 17 | 40 | 12 | 0.6 |
| 6204 | 20 | 47 | 14 | 1 |
| 6205 | 25 | 52 | 15 | 1 |
| 6206 | 30 | 62 | 16 | 1 |
| 6207 | 35 | 72 | 17 | 1.1 |
| 6208 | 40 | 80 | 18 | 1.1 |

| 호칭 번호 (63계열) | 치수 | | | |
|---|---|---|---|---|
| | d | D | B | r |
| 6300 | 10 | 35 | 11 | 0.6 |
| 6301 | 12 | 37 | 12 | 1 |
| 6302 | 15 | 42 | 13 | 1 |
| 6303 | 17 | 47 | 14 | 1 |
| 6304 | 20 | 52 | 15 | 1.1 |
| 6305 | 25 | 62 | 17 | 1.1 |

## 24. 앵귤러 볼 베어링

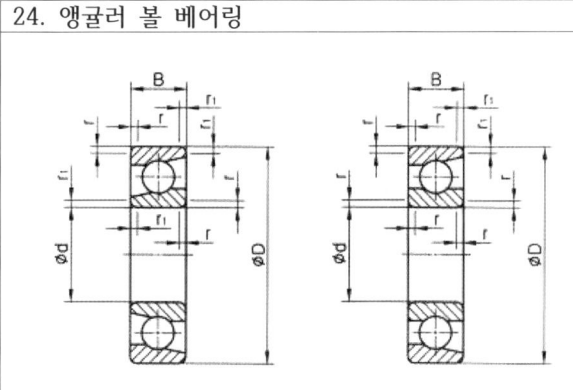

| 호칭 번호<br>(70계열) | 치수 | | | | |
|---|---|---|---|---|---|
| | d | D | B | r | $r_1$ |
| 7000A | 10 | 26 | 8 | 0.3 | 0.15 |
| 7001A | 12 | 28 | 8 | 0.3 | 0.15 |
| 7002A | 15 | 32 | 9 | 0.3 | 0.15 |
| 7003A | 17 | 35 | 10 | 0.3 | 0.15 |
| 7004A | 20 | 42 | 12 | 0.6 | 0.3 |
| 7005A | 25 | 47 | 12 | 0.6 | 0.3 |
| 7006A | 30 | 55 | 13 | 1 | 0.6 |
| 7007A | 35 | 62 | 14 | 1 | 0.6 |
| 7008A | 40 | 68 | 15 | 1 | 0.6 |
| 7009A | 45 | 75 | 16 | 1 | 0.6 |

| 호칭<br>번호<br>(72계열) | 치수 | | | | |
|---|---|---|---|---|---|
| | d | D | B | r | $r_1$ |
| 7200A | 10 | 30 | 9 | 0.6 | 0.3 |
| 7201A | 12 | 32 | 10 | 0.6 | 0.3 |
| 7202A | 15 | 35 | 11 | 0.6 | 0.3 |
| 7203A | 17 | 40 | 12 | 0.6 | 0.3 |
| 7204A | 20 | 47 | 14 | 1 | 0.6 |
| 7205A | 25 | 52 | 15 | 1 | 0.6 |
| 7206A | 30 | 62 | 16 | 1 | 0.6 |

| 호칭<br>번호<br>(73계열) | 치수 | | | | |
|---|---|---|---|---|---|
| | d | D | B | r | $r_1$ |
| 7300A | 10 | 35 | 11 | 0.6 | 0.3 |
| 7301A | 12 | 37 | 12 | 1 | 0.6 |
| 7302A | 15 | 42 | 13 | 1 | 0.6 |
| 7303A | 17 | 47 | 14 | 1 | 0.6 |
| 7304A | 20 | 52 | 15 | 1.1 | 0.6 |
| 7305A | 25 | 62 | 17 | 1.1 | 0.6 |
| 7306A | 30 | 72 | 19 | 1.1 | 0.6 |

| 호칭<br>번호<br>(74계열) | 치수 | | | | |
|---|---|---|---|---|---|
| | d | D | B | r | $r_1$ |
| 7404A | 20 | 72 | 19 | 1.1 | 0.6 |
| 7405A | 25 | 80 | 21 | 1.5 | 1 |
| 7406A | 30 | 90 | 23 | 1.5 | 1 |

## 25. 자동 조심 볼 베어링

| 호칭 번호<br>(22계열) | 치수 | | | |
|---|---|---|---|---|
| | d | D | B | r |
| 2200 | 10 | 30 | 14 | 0.6 |
| 2201 | 12 | 32 | 14 | 0.6 |
| 2202 | 15 | 35 | 14 | 0.6 |
| 2203 | 17 | 40 | 16 | 0.6 |
| 2204 | 20 | 47 | 18 | 1 |
| 2205 | 25 | 52 | 18 | 1 |
| 2206 | 30 | 62 | 20 | 1 |

| 호칭 번호<br>(12계열) | 치수 | | | |
|---|---|---|---|---|
| | d | D | B | r |
| 1200 | 10 | 30 | 9 | 0.6 |
| 1201 | 12 | 32 | 10 | 0.6 |
| 1202 | 15 | 35 | 11 | 0.6 |
| 1203 | 17 | 40 | 12 | 0.6 |
| 1204 | 20 | 47 | 14 | 1 |
| 1205 | 25 | 52 | 15 | 1 |
| 1206 | 30 | 62 | 16 | 1 |

| 호칭 번호<br>(13계열) | 치수 | | | |
|---|---|---|---|---|
| | d | D | B | r |
| 1300 | 10 | 35 | 11 | 0.6 |
| 1301 | 12 | 37 | 12 | 1 |
| 1302 | 15 | 42 | 13 | 1 |
| 1303 | 17 | 47 | 14 | 1 |
| 1304 | 20 | 52 | 15 | 1.1 |
| 1305 | 25 | 62 | 17 | 1.1 |

| 호칭 번호<br>(23계열) | 치수 | | | |
|---|---|---|---|---|
| | d | D | B | r |
| 2300 | 10 | 35 | 17 | 0.6 |
| 2301 | 12 | 37 | 17 | 1 |
| 2302 | 15 | 42 | 17 | 1 |
| 2303 | 17 | 47 | 19 | 1 |
| 2304 | 20 | 52 | 21 | 1.1 |
| 2305 | 25 | 62 | 24 | 1.1 |

## 26. 원통 롤러 베어링

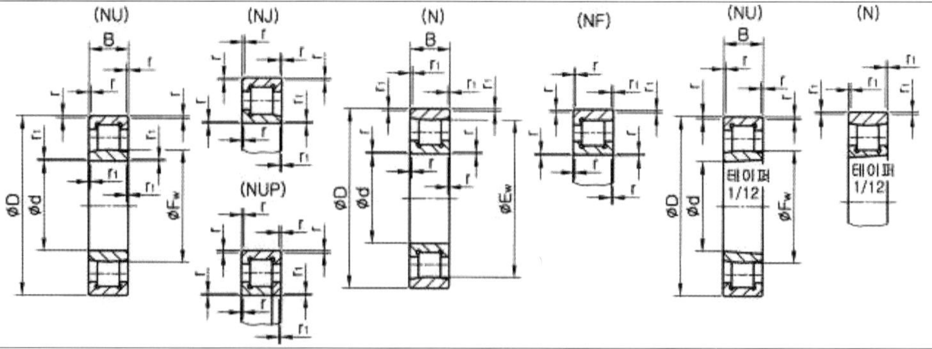


| 호칭 번호 (NU2, NUP2, N2, NF2계열) | | | | | | | 치수 | | | | |
|---|---|---|---|---|---|---|---|---|---|---|---|
| 원통 구멍 | | | | | 테이퍼 구멍 | | d | D | B | r | $r_1$ |
| - | - | - | N203 | - | - | - | 17 | 40 | 12 | 0.6 | 0.3 |
| NU204 | NJ204 | NUP204 | N204 | NF204 | NU204K | - | 20 | 47 | 14 | 1 | 0.6 |
| NU205 | NJ205 | NUP205 | N205 | NF205 | NU205K | - | 25 | 52 | 15 | 1 | 0.6 |
| NU206 | NJ206 | NUP206 | N206 | NF206 | NU206K | N206K | 30 | 62 | 16 | 1 | 0.6 |
| NU207 | NJ207 | NUP207 | N207 | NF207 | NU207K | N207K | 35 | 72 | 17 | 1.1 | 0.6 |
| NU208 | NJ208 | NUP208 | N208 | NF208 | NU208K | N208K | 40 | 80 | 18 | 1.1 | 1.1 |

| 호칭 번호 (NU22, NUP22, NJ22계열) | | | | 치수 | | | | |
|---|---|---|---|---|---|---|---|---|
| 원통 구멍 | | | 테이퍼 구멍 | d | D | B | r | $r_1$ |
| NU2204 | NJ2204 | NUP2204 | - | 20 | 47 | 18 | 1 | 0.6 |
| NU2205 | NJ2205 | NUP2205 | NU2205K | 25 | 52 | 18 | 1 | 0.6 |
| NU2206 | NJ2206 | NUP2206 | NU2206K | 30 | 62 | 20 | 1 | 0.6 |
| NU2207 | NJ2207 | NUP2207 | NU2207K | 35 | 72 | 23 | 1.1 | 0.6 |
| NU2208 | NJ2208 | NUP2208 | NU2208K | 40 | 80 | 23 | 1.1 | 1.1 |
| NU2209 | NJ2209 | NUP2209 | NU2209K | 45 | 85 | 23 | 1.1 | 1.1 |

| 호칭 번호 (NU3, NJ3, NUP3, N3, NF3계열) | | | | | | | 치수 | | | | |
|---|---|---|---|---|---|---|---|---|---|---|---|
| 원통 구멍 | | | | | 테이퍼 구멍 | | d | D | B | r | $r_1$ |
| NU304 | NJ304 | NUP304 | N304 | NF304 | NU304K | - | 20 | 52 | 15 | 1.1 | 0.6 |
| NU305 | NJ305 | NUP305 | N305 | NF305 | NU305K | - | 25 | 62 | 17 | 1.1 | 1.1 |
| NU306 | NJ306 | NUP306 | N306 | NF306 | NU306K | N306K | 30 | 72 | 19 | 1.1 | 1.1 |
| NU307 | NJ307 | NUP307 | N307 | NF307 | NU307K | N307K | 35 | 80 | 21 | 1.5 | 1.1 |
| NU308 | NJ308 | NUP308 | N308 | NF308 | NU308K | N308K | 40 | 90 | 23 | 1.5 | 1.5 |
| NU309 | NJ309 | NUP309 | N309 | NF309 | NU309K | N309K | 45 | 100 | 25 | 1.5 | 1.5 |
| NU310 | NJ310 | NUP310 | N310 | NF310 | NU310K | N310K | 50 | 110 | 27 | 2 | 2 |

| 호칭 번호 (NU23, NJ23, NUP23계열) | | | | 치수 | | | | |
|---|---|---|---|---|---|---|---|---|
| 원통 구멍 | | | 테이퍼 구멍 | d | D | B | r | $r_1$ |
| NU2305 | NJ2305 | NUP2305 | NU2305 K | 25 | 62 | 24 | 1.1 | 1.1 |
| NU2306 | NJ2306 | NUP2306 | NU2306 K | 30 | 72 | 27 | 1.1 | 1.1 |
| NU2307 | NJ2307 | NUP2307 | NU2307 K | 35 | 80 | 31 | 1.5 | 1.1 |
| NU2308 | NJ2308 | NUP2308 | NU2308 K | 40 | 90 | 33 | 1.5 | 1.5 |
| NU2309 | NJ2309 | NUP2309 | NU2309 K | 45 | 100 | 36 | 1.5 | 1.5 |
| NU2310 | NJ2310 | NUP2310 | NU2310 K | 50 | 110 | 40 | 2 | 2 |

| 호칭 번호 (NU4, NJ4, NUP4, N4, NF4계열) | | | | | 치수 | | | | |
|---|---|---|---|---|---|---|---|---|---|
| | | | | | d | D | B | r | $r_1$ |
| NU406 | NJ406 | NUP406 | N406 | NF406 | 30 | 90 | 23 | 1.5 | 1.5 |
| NU407 | NJ407 | NUP407 | N407 | NF407 | 35 | 100 | 25 | 1.5 | 1.5 |
| NU408 | NJ408 | NUP408 | N408 | NF408 | 40 | 110 | 27 | 2 | 2 |
| NU409 | NJ409 | NUP409 | N409 | NF409 | 45 | 120 | 29 | 2 | 2 |
| NU410 | NJ410 | NUP410 | N410 | NF410 | 50 | 130 | 31 | 2.1 | 2.1 |
| NU411 | NJ411 | NUP411 | N411 | NF411 | 55 | 140 | 33 | 2.1 | 2.1 |

| 호칭 번호 (NN30계열) | | 치수 | | | | |
|---|---|---|---|---|---|---|
| 원통 구멍 | 테이퍼 구멍 | d | D | B | r | $r_1$ |
| NN 3005 | NN 3005 K | 25 | 47 | 16 | 0.6 | 0.6 |
| NN 3006 | NN 3006 K | 30 | 55 | 19 | 1 | 1 |
| NN 3007 | NN 3007 K | 35 | 62 | 20 | 1 | 1 |
| NN 3008 | NN 3008 K | 40 | 68 | 21 | 1 | 1 |
| NN 3009 | NN 3009 K | 45 | 75 | 23 | 1 | 1 |
| NN 3010 | NN 3010 K | 50 | 80 | 23 | 1 | 1 |

| 호칭 번호 (NU10계열) | 치수 | | | | |
|---|---|---|---|---|---|
| | d | D | B | r | $r_1$ |
| NU 1005 | 25 | 47 | 12 | 0.6 | 0.3 |
| NU 1006 | 30 | 55 | 13 | 1 | 0.6 |
| NU 1007 | 35 | 62 | 14 | 1 | 0.6 |
| NU 1008 | 40 | 68 | 15 | 1 | 0.6 |
| NU 1009 | 45 | 75 | 16 | 1 | 0.6 |
| NU 1010 | 50 | 80 | 16 | 1 | 0.6 |

## 27. 테이퍼 롤러 베어링

| 호칭 번호 (302계열) | 치수 | | | | | | | |
|---|---|---|---|---|---|---|---|---|
| | d | D | T | B | C | r 내륜 | r 외륜 | r1 |
| 30203 K | 17 | 40 | 13.25 | 12 | 11 | 1 | 1 | 0.3 |
| 30204 K | 20 | 47 | 15.25 | 14 | 12 | 1 | 1 | 0.3 |
| 30205 K | 25 | 52 | 16.25 | 15 | 13 | 1 | 1 | 0.3 |
| 30206 K | 30 | 62 | 17.25 | 16 | 14 | 1 | 1 | 0.3 |
| 30207 K | 35 | 72 | 18.25 | 17 | 15 | 1.5 | 1.5 | 0.6 |
| 30208 K | 40 | 80 | 19.75 | 18 | 16 | 1.5 | 1.5 | 0.6 |

| 호칭 번호 (320계열) | 치수 | | | | | | | |
|---|---|---|---|---|---|---|---|---|
| | d | D | T | B | C | r 내륜 | r 외륜 | r1 |
| 32004K | 20 | 42 | 15 | 15 | 12 | 0.6 | 0.6 | 0.15 |
| 32005K | 25 | 47 | 15 | 15 | 11.5 | 0.6 | 0.6 | 0.15 |
| 32006K | 30 | 55 | 17 | 17 | 13 | 1 | 1 | 0.3 |
| 32007K | 35 | 62 | 18 | 18 | 14 | 1 | 1 | 0.3 |
| 32008K | 40 | 68 | 19 | 19 | 14.5 | 1 | 1 | 0.3 |
| 32009K | 45 | 75 | 20 | 20 | 15.5 | 1 | 1 | 0.3 |

| 호칭 번호 (322계열) | 치수 | | | | | | | |
|---|---|---|---|---|---|---|---|---|
| | d | D | T | B | C | r 내륜 | r 외륜 | r1 |
| 32203 K | 17 | 40 | 17.25 | 16 | 14 | 1 | 1 | 0.3 |
| 32204 K | 20 | 47 | 19.25 | 18 | 15 | 1 | 1 | 0.3 |
| 32205 K | 25 | 52 | 19.25 | 18 | 16 | 1 | 1 | 0.3 |
| 32206 K | 30 | 62 | 21.25 | 20 | 17 | 1 | 1 | 0.3 |
| 32207 K | 35 | 72 | 24.25 | 23 | 19 | 1.5 | 1.5 | 0.6 |
| 32208 K | 40 | 80 | 25.75 | 23 | 19 | 1.5 | 1.5 | 0.6 |

| 호칭 번호 (303계열) | 치수 | | | | | | | |
|---|---|---|---|---|---|---|---|---|
| | d | D | T | B | C | r 내륜 | r 외륜 | r1 |
| 30302 K | 15 | 42 | 14.25 | 13 | 11 | 1 | 1 | 0.3 |
| 30303 K | 17 | 47 | 15.25 | 14 | 12 | 1 | 1 | 0.3 |
| 30304 K | 20 | 52 | 16.25 | 15 | 13 | 1.5 | 1.5 | 0.6 |
| 30305 K | 25 | 62 | 18.25 | 17 | 15 | 1.5 | 1.5 | 0.6 |
| 30306 K | 30 | 72 | 20.75 | 19 | 16 | 1.5 | 1.5 | 0.6 |
| 30307 K | 35 | 80 | 22.75 | 21 | 18 | 2 | 1.5 | 0.6 |

| 호칭 번호 (303 D계열) | 치수 | | | | | | | |
|---|---|---|---|---|---|---|---|---|
| | d | D | T | B | C | r 내륜 | r 외륜 | r1 |
| 30305D K | 25 | 62 | 18.25 | 17 | 13 | 1.5 | 1.5 | 0.6 |
| 30306D K | 30 | 72 | 20.75 | 19 | 14 | 1.5 | 1.5 | 0.6 |
| 30307D K | 35 | 80 | 22.75 | 21 | 15 | 2 | 1.5 | 0.6 |

| 호칭 번호 (323계열) | 치수 | | | | | | | |
|---|---|---|---|---|---|---|---|---|
| | d | D | T | B | C | r 내륜 | r 외륜 | r1 |
| 32303 K | 17 | 47 | 20.25 | 19 | 16 | 1 | 1 | 0.3 |
| 32304 K | 20 | 52 | 22.25 | 21 | 18 | 1.5 | 1.5 | 0.6 |
| 32305 K | 25 | 62 | 25.25 | 24 | 20 | 1.5 | 1.5 | 0.6 |
| 32306 K | 30 | 72 | 28.75 | 27 | 23 | 1.5 | 1.5 | 0.6 |
| 32307 K | 35 | 80 | 32.75 | 31 | 25 | 2 | 1.5 | 0.6 |
| 32308 K | 40 | 90 | 35.25 | 33 | 27 | 2 | 1.5 | 0.6 |

## 28. 니들 롤러 베어링

내륜붙이(NA)

내륜 없는(RNA)

| 호칭 번호 (NA49계열) | 치수 | | | |
|---|---|---|---|---|
| | d | D | B, C | r |
| NA498 | 8 | 19 | 11 | 0.2 |
| NA499 | 9 | 20 | 11 | 0.3 |
| NA4900 | 10 | 22 | 13 | 0.3 |
| NA4901 | 12 | 24 | 13 | 0.3 |
| NA4902 | 15 | 28 | 13 | 0.3 |
| NA4903 | 17 | 30 | 13 | 0.3 |

| 호칭 번호 (RNA49계열) | 치수 | | | |
|---|---|---|---|---|
| | Fw | D | C | r |
| RNA493 | 5 | 11 | 10 | 0.15 |
| RNA494 | 6 | 12 | 10 | 0.15 |
| RNA495 | 7 | 13 | 10 | 0.15 |
| RNA496 | 8 | 15 | 10 | 0.15 |
| RNA497 | 9 | 17 | 10 | 0.15 |
| RNA498 | 10 | 19 | 11 | 0.2 |
| RNA499 | 12 | 20 | 11 | 0.3 |
| RNA4900 | 14 | 22 | 13 | 0.3 |
| RNA4901 | 16 | 24 | 13 | 0.3 |

## 29. 평면 자리형 스러스트 볼 베어링

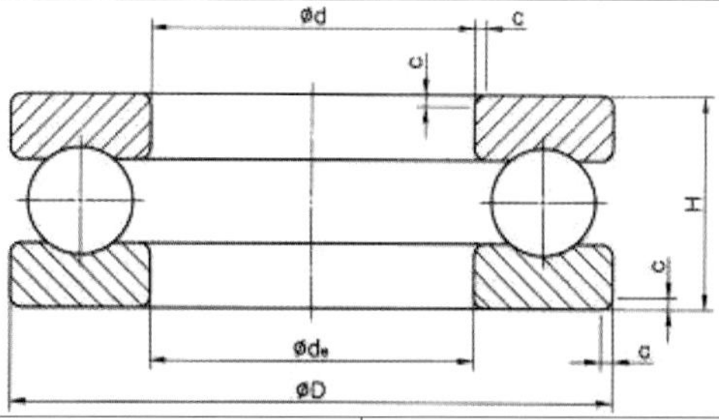

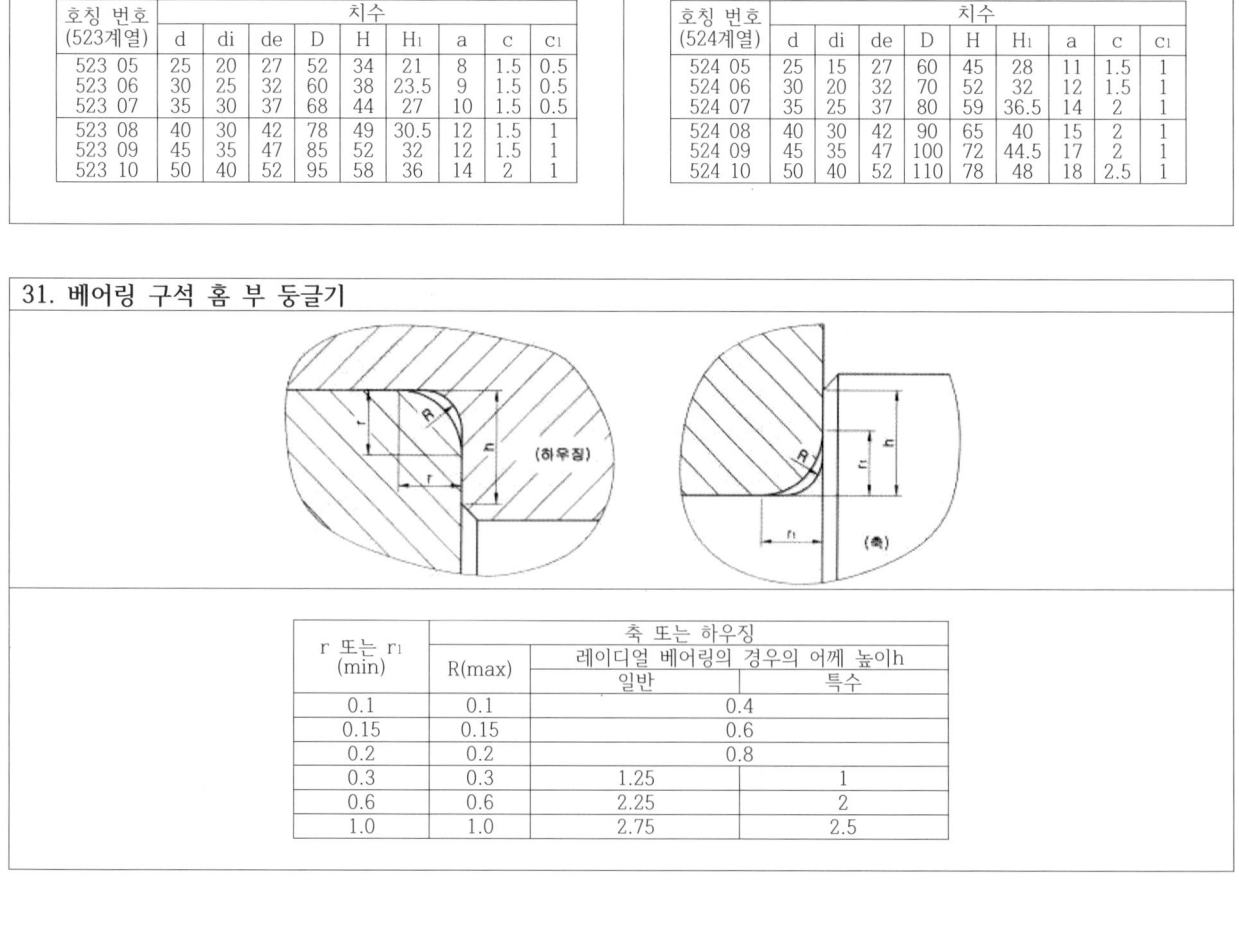

| 호칭 번호 (511계열) | 치수 | | | | |
|---|---|---|---|---|---|
| | d | de | D | H | c |
| 511 00 | 10 | 11 | 24 | 9 | 0.5 |
| 511 01 | 12 | 13 | 26 | 9 | 0.5 |
| 511 02 | 15 | 16 | 28 | 9 | 0.5 |
| 511 03 | 17 | 18 | 30 | 9 | 0.5 |
| 511 04 | 20 | 21 | 35 | 10 | 0.5 |
| 511 05 | 25 | 26 | 42 | 11 | 1 |

| 호칭 번호 (512계열) | 치수 | | | | |
|---|---|---|---|---|---|
| | d | de | D | H | c |
| 512 00 | 10 | 12 | 26 | 11 | 1 |
| 512 01 | 12 | 14 | 28 | 11 | 1 |
| 512 02 | 15 | 17 | 32 | 12 | 1 |
| 512 03 | 17 | 19 | 35 | 12 | 1 |
| 512 04 | 20 | 22 | 40 | 14 | 1 |
| 512 05 | 25 | 27 | 47 | 15 | 1 |

| 호칭 번호 (513계열) | 치수 | | | | |
|---|---|---|---|---|---|
| | d | de | D | H | c |
| 513 05 | 25 | 27 | 52 | 18 | 1.5 |
| 513 06 | 30 | 32 | 60 | 21 | 1.5 |
| 513 07 | 35 | 37 | 68 | 24 | 1.5 |
| 513 08 | 40 | 42 | 78 | 26 | 1.5 |
| 513 09 | 45 | 47 | 85 | 28 | 1.5 |
| 513 10 | 50 | 52 | 95 | 31 | 2 |

| 호칭 번호 (514계열) | 치수 | | | | |
|---|---|---|---|---|---|
| | d | de | D | H | c |
| 514 05 | 25 | 27 | 60 | 24 | 1.5 |
| 514 06 | 30 | 32 | 70 | 28 | 1.5 |
| 514 07 | 35 | 37 | 80 | 32 | 2 |
| 514 08 | 40 | 42 | 90 | 36 | 2 |
| 514 09 | 45 | 47 | 100 | 39 | 2 |
| 514 10 | 50 | 52 | 110 | 43 | 2.5 |

## 30. 평면 자리형 스러스트 볼 베어링(복식)

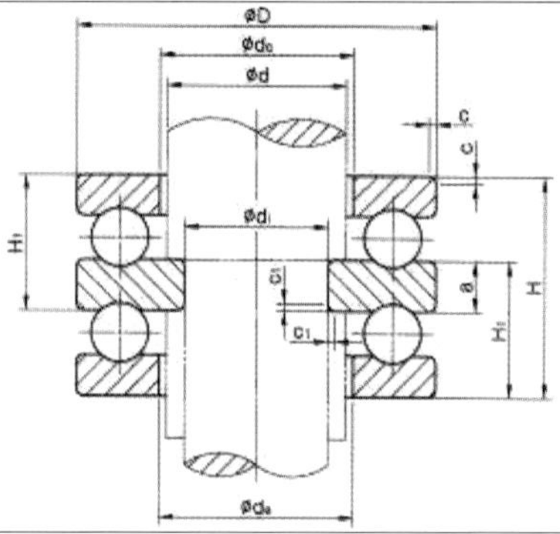

| 호칭 번호 (522계열) | 치수 | | | | | | | | |
|---|---|---|---|---|---|---|---|---|---|
| | d | di | de | D | H | $H_1$ | a | c | $c_1$ |
| 522 02 | 15 | 10 | 17 | 32 | 22 | 13.5 | 5 | 1 | 0.5 |
| 522 04 | 20 | 15 | 22 | 40 | 26 | 16 | 6 | 1 | 0.5 |
| 522 05 | 25 | 20 | 27 | 47 | 28 | 17.5 | 7 | 1 | 0.5 |
| 522 06 | 30 | 25 | 32 | 52 | 29 | 18 | 7 | 1 | 0.5 |
| 522 07 | 35 | 30 | 37 | 62 | 34 | 21 | 8 | 1.5 | 0.5 |
| 522 08 | 40 | 30 | 42 | 68 | 36 | 22.5 | 9 | 1.5 | 1 |

| 호칭 번호 (523계열) | 치수 | | | | | | | | |
|---|---|---|---|---|---|---|---|---|---|
| | d | di | de | D | H | $H_1$ | a | c | $c_1$ |
| 523 05 | 25 | 20 | 27 | 52 | 34 | 21 | 8 | 1.5 | 0.5 |
| 523 06 | 30 | 25 | 32 | 60 | 38 | 23.5 | 9 | 1.5 | 0.5 |
| 523 07 | 35 | 30 | 37 | 68 | 44 | 27 | 10 | 1.5 | 0.5 |
| 523 08 | 40 | 30 | 42 | 78 | 49 | 30.5 | 12 | 1.5 | 1 |
| 523 09 | 45 | 35 | 47 | 85 | 52 | 32 | 12 | 1.5 | 1 |
| 523 10 | 50 | 40 | 52 | 95 | 58 | 36 | 14 | 2 | 1 |

| 호칭 번호 (524계열) | 치수 | | | | | | | | |
|---|---|---|---|---|---|---|---|---|---|
| | d | di | de | D | H | $H_1$ | a | c | $c_1$ |
| 524 05 | 25 | 15 | 27 | 60 | 45 | 28 | 11 | 1.5 | 1 |
| 524 06 | 30 | 20 | 32 | 70 | 52 | 32 | 12 | 1.5 | 1 |
| 524 07 | 35 | 25 | 37 | 80 | 59 | 36.5 | 14 | 2 | 1 |
| 524 08 | 40 | 30 | 42 | 90 | 65 | 40 | 15 | 2 | 1 |
| 524 09 | 45 | 35 | 47 | 100 | 72 | 44.5 | 17 | 2 | 1 |
| 524 10 | 50 | 40 | 52 | 110 | 78 | 48 | 18 | 2.5 | 1 |

## 31. 베어링 구석 홈 부 둥글기

| r 또는 $r_1$ (min) | R(max) | 축 또는 하우징 | |
|---|---|---|---|
| | | 레이디얼 베어링의 경우의 어깨 높이 h | |
| | | 일반 | 특수 |
| 0.1 | 0.1 | 0.4 | |
| 0.15 | 0.15 | 0.6 | |
| 0.2 | 0.2 | 0.8 | |
| 0.3 | 0.3 | 1.25 | 1 |
| 0.6 | 0.6 | 2.25 | 2 |
| 1.0 | 1.0 | 2.75 | 2.5 |

## 32. 베어링의 끼워 맞춤

| 내륜회전 하중 또는 방향 부정 하중(보통 하중) | | | |
|---|---|---|---|
| 볼 베어링 | 원통, 테이퍼 롤러 베어링 | 자동조심 롤러 베어링 | 허용차 등급 |
| 축 지름 | | | |
| 18 이하 | - | - | js5 |
| 18 초과 100 이하 | 40 이하 | 40 이하 | k5 |
| 100 초과 200 이하 | 40 초과 100 이하 | 40 초과 65 이하 | m5 |

| 내륜정지 하중 | | | |
|---|---|---|---|
| 볼 베어링 | 원통, 테이퍼 롤러 베어링 | 자동조심 롤러 베어링 | 허용차 등급 |
| 축 지름 | | | |
| 내륜이 축 위를 쉽게 움직일 필요가 있다. | 전체 축 지름 | | g6 |
| 내륜이 축 위를 쉽게 움직일 필요가 없다. | 전체 축 지름 | | h6 |

| 하우징 구멍 공차 | | |
|---|---|---|
| 외륜 정지 하중 | 모든 종류의 하중 | H7 |
| 외륜 회전 하중 | 보통하중 또는 중하중 | N7 |

| 스러스트 베어링 | | |
|---|---|---|
| 축 지름 | | |
| 중심 축 하중 | 전체 축 지름 | js6 |
| 합성 하중 (스러스트 자동 조심롤러 베어링) | 내륜정지하중 | 전체 축 지름 |
| | 내륜회전하중 또는 방향 부정 하중 | 200 이하 | k6 |

| 스러스트 베어링 | | |
|---|---|---|
| 중심 축 하중 | | H8 |
| 합성 하중 (스러스트 자동 조심롤러 베어링) | 내륜정지하중 | H7 |
| | 내륜회전하중 또는 방향 부정 하중 | K7 |

## 33. 그리스 니플

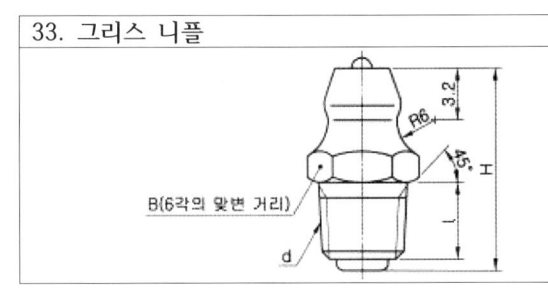

| A형 | |
|---|---|
| 형식 | 나사의 호칭 지름 |
| A-M6F | M6×0.75 |
| A-MT6×0.75 | MT6×0.75 |

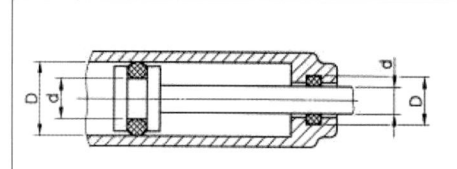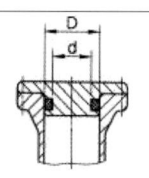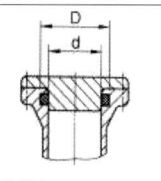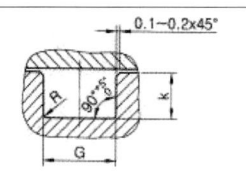

(운동용)  (고정용)

| O링의 호칭번호 | d | | d의 끼워맞춤 | D | D의 끼워맞춤 | G +0.25 0 | R (최대) |
|---|---|---|---|---|---|---|---|
| P 3 | 3 | | | 6 | H10 | | |
| P 4 | 4 | | | 7 | | | |
| P 5 | 5 | | | 8 | | | |
| P 6 | 6 | 0 -0.05 | h9 | 9 | +0.05 0 | 2.5 | 0.4 |
| P 7 | 7 | | | 10 | H9 | | |
| P 8 | 8 | | | 11 | | | |
| P 9 | 9 | | | 12 | | | |
| P10 | 10 | | | 13 | | | |
| P10A | 10 | | | 14 | | | |
| P11 | 11 | | | 15 | | | |
| P11.2 | 11.2 | | | 15.2 | | | |
| P12 | 12 | | | 16 | | | |
| P12.5 | 12.5 | | | 16.5 | | | |
| P14 | 14 | 0 -0.06 | h9 | 18 | +0.06 0 | 3.2 | 0.4 |
| P15 | 15 | | | 19 | H9 | | |
| P16 | 16 | | | 20 | | | |
| P18 | 18 | | | 22 | | | |
| P20 | 20 | | | 24 | | | |
| P21 | 21 | | | 25 | | | |
| P22 | 22 | | | 26 | | | |
| P22A | 22 | | | 28 | | | |
| P22.4 | 22.4 | | | 28.4 | | | |
| P24 | 24 | | | 30 | | | |
| P25 | 25 | | | 31 | | | |
| P25.5 | 25.5 | | | 31.5 | | | |
| P26 | 26 | | | 32 | | | |
| P28 | 28 | | | 34 | | | |
| P29 | 29 | | | 35 | | | |
| P29.5 | 29.5 | | | 35.5 | | | |
| P30 | 30 | 0 -0.08 | h9 | 36 | +0.08 0 | 4.7 | 0.8 |
| P31 | 31 | | | 37 | H9 | | |
| P31.5 | 31.5 | | | 37.5 | | | |
| P32 | 32 | | | 38 | | | |
| P34 | 34 | | | 40 | | | |
| P35 | 35 | | | 41 | | | |
| P35.5 | 35.5 | | | 41.5 | | | |
| P36 | 36 | | | 42 | | | |
| P38 | 38 | | | 44 | | | |
| P39 | 39 | | | 45 | | | |

| O링의 호칭번호 | d | | d의 끼워맞춤 | D | D의 끼워맞춤 | G +0.25 0 | R (최대) |
|---|---|---|---|---|---|---|---|
| P40 | 40 | | | 46 | | | |
| P41 | 41 | | | 47 | | | |
| P42 | 42 | | | 48 | | | |
| P44 | 44 | 0 -0.08 | h9 | 50 | +0.08 0 | 4.7 | 0.8 |
| P45 | 45 | | | 51 | H9 | | |
| P46 | 46 | | | 52 | | | |
| P48 | 48 | | | 54 | | | |
| P49 | 49 | | | 55 | | | |
| P50 | 50 | | | 56 | | | |
| P48A | 48 | | | 58 | | | |
| P50A | 50 | | | 60 | | | |
| P52 | 52 | | | 62 | | | |
| P53 | 53 | | | 63 | | | |
| P55 | 55 | | | 65 | | | |
| P56 | 56 | | | 66 | | | |
| P58 | 58 | | | 68 | | | |
| P60 | 60 | 0 -0.10 | h9 | 70 | +0.10 0 | 7.5 | 0.8 |
| P62 | 62 | | | 72 | H9 | | |
| P63 | 63 | | | 73 | | | |
| P65 | 65 | | | 75 | | | |
| P67 | 67 | | | 77 | | | |
| P70 | 70 | | | 80 | | | |
| P71 | 71 | | | 81 | | | |
| P75 | 75 | | | 85 | | | |
| P80 | 80 | | | 90 | | | |

| O링의 호칭번호 | d | | d의 끼워맞춤 | D | D의 끼워맞춤 | G +0.25 0 | R (최대) |
|---|---|---|---|---|---|---|---|
| G 25 | 25 | | | 30 | | | |
| G 30 | 30 | | | 35 | | | |
| G 35 | 35 | | | 40 | H10 | | |
| G 40 | 40 | | | 45 | | | |
| G 45 | 45 | | | 50 | | | |
| G 50 | 50 | | | 55 | | | |
| G 55 | 55 | | | 60 | | | |
| G 60 | 60 | 0 -0.10 | h9 | 65 | +0.10 0 | 4.1 | 0.7 |
| G 65 | 65 | | | 70 | | | |
| G 70 | 70 | | | 75 | | | |
| G 75 | 75 | | | 80 | H9 | | |
| G 80 | 80 | | | 85 | | | |
| G 85 | 85 | | | 90 | | | |
| G 90 | 90 | | | 95 | | | |
| G 95 | 95 | | | 100 | | | |
| G100 | 100 | | | 105 | | | |

## 35. O링 부착 부의 예리한 모서리를 제거하는 설계 방법

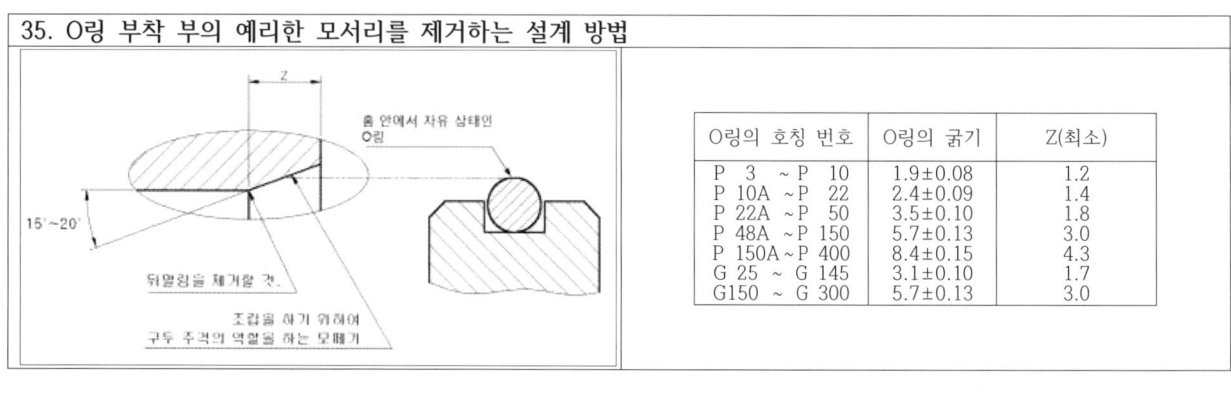

| O링의 호칭 번호 | O링의 굵기 | Z(최소) |
|---|---|---|
| P 3 ~ P 10 | 1.9±0.08 | 1.2 |
| P 10A ~ P 22 | 2.4±0.09 | 1.4 |
| P 22A ~ P 50 | 3.5±0.10 | 1.8 |
| P 48A ~ P 150 | 5.7±0.13 | 3.0 |
| P 150A ~ P 400 | 8.4±0.15 | 4.3 |
| G 25 ~ G 145 | 3.1±0.10 | 1.7 |
| G150 ~ G 300 | 5.7±0.13 | 3.0 |

## 36. O링(평면)

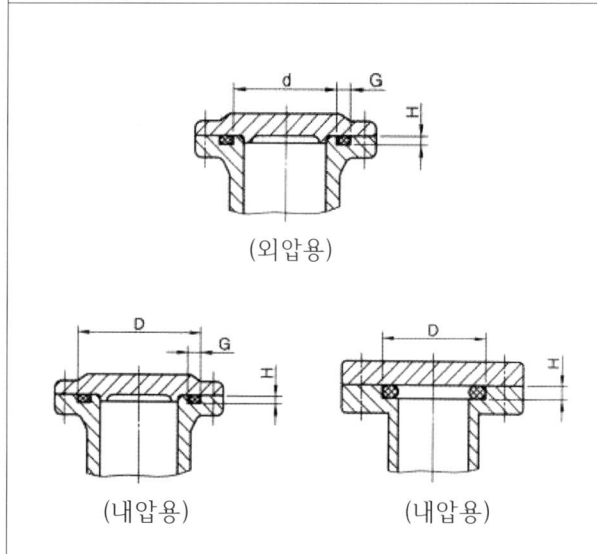

(외압용)

(내압용)　　　(내압용)

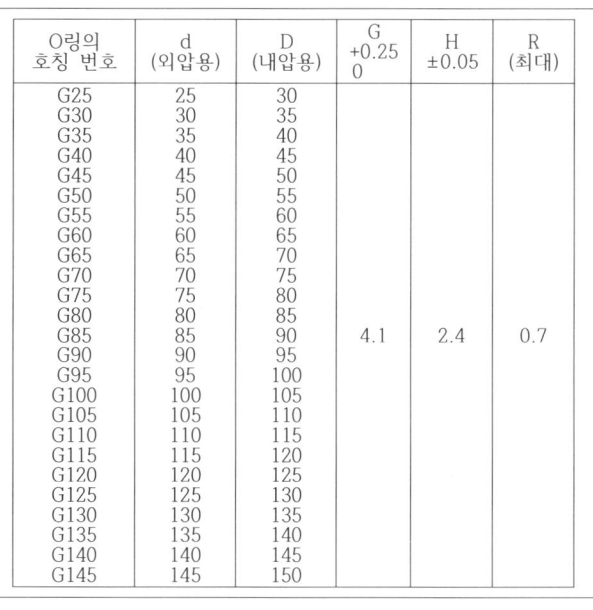

| O링의 호칭 번호 | d (외압용) | D (내압용) | G +0.25 0 | H ±0.05 | R (최대) |
|---|---|---|---|---|---|
| G25 | 25 | 30 | | | |
| G30 | 30 | 35 | | | |
| G35 | 35 | 40 | | | |
| G40 | 40 | 45 | | | |
| G45 | 45 | 50 | | | |
| G50 | 50 | 55 | | | |
| G55 | 55 | 60 | | | |
| G60 | 60 | 65 | | | |
| G65 | 65 | 70 | | | |
| G70 | 70 | 75 | | | |
| G75 | 75 | 80 | | | |
| G80 | 80 | 85 | | | |
| G85 | 85 | 90 | 4.1 | 2.4 | 0.7 |
| G90 | 90 | 95 | | | |
| G95 | 95 | 100 | | | |
| G100 | 100 | 105 | | | |
| G105 | 105 | 110 | | | |
| G110 | 110 | 115 | | | |
| G115 | 115 | 120 | | | |
| G120 | 120 | 125 | | | |
| G125 | 125 | 130 | | | |
| G130 | 130 | 135 | | | |
| G135 | 135 | 140 | | | |
| G140 | 140 | 145 | | | |
| G145 | 145 | 150 | | | |

| O링의 호칭 번호 | d (외압용) | D (내압용) | G +0.25 0 | H ±0.05 | R (최대) |
|---|---|---|---|---|---|
| P3 | 3 | 6.2 | | | |
| P4 | 4 | 7.2 | | | |
| P5 | 5 | 8.2 | | | |
| P6 | 6 | 9.2 | | | |
| P7 | 7 | 10.2 | 2.5 | 1.4 | 0.4 |
| P8 | 8 | 11.2 | | | |
| P9 | 9 | 12.2 | | | |
| P10 | 10 | 13.2 | | | |
| P10A | 10 | 14 | | | |
| P11 | 11 | 15 | | | |
| P11.2 | 11.2 | 15.2 | | | |
| P12 | 12 | 16 | | | |
| P12.5 | 12.5 | 16.5 | | | |
| P14 | 14 | 18 | | | |
| P15 | 15 | 19 | 3.2 | 1.8 | 0.4 |
| P16 | 16 | 20 | | | |
| P18 | 18 | 22 | | | |
| P20 | 20 | 24 | | | |
| P21 | 21 | 25 | | | |
| P22 | 22 | 26 | | | |
| P22A | 22 | 28 | | | |
| P22.4 | 22.4 | 28.4 | | | |
| P24 | 24 | 30 | | | |
| P25 | 25 | 31 | | | |
| P25.5 | 25.5 | 31.5 | | | |
| P26 | 26 | 32 | | | |
| P28 | 28 | 34 | | | |
| P29 | 29 | 35 | | | |
| P29.5 | 29.5 | 35.5 | | | |
| P30 | 30 | 36 | | | |
| P31 | 31 | 37 | | | |
| P31.5 | 31.5 | 37.5 | 4.7 | 2.7 | 0.8 |
| P32 | 32 | 38 | | | |
| P34 | 34 | 40 | | | |
| P35 | 35 | 41 | | | |
| P35.5 | 35.5 | 41.5 | | | |
| P36 | 36 | 42 | | | |
| P38 | 38 | 44 | | | |
| P39 | 39 | 45 | | | |
| P40 | 40 | 46 | | | |
| P41 | 41 | 47 | | | |
| P42 | 42 | 48 | | | |

| O링의 호칭 번호 | d (외압용) | D (내압용) | G +0.25 0 | H ±0.05 | R (최대) |
|---|---|---|---|---|---|
| P44 | 44 | 50 | | | |
| P45 | 45 | 51 | | | |
| P46 | 46 | 52 | 4.7 | 2.7 | 0.8 |
| P48 | 48 | 54 | | | |
| P49 | 49 | 55 | | | |
| P50 | 50 | 56 | | | |
| P48A | 48 | 58 | | | |
| P50A | 50 | 60 | | | |
| P52 | 52 | 62 | | | |
| P53 | 53 | 63 | | | |
| P55 | 55 | 65 | | | |
| P56 | 56 | 66 | | | |
| P58 | 58 | 68 | | | |
| P60 | 60 | 70 | | | |
| P62 | 62 | 72 | | | |
| P63 | 63 | 73 | | | |
| P65 | 65 | 75 | | | |
| P67 | 67 | 77 | | | |
| P70 | 70 | 80 | | | |
| P71 | 71 | 81 | | | |
| P75 | 75 | 85 | | | |
| P80 | 80 | 90 | | | |
| P85 | 85 | 95 | 7.5 | 4.6 | 0.8 |
| P90 | 90 | 100 | | | |
| P95 | 95 | 105 | | | |
| P100 | 100 | 110 | | | |
| P102 | 102 | 112 | | | |
| P105 | 105 | 115 | | | |
| P110 | 110 | 120 | | | |
| P112 | 112 | 122 | | | |
| P115 | 115 | 125 | | | |
| P120 | 120 | 130 | | | |
| P125 | 125 | 135 | | | |
| P130 | 130 | 140 | | | |
| P132 | 132 | 142 | | | |
| P135 | 135 | 145 | | | |
| P140 | 140 | 150 | | | |
| P145 | 145 | 155 | | | |
| P150 | 150 | 160 | | | |

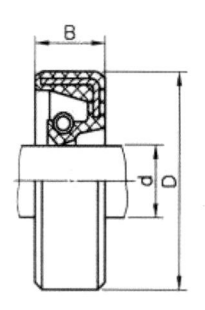

**S, SM, SA, D, DM, DA 계열치수**

| 호칭 안지름 d | D | B |
|---|---|---|
| 7 | 18 | 7 |
|  | 20 |  |
| 8 | 18 | 7 |
|  | 22 |  |
| 9 | 20 | 7 |
|  | 22 |  |
| 10 | 20 | 7 |
|  | 25 |  |
| 11 | 22 | 7 |
|  | 25 |  |
| 12 | 22 | 7 |
|  | 25 |  |
| *13 | 25 | 7 |
|  | 28 |  |
| 14 | 25 | 7 |
|  | 28 |  |
| 15 | 25 | 7 |
|  | 30 |  |
| 16 | 28 | 7 |
|  | 30 |  |
| 17 | 30 | 8 |
|  | 32 |  |
| 18 | 30 | 8 |
|  | 35 |  |
| 20 | 32 | 8 |
|  | 35 |  |
| 22 | 35 | 8 |
|  | 38 |  |
| 24 | 38 | 8 |
|  | 40 |  |
| 25 | 38 | 8 |
|  | 40 |  |
| *26 | 38 | 8 |
|  | 42 |  |
| 28 | 40 | 8 |
|  | 45 |  |
| 30 | 42 | 8 |
|  | 45 |  |
| 32 | 52 | 11 |
| 35 | 55 |  |

**G, GM, GA 계열치수**

| 호칭 안지름 d | D | B |
|---|---|---|
| 7 | 18 | 4 |
|  | 20 | 7 |
| 8 | 18 | 4 |
|  | 22 | 7 |
| 9 | 20 | 4 |
|  | 22 | 7 |
| 10 | 20 | 4 |
|  | 25 | 7 |
| 11 | 22 | 4 |
|  | 25 | 7 |
| 12 | 22 | 4 |
|  | 25 | 7 |
| *13 | 25 | 4 |
|  | 28 | 7 |
| 14 | 25 | 4 |
|  | 28 | 7 |
| 15 | 25 | 4 |
|  | 30 | 7 |
| 16 | 28 | 4 |
|  | 30 | 7 |
| 17 | 30 | 5 |
|  | 32 | 8 |
| 18 | 30 | 5 |
|  | 35 | 8 |
| 20 | 32 | 5 |
|  | 35 | 8 |
| 22 | 35 | 5 |
|  | 38 | 8 |
| 24 | 38 | 5 |
|  | 40 | 8 |
| 25 | 38 | 5 |
|  | 40 | 8 |
| *26 | 38 | 5 |
|  | 42 | 8 |
| 28 | 40 | 5 |
|  | 45 | 8 |
| 30 | 42 | 5 |
|  | 45 | 8 |
| 32 | 45 | 5 |
|  | 52 | 11 |
| 35 | 48 | 5 |
|  | 55 | 11 |

## 38. 오일 실 부착 관계 (축 및 하우징 구멍의 모떼기와 둥글기)

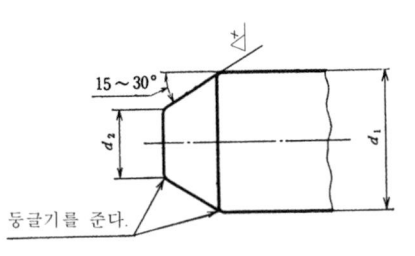

15 ~ 30°

둥글기를 준다.

| 모 떼 기 | $\alpha = 15° \sim 30°$ |
|---|---|
|  | $l = 0.1B \sim 0.15B$ |
| 구석의 둥글기 | $r \geqq 0.5\ mm$ |

| $d_1$ | $d_2$(최대) | $d_1$ | $d_2$(최대) | $d_1$ | $d_2$(최대) |
|---|---|---|---|---|---|
| 7 | 5.7 | 17 | 14.9 | 35 | 32 |
| 8 | 6.6 | 18 | 15.8 | 38 | 34.9 |
| 9 | 7.5 | 20 | 17.7 | 40 | 36.8 |
| 10 | 8.4 | 22 | 19.6 | 42 | 38.7 |
| 11 | 9.3 | 24 | 21.5 | 45 | 41.6 |
| 12 | 10.2 | 25 | 22.5 | 48 | 44.5 |
| * 13 | 11.2 | * 26 | 23.4 | 50 | 46.4 |
| 14 | 12.1 | 28 | 25.3 |  |  |
| 15 | 13.1 | 30 | 27.3 |  |  |
| 16 | 14 | 32 | 29.2 |  |  |

비고 *을 붙인 것은 KS B 0406에 없다.
- 바깥지름에 대응하는 하우징의 **구멍** 지름의 허용차는 원칙적으로 KS B 0401의 **H8**로 한다.
- **축**의 호칭 지름은 오일시일에 적합한 지름과 같고 그 허용차는 원칙적으로 KS B 0401 **h8**로 한다.

## 39. 롤러체인, 스프로킷

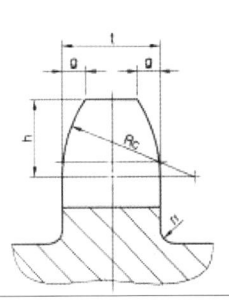

| 호칭<br>번호 | 가로치형 | | | | | | | 가로<br>피치<br>c | 적용 롤러 체인(참고) | | |
|---|---|---|---|---|---|---|---|---|---|---|---|
| | 모떼기폭<br>g<br>(약) | 모떼기<br>깊이 h<br>(약) | 모떼기<br>반지름<br>Rc<br>(최소) | 둥글기<br>rf<br>(최대) | 이나비 t(최대) | | | | 피치 p | 롤러 바깥<br>지름 d1<br>(최대) | 안쪽 링크<br>안쪽 나비<br>b1 (최소) |
| | | | | | 단열 | 2열, 3열 | 4열 이상 | | | | |
| 25 | 0.8 | 3.2 | 6.8 | 0.3 | 2.8 | 2.7 | 2.4 | 6.4 | 6.35 | 3.30 | 3.10 |
| 35 | 1.2 | 4.8 | 10.1 | 0.4 | 4.3 | 4.1 | 3.8 | 10.1 | 9.525 | 5.08 | 4.68 |
| 41 | 1.6 | 6.4 | 13.5 | 0.5 | 5.8 | – | – | – | 12.70 | 7.77 | 6.25 |
| 40 | 1.6 | 6.4 | 13.5 | 0.5 | 7.2 | 7.0 | 6.5 | 14.4 | 12.70 | 7.95 | 7.85 |
| 50 | 2.0 | 7.9 | 16.9 | 0.6 | 8.7 | 8.4 | 7.9 | 18.1 | 15.875 | 10.16 | 9.40 |
| 60 | 2.4 | 9.5 | 20.3 | 0.8 | 11.7 | 11.3 | 10.6 | 22.8 | 19.05 | 11.91 | 12.57 |
| 80 | 3.2 | 12.7 | 27.0 | 1.0 | 14.6 | 14.1 | 13.3 | 29.3 | 25.40 | 15.88 | 15.75 |
| 100 | 4.0 | 15.9 | 33.8 | 1.3 | 17.6 | 17.0 | 16.1 | 35.8 | 31.75 | 19.05 | 18.90 |
| 120 | 4.8 | 19.0 | 40.5 | 1.5 | 23.5 | 22.7 | 21.5 | 45.4 | 38.10 | 22.23 | 25.22 |
| 140 | 5.6 | 22.2 | 47.3 | 1.8 | 23.5 | 22.7 | 21.5 | 48.9 | 44.45 | 25.40 | 25.22 |
| 160 | 6.4 | 25.4 | 54.0 | 2.0 | 29.4 | 28.4 | 27.0 | 58.5 | 50.80 | 28.58 | 31.55 |
| 200 | 7.9 | 31.8 | 67.5 | 2.5 | 35.3 | 34.1 | 32.5 | 71.6 | 63.50 | 39.68 | 37.85 |
| 240 | 9.5 | 38.1 | 81.0 | 3.0 | 44.1 | 42.7 | 40.7 | 87.8 | 76.20 | 47.63 | 47.35 |

## < 스프로킷 기준 치수>

단위 : mm

| 항 목 | 계 산 식 |
|---|---|
| 피치원 지름($D_p$) | $D_p = \dfrac{p}{\sin\dfrac{180°}{N}}$ |
| 바깥지름($D_0$) | $D_0 = p\left(0.6 + \cot\dfrac{180°}{N}\right)$ |
| 이뿌리원 지름($D_B$) | $D_B = D_p - d_1$ |
| 이뿌리 거리($D_C$) | $D_C = D_B$ (짝수 톱니) <br><br> $D_C = D_p \cos\dfrac{90°}{N} - d_1$ (홀수 톱니) <br><br> $= p \cdot \dfrac{1}{2\sin\dfrac{180°}{2N}} - d_1$ |
| 최대 보스 지름 및 최대 홈지름($D_H$) | $D_H = p\left(\cot\dfrac{180°}{N} - 1\right) - 0.76$ |
| 여기에서 $P$ : 롤러 체인의 피치<br>$\quad\quad\quad d_1$ : 롤러 체인의 롤러 바깥지름<br>$\quad\quad\quad N$ : 잇 수 | |

# 39. 롤러체인, 스프로킷

## 호칭번호 25

| 잇수 N | 피치원지름 $D_p$ | 바깥지름 $D_o$ | 이뿌리원지름 $D_B$ | 이뿌리거리 $D_C$ | 최대보스지름 $D_H$ |
|---|---|---|---|---|---|
| 25 | 50.66 | 54 | 47.36 | 47.27 | 43 |
| 26 | 52.68 | 56 | 49.38 | 49.38 | 45 |
| 27 | 54.70 | 58 | 51.40 | 51.30 | 47 |
| 28 | 56.71 | 60 | 53.41 | 53.41 | 49 |
| 29 | 58.73 | 62 | 55.43 | 55.35 | 51 |
| 30 | 60.75 | 64 | 57.45 | 57.45 | 53 |
| 31 | 62.77 | 66 | 59.47 | 59.39 | 55 |
| 32 | 64.78 | 68 | 61.48 | 61.48 | 57 |
| 33 | 66.80 | 70 | 63.50 | 63.43 | 59 |
| 34 | 68.82 | 72 | 65.52 | 65.52 | 61 |
| 35 | 70.84 | 74 | 67.54 | 67.47 | 63 |
| 36 | 72.86 | 76 | 69.56 | 69.56 | 65 |
| 37 | 74.88 | 78 | 71.58 | 71.51 | 67 |
| 38 | 76.90 | 80 | 73.60 | 73.60 | 70 |
| 39 | 78.91 | 82 | 75.61 | 75.55 | 72 |
| 40 | 80.93 | 84 | 77.63 | 77.63 | 74 |
| 41 | 82.95 | 87 | 79.65 | 79.59 | 76 |
| 42 | 84.97 | 89 | 81.67 | 81.67 | 78 |
| 43 | 86.99 | 91 | 83.69 | 83.63 | 80 |
| 44 | 89.01 | 93 | 85.71 | 85.71 | 82 |
| 45 | 91.03 | 95 | 87.73 | 87.68 | 84 |
| 46 | 93.05 | 97 | 89.75 | 89.75 | 86 |
| 47 | 95.07 | 99 | 91.77 | 91.72 | 88 |
| 48 | 97.09 | 101 | 93.79 | 93.79 | 90 |
| 49 | 99.11 | 103 | 95.81 | 95.76 | 92 |
| 50 | 101.13 | 105 | 97.83 | 97.83 | 94 |
| 51 | 103.15 | 107 | 99.85 | 99.80 | 96 |
| 52 | 105.17 | 109 | 101.87 | 101.87 | 98 |
| 53 | 107.19 | 111 | 103.89 | 103.84 | 100 |
| 54 | 109.21 | 113 | 105.91 | 105.91 | 102 |
| 55 | 111.23 | 115 | 107.93 | 107.88 | 104 |
| 56 | 113.25 | 117 | 109.95 | 109.95 | 106 |
| 57 | 115.27 | 119 | 111.97 | 111.93 | 108 |
| 58 | 117.29 | 121 | 113.99 | 113.99 | 110 |
| 59 | 119.31 | 123 | 116.01 | 115.97 | 112 |
| 60 | 121.33 | 125 | 118.03 | 118.03 | 114 |
| 61 | 123.35 | 127 | 120.05 | 120.01 | 116 |
| 62 | 125.37 | 129 | 122.07 | 122.07 | 118 |
| 63 | 127.39 | 131 | 124.09 | 124.05 | 120 |
| 64 | 129.41 | 133 | 126.11 | 126.11 | 122 |
| 65 | 131.43 | 135 | 128.13 | 128.10 | 124 |

## 호칭번호 35

| 잇수 N | 피치원지름 $D_p$ | 바깥지름 $D_o$ | 이뿌리원지름 $D_B$ | 이뿌리거리 $D_C$ | 최대보스지름 $D_H$ |
|---|---|---|---|---|---|
| 21 | 63.91 | 69 | 58.83 | 58.65 | 53 |
| 22 | 66.93 | 72 | 61.85 | 61.85 | 56 |
| 23 | 69.95 | 75 | 64.87 | 64.71 | 59 |
| 24 | 72.97 | 78 | 67.89 | 67.89 | 62 |
| 25 | 76.00 | 81 | 70.92 | 70.77 | 65 |
| 26 | 79.02 | 84 | 73.94 | 73.94 | 68 |
| 27 | 82.05 | 87 | 76.97 | 76.83 | 71 |
| 28 | 85.07 | 90 | 79.99 | 79.99 | 74 |
| 29 | 88.10 | 93 | 83.02 | 82.89 | 77 |
| 30 | 91.12 | 96 | 86.04 | 86.04 | 80 |
| 31 | 94.15 | 99 | 89.07 | 88.95 | 83 |
| 32 | 97.18 | 102 | 92.10 | 92.10 | 86 |
| 33 | 100.20 | 105 | 95.12 | 95.01 | 89 |
| 34 | 103.23 | 109 | 98.15 | 98.15 | 93 |
| 35 | 106.26 | 112 | 101.18 | 101.07 | 96 |
| 36 | 109.29 | 115 | 104.21 | 104.21 | 99 |
| 37 | 112.31 | 118 | 107.23 | 107.13 | 102 |
| 38 | 115.34 | 121 | 110.26 | 110.26 | 105 |
| 39 | 118.37 | 124 | 113.29 | 113.20 | 108 |
| 40 | 121.40 | 127 | 116.32 | 116.32 | 111 |
| 41 | 124.43 | 130 | 119.35 | 119.26 | 114 |
| 42 | 127.46 | 133 | 122.38 | 122.38 | 117 |
| 43 | 130.49 | 136 | 125.41 | 125.32 | 120 |
| 44 | 133.52 | 139 | 128.44 | 128.44 | 123 |
| 45 | 136.55 | 142 | 131.47 | 131.38 | 126 |
| 46 | 139.58 | 145 | 134.50 | 134.50 | 129 |
| 47 | 142.61 | 148 | 137.53 | 137.45 | 132 |
| 48 | 145.64 | 151 | 140.56 | 140.56 | 135 |
| 49 | 148.67 | 154 | 143.59 | 143.51 | 138 |
| 50 | 151.70 | 157 | 146.62 | 146.62 | 141 |

## 호칭번호 40

| 잇수 N | 피치원지름 $D_p$ | 바깥지름 $D_o$ | 이뿌리원지름 $D_B$ | 이뿌리거리 $D_C$ | 최대보스지름 $D_H$ |
|---|---|---|---|---|---|
| 16 | 65.10 | 71 | 57.15 | 57.15 | 50 |
| 17 | 69.12 | 76 | 61.17 | 60.87 | 54 |
| 18 | 73.14 | 80 | 65.19 | 65.19 | 59 |
| 19 | 77.16 | 84 | 69.21 | 68.95 | 63 |
| 20 | 81.18 | 88 | 73.23 | 73.23 | 67 |
| 21 | 85.21 | 92 | 77.26 | 77.02 | 71 |
| 22 | 89.24 | 96 | 81.29 | 81.29 | 75 |
| 23 | 93.27 | 100 | 85.32 | 85.10 | 79 |
| 24 | 97.30 | 104 | 89.35 | 89.35 | 83 |
| 25 | 101.33 | 108 | 93.38 | 93.18 | 87 |
| 26 | 105.36 | 112 | 97.41 | 97.41 | 91 |
| 27 | 109.40 | 116 | 101.45 | 101.26 | 95 |
| 28 | 113.43 | 120 | 105.48 | 105.48 | 99 |
| 29 | 117.46 | 124 | 109.51 | 109.34 | 103 |
| 30 | 121.50 | 128 | 113.55 | 113.55 | 107 |
| 31 | 125.53 | 133 | 117.58 | 117.42 | 111 |
| 32 | 129.57 | 137 | 121.62 | 121.62 | 115 |
| 33 | 133.61 | 141 | 125.66 | 125.50 | 120 |
| 34 | 137.64 | 145 | 129.69 | 129.69 | 124 |
| 35 | 141.68 | 149 | 133.73 | 133.59 | 128 |
| 36 | 145.72 | 153 | 137.77 | 137.77 | 132 |
| 37 | 149.75 | 157 | 141.80 | 141.67 | 136 |
| 38 | 153.79 | 161 | 145.84 | 145.84 | 140 |
| 39 | 157.83 | 165 | 149.88 | 149.75 | 144 |
| 40 | 161.87 | 169 | 153.92 | 153.92 | 148 |

## 호칭번호 41

| 잇수 N | 피치원지름 $D_p$ | 바깥지름 $D_o$ | 이뿌리원지름 $D_B$ | 이뿌리거리 $D_C$ | 최대보스지름 $D_H$ |
|---|---|---|---|---|---|
| 16 | 65.10 | 71 | 57.33 | 57.33 | 50 |
| 17 | 69.12 | 76 | 61.35 | 61.05 | 54 |
| 18 | 73.14 | 80 | 65.37 | 65.37 | 59 |
| 19 | 77.16 | 84 | 69.39 | 69.13 | 63 |
| 20 | 81.18 | 88 | 73.41 | 73.41 | 67 |
| 21 | 85.21 | 92 | 77.44 | 77.20 | 71 |
| 22 | 89.24 | 96 | 81.47 | 81.47 | 75 |
| 23 | 93.27 | 100 | 85.50 | 85.28 | 79 |
| 24 | 97.30 | 104 | 89.53 | 89.53 | 83 |
| 25 | 101.33 | 108 | 93.56 | 93.36 | 87 |
| 26 | 105.36 | 112 | 97.59 | 97.59 | 91 |
| 27 | 109.40 | 116 | 101.63 | 101.44 | 95 |
| 28 | 113.43 | 120 | 105.66 | 105.66 | 99 |
| 29 | 117.46 | 124 | 109.69 | 109.52 | 103 |
| 30 | 121.50 | 128 | 113.73 | 113.73 | 107 |
| 31 | 125.53 | 133 | 117.76 | 117.60 | 111 |
| 32 | 129.57 | 137 | 121.80 | 121.80 | 115 |
| 33 | 133.61 | 141 | 125.84 | 125.68 | 120 |
| 34 | 137.64 | 145 | 129.87 | 129.87 | 124 |
| 35 | 141.68 | 149 | 133.91 | 133.77 | 128 |
| 36 | 145.72 | 153 | 137.95 | 137.95 | 132 |
| 37 | 149.75 | 157 | 141.98 | 141.85 | 136 |
| 38 | 153.79 | 161 | 146.02 | 146.02 | 140 |
| 39 | 157.83 | 165 | 150.06 | 149.93 | 144 |
| 40 | 161.87 | 169 | 154.10 | 154.10 | 148 |

## 40. V 벨트 풀리

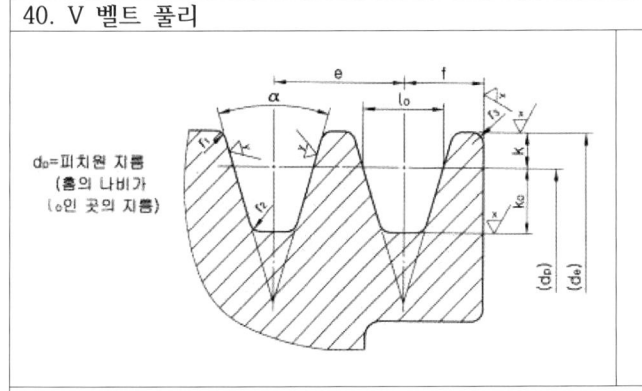

$d_p$=피치원 지름
(홈의 나비가
$\ell_0$인 곳의 지름)

| V벨트의<br>형 별 | α의<br>허용차(°) | k의<br>허용차 | e의 허용차 | f의 허용차 |
|---|---|---|---|---|
| M | | +0.2<br>0 | — | ±1.0 |
| A | ±0.5 | | ±0.4 | |
| B | | | | |

| 호칭지름<br>(mm) | 바깥지름<br>de 허용차 | 바깥둘레<br>흔들림<br>허용값 | 림 측면<br>흔들림<br>허용값 |
|---|---|---|---|
| 75 이상<br>118 이하 | ±0.6 | 0.3 | 0.3 |
| 125 이상<br>300 이하 | ±0.8 | 0.4 | 0.4 |

| V<br>벨트<br>형별 | 호칭 지름 | α(°) | $\ell_0$ | k | $k_0$ | e | f | $r_1$ | $r_2$ | $r_3$ | 비 고 |
|---|---|---|---|---|---|---|---|---|---|---|---|
| M | 50이상~71이하<br>71초과~90이하<br>90초과 | 34<br>36<br>38 | 8.0 | 2.7 | 6.3 | — | 9.5 | 0.2~0.5 | 0.5~1.0 | 1~2 | M형은<br>원칙적으로<br>한 줄만<br>걸친다.(e) |
| A | 71이상~100이하<br>100초과~125이하<br>125초과 | 34<br>36<br>38 | 9.2 | 4.5 | 8.0 | 15.0 | 10.0 | 0.2~0.5 | 0.5~1.0 | 1~2 | |
| B | 125이상~165이하<br>165초과~200이하<br>200초과 | 34<br>36<br>38 | 12.5 | 5.5 | 9.5. | 19.0 | 12.5 | 0.2~0.5 | 0.5~1.0 | 1~2 | |

## 41. 지그용 부시 및 그 부속 부품 (고정 부시)

(칼라 있음)          (칼라 없음)

| $d_1$ | | d | | $d_2$ | | l | $l_1$ | $l_2$ | R |
|---|---|---|---|---|---|---|---|---|---|
| 초과 | 이하 | 기준치수 | 허용차 | 기준치수 | 허용차 | | | | |
| 2 | 3 | 7 | | 11 | | 8 10 12 16 | 2.5 | | 0.8 |
| 3 | 4 | 8 | | 12 | | | | | 1.0 |
| 4 | 6 | 10 | | 14 | | 10 12 16 20 | 3 | | |
| 6 | 8 | 12 | p6 | 16 | h13 | | | 1.5 | |
| 8 | 10 | 15 | | 19 | | 12 16 20 25 | | | 2.0 |
| 10 | 12 | 18 | | 22 | | | | | |
| 12 | 15 | 22 | | 26 | | 16 20 28 36 | 4 | | |
| 15 | 18 | 26 | | 30 | | 20 25 36 45 | | | |

<동심도>

| 구명지름 ($d_1$) | V(동심도) 단위 : mm | | |
|---|---|---|---|
| | 고정 라이너 | 고정 부시 | 삽입 부시 |
| 18.0 이하 | 0.012 | 0.012 | 0.012 |
| 18.0초과 50.0이하 | 0.020 | 0.020 | 0.020 |
| 50.0초과 100.0이하 | 0.025 | 0.025 | 0.025 |

## 42. 삽입 부시

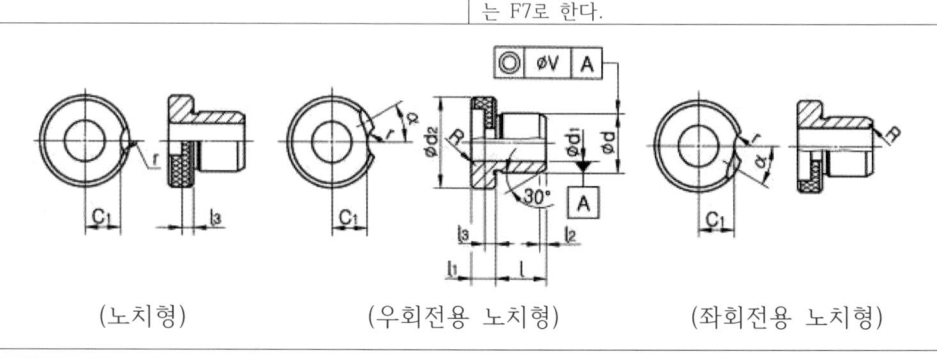

(둥근형)

| d1 | | d | | d2 | | l | l1 | l2 | R |
|---|---|---|---|---|---|---|---|---|---|
| 초과 | 이하 | 기준치수 | 허용차 | 기준치수 | 허용차 | | | | |
| - | 4 | 12 | | 16 | | 10 12 16 | 8 | | 2 |
| 4 | 6 | 15 | | 19 | | 12 16 20 25 | | | |
| 6 | 8 | 18 | | 22 | | | | | |
| 8 | 10 | 22 | m5 | 26 | h13 | 16 20 (25) 28 36 | 10 | 1.5 | |
| 10 | 12 | 26 | | 30 | | | | | |
| 12 | 15 | 30 | | 35 | | 20 25 (30) 36 45 | 12 | | 3 |
| 15 | 18 | 35 | | 40 | | | | | |

*드릴용 구멍 지름 d1의 허용차는 KS B 0401에 규정하는 G6으로 하고, 리머용 구멍지름 d1의 허용차는 KS B 0401에 규정하는 F7로 한다.

(노치형)　　　(우회전용 노치형)　　　(좌회전용 노치형)

| d1 | | d | | d2 | | l | l1 | l2 | R | l3 | | C1 | r | a(°) |
|---|---|---|---|---|---|---|---|---|---|---|---|---|---|---|
| 초과 | 이하 | 기준치수 | 허용차 | 기준치수 | 허용차 | | | | | 기준치수 | 허용차 | | | |
| | 4 | 8 | | 15 | | 10 12 16 | 8 | | 1 | 3 | | 4.5 | 7 | 65 |
| 4 | 6 | 10 | | 18 | | 12 16 20 25 | | | | | | 6 | | |
| 6 | 8 | 12 | | 22 | | | | | | | | 7.5 | 8.5 | 60 |
| 8 | 10 | 15 | | 26 | | 16 20 28 36 | 10 | | 2 | 4 | | 9.5 | | 50 |
| 10 | 12 | 18 | | 30 | | | | | | | | 11.5 | | |
| 12 | 15 | 22 | | 34 | | 20 25 36 45 | 12 | | | | | 13 | | 35 |
| 15 | 18 | 26 | | 39 | | | | | | | | 15.5 | 10.5 | |
| 18 | 22 | 30 | | 46 | | 25 36 45 56 | | | 3 | 5.5 | | 19 | | 30 |
| 22 | 26 | 35 | m6 | 52 | h13 | | | 1.5 | | | -0.1 -0.2 | 22 | | |
| 26 | 30 | 42 | | 59 | | 30 35 45 56 | | | | | | 25.5 | | |
| 30 | 35 | 48 | | 66 | | | | | | | | 28.5 | | |
| 35 | 42 | 55 | | 74 | | | 16 | | | | | 32.5 | | |
| 42 | 48 | 62 | | 82 | | 35 45 56 67 | | | 4 | 7 | | 36.5 | | 25 |
| 48 | 55 | 70 | | 90 | | | | | | | | 40.5 | 12.5 | |
| 55 | 63 | 78 | | 100 | | 40 56 67 78 | | | | | | 45.5 | | |
| 63 | 70 | 85 | | 110 | | | | | | | | 50.5 | | |
| 70 | 78 | 95 | | 120 | | 45 50 67 89 | | | | | | 55.5 | | 20 |
| 78 | 85 | 105 | | 130 | | | | | | | | 60.5 | | |

*드릴용 구멍 지름 d1의 허용차는 KS B 0401에 규정하는 G6으로 하고, 리머용 구멍지름 d1의 허용차는 KS B 0401에 규정하는 F7로 한다.

※ 동심도(V)는 **41. 지그용 부시 및 그 부속 부품** 항목 참조.

## 43. 지그용 부시 및 그 부속 부품 (고정 라이너)

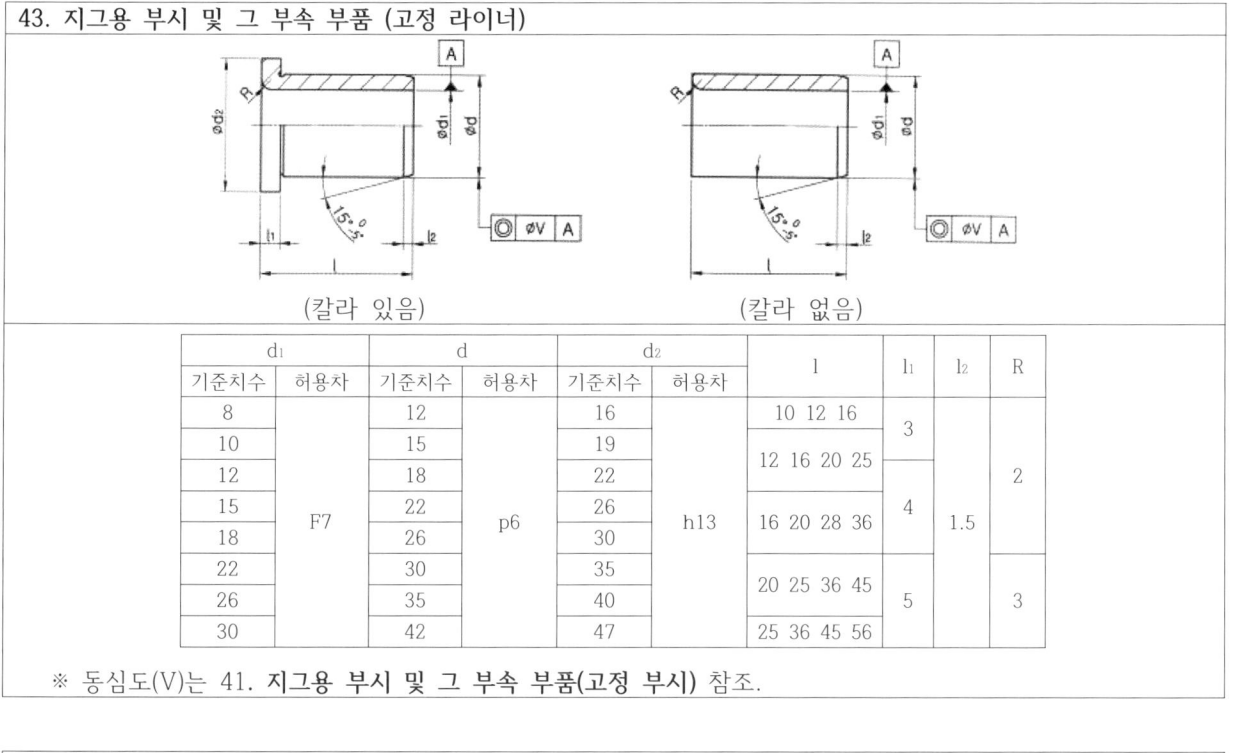

(칼라 있음)                    (칼라 없음)

| d₁ | | d | | d₂ | | l | l₁ | l₂ | R |
|---|---|---|---|---|---|---|---|---|---|
| 기준치수 | 허용차 | 기준치수 | 허용차 | 기준치수 | 허용차 | | | | |
| 8 | | 12 | | 16 | | 10  12  16 | 3 | | |
| 10 | | 15 | | 19 | | 12  16  20  25 | | | 2 |
| 12 | | 18 | | 22 | | | 4 | 1.5 | |
| 15 | F7 | 22 | p6 | 26 | h13 | 16  20  28  36 | | | |
| 18 | | 26 | | 30 | | | | | |
| 22 | | 30 | | 35 | | 20  25  36  45 | 5 | | 3 |
| 26 | | 35 | | 40 | | | | | |
| 30 | | 42 | | 47 | | 25  36  45  56 | | | |

※ 동심도(V)는 41. 지그용 부시 및 그 부속 부품(고정 부시) 참조.

## 44. 부시와 멈춤쇠 또는 멈춤나사의 중심 거리 및 부착 나사의 가공 치수

| d₁ | | d₂ | d₁₀ | c | | d₁₁ | l₁₁ |
|---|---|---|---|---|---|---|---|
| 초과 | 이하 | | | 기준치수 | 허용차 | | |
| | 4 | 15 | | 11.5 | | | |
| 4 | 6 | 18 | | 13 | | | |
| 6 | 8 | 22 | M5 | 16 | | 5.2 | 11 |
| 8 | 10 | 26 | | 18 | | | |
| 10 | 12 | 30 | | 20 | | | |
| 12 | 15 | 34 | | 23.5 | | | |
| 15 | 18 | 39 | M6 | 26 | | 6.2 | 14 |
| 18 | 22 | 46 | | 29.5 | | | |
| 22 | 26 | 52 | | 32.5 | | | |
| 26 | 30 | 59 | | 36 | ±0.2 | 8.2 | 16 |
| 30 | 35 | 66 | M8 | 41 | | | |
| 35 | 42 | 74 | | 45 | | | |
| 42 | 48 | 82 | | 49 | | | |
| 48 | 55 | 90 | | 53 | | | |
| 55 | 63 | 100 | M10 | 58 | | 10.2 | 20 |
| 63 | 70 | 110 | | 63 | | | |
| 70 | 78 | 120 | | 68 | | | |
| 78 | 85 | 130 | | 73 | | | |

## 45. 분할 핀

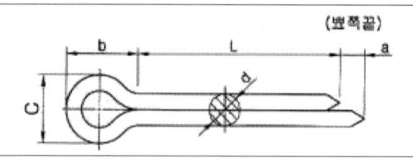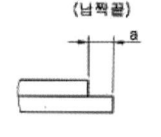

| 호칭 지름 | | 1 | 1.2 | 1.6 | 2 | 2.5 | 3.2 | 4 |
|---|---|---|---|---|---|---|---|---|
| d | 기준 치수 | 0.9 | 1 | 1.4 | 1.8 | 2.3 | 2.9 | 3.7 |
| | 허용차 | 0 −0.1 | | | | 0 −0.2 | | |
| 적용하는 볼트 | 초과 | 3.5 | 4.5 | 5.5 | 7 | 9 | 11 | 14 |
| | 이하 | 4.5 | 5.5 | 7 | 9 | 11 | 14 | 20 |

## 46. 주서 (예)

### 주서

1. 일반공차-가) 가공부 : KS B ISO 2768-m
   나) 주조부 : KS B 0250-CT11
2. 도시되고 지시없는 모떼기는 1x45° 필렛과 라운드는 R3
3. 일반 모떼기는 0.2x45°
4. ∨부위 외면 명녹색 도장
   내면 광명단 도장
5. 파커라이징 처리
6. 전체 열처리 HRC 50±2
7. 표면 거칠기 ∨ = ∨

   $\frac{w}{\bigtriangledown}$ = $\frac{12.5}{\bigtriangledown}$ , N10

   $\frac{x}{\bigtriangledown}$ = $\frac{3.2}{\bigtriangledown}$ , N8

   $\frac{y}{\bigtriangledown}$ = $\frac{0.8}{\bigtriangledown}$ , N6

   $\frac{z}{\bigtriangledown}$ = $\frac{0.2}{\bigtriangledown}$ , N4

A 형   B 형   C 형

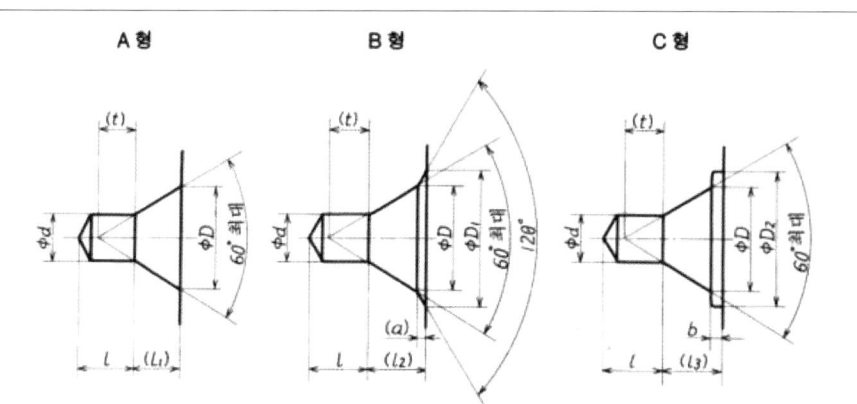

단위 : mm

| 호칭 지름 d | D | D₁ | D₂ (최소) | l(²) (최대) | b (약) | 참 고 | | | | |
|---|---|---|---|---|---|---|---|---|---|---|
| | | | | | | $l_1$ | $l_2$ | $l_3$ | $t$ | $a$ |
| (0.5) | 1.06 | 1.6 | 1.6 | 1 | 0.2 | 0.48 | 0.64 | 0.68 | 0.5 | 0.16 |
| (0.63) | 1.32 | 2 | 2 | 1.2 | 0.3 | 0.6 | 0.8 | 0.9 | 0.6 | 0.2 |
| (0.8) | 1.7 | 2.5 | 2.5 | 1.5 | 0.3 | 0.78 | 1.01 | 1.08 | 0.7 | 0.23 |
| 1 | 2.12 | 3.15 | 3.15 | 1.9 | 0.4 | 0.97 | 1.27 | 1.37 | 0.9 | 0.3 |
| (1.25) | 2.65 | 4 | 4 | 2.2 | 0.6 | 1.21 | 1.6 | 1.81 | 1.1 | 0.39 |
| 1.6 | 3.35 | 5 | 5 | 2.8 | 0.6 | 1.52 | 1.99 | 2.12 | 1.4 | 0.47 |
| 2 | 4.25 | 6.3 | 6.3 | 3.3 | 0.8 | 1.95 | 2.54 | 2.75 | 1.8 | 0.59 |
| 2.5 | 5.3 | 8 | 8 | 4.1 | 0.9 | 2.42 | 3.2 | 3.32 | 2.2 | 0.78 |
| 3.15 | 6.7 | 10 | 10 | 4.9 | 1 | 3.07 | 4.03 | 4.07 | 2.8 | 0.96 |
| 4 | 8.5 | 12.5 | 12.5 | 6.2 | 1.3 | 3.9 | 5.05 | 5.2 | 3.5 | 1.15 |
| (5) | 10.6 | 16 | 16 | 7.5 | 1.6 | 4.85 | 6.41 | 6.45 | 4.4 | 1.56 |
| 6.3 | 13.2 | 18 | 18 | 9.2 | 1.8 | 5.98 | 7.36 | 7.78 | 5.5 | 1.38 |
| (8) | 17 | 22.4 | 22.4 | 11.5 | 2 | 7.79 | 9.35 | 9.79 | 7 | 1.56 |
| 10 | 21.2 | 28 | 28 | 14.2 | 2.2 | 9.7 | 11.66 | 11.9 | 8.7 | 1.96 |

R 형

단위 : mm

| 호칭 지름 d | D | r | | l(²) | 참 고 | | | |
|---|---|---|---|---|---|---|---|---|
| | | 최대 | 최소 | (최대) | $l_1$ | | $t$ | |
| | | | | | r이 최대일 때 | r이 최소일 때 | r이 최대일 때 | r이 최소일 때 |
| 1 | 2.12 | 3.15 | 2.5 | 2.6 | 2.14 | 2.27 | 1.9 | 1.8 |
| (1.25) | 2.65 | 4 | 3.15 | 3.1 | 2.67 | 2.73 | 2.3 | 2.2 |
| 1.6 | 3.35 | 5 | 4 | 4 | 3.37 | 3.45 | 2.9 | 2.8 |
| 2 | 4.25 | 6.3 | 5 | 5 | 4.24 | 4.34 | 3.7 | 3.5 |
| 2.5 | 5.3 | 8 | 6.3 | 6.2 | 5.33 | 5.46 | 4.6 | 4.4 |
| 3.15 | 6.7 | 10 | 8 | 7.9 | 6.77 | 6.92 | 5.8 | 5.6 |
| 4 | 8.5 | 12.5 | 10 | 9.9 | 8.49 | 8.68 | 7.3 | 7 |
| (5) | 10.6 | 16 | 12.5 | 12.3 | 10.52 | 10.78 | 9.1 | 8.8 |
| 6.3 | 13.2 | 20 | 16 | 15.6 | 13.39 | 13.73 | 11.3 | 11 |
| (8) | 17 | 25 | 20 | 19.7 | 16.98 | 17.35 | 14.5 | 14 |
| 10 | 21.2 | 31.5 | 25 | 24.6 | 21.18 | 21.66 | 18.2 | 17.5 |

주(²) $l$은 $t$보다 작은 값이 되면 안 된다.

비 고 ( )를 붙인 호칭의 것은 되도록 사용하지 않는다.

[센터 구멍의 도시 기호와 지시 방법] - 단 규격은 KS A ISO 6411-1 에 따른다.

| 센터 구멍<br>필요 여부<br>(도시된 상태로<br>다듬질되었을 때) | 도시<br>기호 | 센터 구멍<br>규격 번호 및<br>호칭 방법을<br>지정하지 않는<br>경우 | 센터 구멍의 규격 번호 및 호칭 방법을 지정하는<br>경우 |
|---|---|---|---|
| | | | 도시 방법 |
| 반드시 남겨둔다 | < | | 규격번호, 호칭방법<br><br>규격번호, 호칭방법 |
| 남아 있어도 좋다 | | | 규격번호, 호칭방법 |
| 남아있어서는<br>않된다 | K | | 규격번호, 호칭방법<br><br>규격번호, 호칭방법 |

호칭방법 예시) KS A ISO 6411 - B 2.5/8   혹은   KS A ISO 6411-1 - B 2.5/8 로 사용

**49. 요목표(예)**

| 스퍼기어 요목표 | |
|---|---|
| 기어 치형 | 표준 |
| 공구 모듈 | ☐ |
| 공구 치형 | 보통이 |
| 공구 압력각 | 20° |
| 전체 이 높이 | ☐ |
| 피치원 지름 | ☐ |
| 잇 수 | ☐ |
| 다듬질 방법 | 호브절삭 |
| 정밀도 | KS B ISO 1328-1, 4급 |

| 베벨 기어 요목표 | |
|---|---|
| 기어 치형 | 글리슨 식 |
| 모듈 | ☐ |
| 치형 | 보통이 |
| 압력각 | 20° |
| 축 각 | 90° |
| 전체 이 높이 | ☐ |
| 피치원 지름 | ☐ |
| 피치원 추각 | ☐ |
| 잇 수 | ☐ |
| 다듬질 방법 | 절삭 |
| 정밀도 | KS B 1412, 4급 |

| 헬리컬 기어 요목표 | |
|---|---|
| 기어 치형 | 표준 |
| 공구 모듈 | ☐ |
| 공구 치형 | 보통이 |
| 공구 압력각 | 20° |
| 전체 이 높이 | ☐ |
| 치형 기준면 | 치직각 |
| 피치원 지름 | ☐ |
| 잇 수 | ☐ |
| 리 드 | ☐ |
| 방 향 | ☐ |
| 비틀림 각 | 15° |
| 다듬질 방법 | 호브절삭 |
| 정밀도 | KS B ISO 1328-1, 4급 |

| 웜과 웜휠 요목표 | | |
|---|---|---|
| 구분 ＼ 품번 | ① (웜) | ② (웜휠) |
| 원주 피치 | - | - |
| 리 드 | ☐ | - |
| 피치 원경 | ☐ | ☐ |
| 잇 수 | - | ☐ |
| 치형 기준 단면 | 축직각 | |
| 줄 수, 방향 | ☐ | |
| 압력각 | 20° | |
| 진행각 | ☐ | |
| 모 듈 | ☐ | |
| 다듬질 방법 | 호브절삭 | 연삭 |

| 체인, 스프로킷 요목표 | | |
|---|---|---|
| 종류 | 구분 ＼ 품번 | ☐ |
| 체인 | 호칭 | ☐ |
| 체인 | 원주피치 | ☐ |
| 체인 | 롤러외경 | ☐ |
| 스프로킷 | 잇수 | ☐ |
| 스프로킷 | 치형 | ☐ |
| 스프로킷 | 피치 원경 | ☐ |

| 래크와 피니언 요목표 | | |
|---|---|---|
| 구분 ＼ 품번 | ① (래크) | ② (피니언) |
| 기어 치형 | 표준 | |
| 공구 모듈 | ☐ | |
| 공구 치형 | 보통이 | |
| 공구 압력각 | 20° | |
| 전체 이 높이 | ☐ | ☐ |
| 피치원 지름 | — | ☐ |
| 잇 수 | ☐ | ☐ |
| 다듬질 방법 | 호브절삭 | |
| 정밀도 | KS B ISO 1328-1, 4급 | |

| 래칫 휠 | |
|---|---|
| 종류 | 구분 ＼ 품번 |
| 잇 수 | ☐ |
| 원주 피치 | ☐ |
| 이 높이 | ☐ |

## 50. 기계재료 기호 예시 (KS D)
- 본 예시 이외에 해당 부품에 적절한 재료라 판단되면, 다른 재료기호를 사용해도 무방함

| 명 칭 | 기 호 | 명 칭 | 기 호 |
|---|---|---|---|
| 회 주철품[1] | GC100, GC150<br>GC200, GC250 | 구상흑연 주철품[1] | GCD 350-22, GCD 400-18,<br>GCD 450-10, GCD 500-7 |
| 탄소강 주강품[1] | SC360, SC410<br>SC450, SC480 | 탄소강 단강품 | SF390A, SF440A<br>SF490A |
| 인청동 주물[1] | CAC502A<br>CAC502B | 청동 주물[1] | CAC402 |
| 침탄용 기계구조용<br>탄소강재 | SM9CK, SM15CK<br>SM20CK | 알루미늄 합금주물 | AC4C, AC5A |
| 탄소공구강 강재 | STC85, STC95<br>STC105, STC120 | 기계구조용 탄소강재 | SM25C, SM30C,<br>SM35C, SM40C,<br>SM45C |
| 합금공구강 강재 | STS3, STD4 | 화이트메탈 | WM3, WM4 |
| 크로뮴 몰리브데넘 강 | SCM415, SCM430<br>SCM435 | 니켈 크로뮴 몰리브데넘 강 | SNCM415,<br>SNCM431 |
| 니켈 크로뮴 강 | SNC415, SNC631 | 크로뮴 강 | SCr415, SCr420,<br>SCr430, SCr435 |
| 스프링강재 | SPS6, SPS10 | 스프링용<br>냉간압연강대 | S55C-CSP |
| 피아노선 | PW-1 | 일반 구조용 압연강재 | SS235, SS275<br>SS315 |
| 다이캐스팅용<br>알루미늄 합금 | ALDC5, ALDC6 | 용접 구조용 주강품[1] | SCW410, SCW450 |
| 인청동 봉 | C5102B | 인청동 선 | C5102W |

*1 : 해당 재료 기호는 KS 규격이 아닌 단체 표준으로 이관

## 51. 구름 베어링용 로크너트 와셔

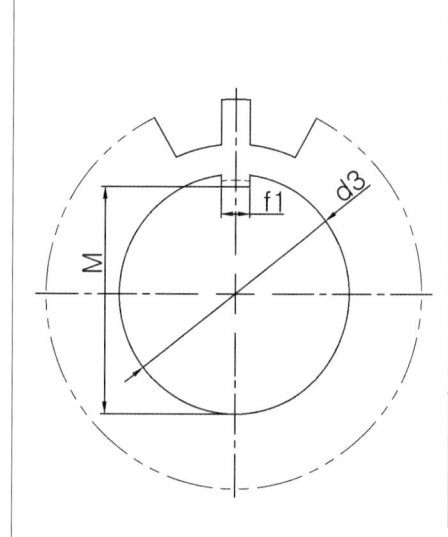

(A형, X형 동일하게 적용)

| 호칭번호 | d3 | M | f1 | 호칭번호 | d3 | M | f1 |
|---|---|---|---|---|---|---|---|
| AW00X | 10 | 8.5 | 3 | AW07X | 35 | 32.5 | 6 |
| AW01X | 12 | 10.5 | 3 | AW08X | 40 | 37.5 | 6 |
| AW02X | 15 | 13.5 | 4 | AW09X | 45 | 42.5 | 6 |
| AW03X | 17 | 15.5 | 4 | AW10X | 50 | 47.5 | 6 |
| AW04X | 20 | 18.5 | 4 | AW11X | 55 | 52.5 | 8 |
| AW/22X | 22 | 20.5 | 4 | AW12X | 60 | 57.5 | 8 |
| AW05X | 25 | 23 | 5 | AW13X | 65 | 62.5 | 8 |
| AW/28X | 28 | 26 | 5 | AW14X | 70 | 66.5 | 8 |
| AW06X | 30 | 27.5 | 5 | AW15X | 75 | 71.5 | 8 |
| AW/32X | 32 | 29.5 | 5 | AW16X | 80 | 76.5 | 10 |

**2025 최신개정판**

# 해커스
# 일반기계기사
# 실기 작업형
# 출제 도면집

**전산응용기계제도기능사, 기계설계산업기사, 자동화설비기능사 대비**

개정 2판 1쇄 발행 2025년 1월 16일

| | |
|---|---|
| 지은이 | 이재형, 최유진 |
| 펴낸곳 | ㈜챔프스터디 |
| 펴낸이 | 챔프스터디 출판팀 |

| | |
|---|---|
| 주소 | 서울특별시 서초구 강남대로61길 23 ㈜챔프스터디 |
| 고객센터 | 02-537-5000 |
| 교재 관련 문의 | publishing@hackers.com |
| 동영상강의 | pass.Hackers.com |

| | |
|---|---|
| ISBN | 978-89-6965-522-6 (13550) |
| Serial Number | 02-01-01 |

**자격증 교육 1위**
**해커스자격증**
pass.Hackers.com

· 기계 엔지니어 경력의 **이재형&최유진 선생님의 본 교재 인강** (교재 내 할인쿠폰 수록)
· 일반기계기사 **무료 강의&이벤트, 최신 기출 문제 등 다양한 학습 콘텐츠**

* 주간동아 선정 2022 올해의 교육브랜드 파워 온·오프라인 자격증 부문 1위

# 해커스자격증

## 쉽고 빠른 합격의 비결,
## 해커스자격증 전 교재
## 베스트셀러 시리즈

### 해커스 산업안전기사 · 산업기사 시리즈

### 해커스 전기기사

### 해커스 전기기능사

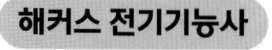

### 해커스 소방설비기사 · 산업기사 시리즈